山东省普通高等教育一流教材
名师名校新形态通识教育系列教材

山东大学数学学院
1930 School of Mathematics * Shandong University
新形态系列教材

概率论
与数理统计

慕课版　第2版

U0063032

张天德　叶宏　主编
屈忠锋　刘昆仑　孙涛　副主编

人民邮电出版社
北京

图书在版编目（CIP）数据

概率论与数理统计：慕课版 / 张天德，叶宏　主编
. -- 2版. -- 北京 : 人民邮电出版社，2024.3
名师名校新形态通识教育系列教材
ISBN 978-7-115-62105-4

Ⅰ. ①概… Ⅱ. ①张… ②叶… Ⅲ. ①概率论－高等
学校－教材②数理统计－高等学校－教材 Ⅳ. ①O21

中国国家版本馆CIP数据核字(2023)第119357号

内 容 提 要

本书根据高等学校非数学类专业"概率论与数理统计"课程的教学要求和教学大纲，将"新工科"建设理念与国际化深度融合，结合山东大学数学团队多年的教学经验，并借鉴国内外优秀教材的特点编写完成．本书共 8 章，内容包括随机事件与概率、随机变量及其分布、多维随机变量及其分布、数字特征与极限定理、统计量及其分布、参数估计、假设检验、概率论与数理统计在 MATLAB 中的实现．本书秉承"新工科"建设理念，侧重数学的实用性，除第 8 章外，每节习题采用分层模式，每章总复习题经过精心设计，难易程度适中，并且本书配套完备的数字化教学资源．

本书可供高等学校非数学类专业的学生使用，也可作为报考硕士研究生的读者和科技工作者学习概率论与数理统计的参考书．

◆ 主　编　张天德　叶　宏

　副 主 编　屈忠锋　刘昆仑　孙　涛

　责任编辑　孙　澍

　责任印制　王　郁　陈　犇

◆ 人民邮电出版社出版发行　　北京市丰台区成寿寺路 11 号
　邮编　100164　电子邮件　315@ptpress.com.cn
　网址　https://www.ptpress.com.cn

　涿州市京南印刷厂印刷

◆ 开本：787×1092　1/16
　印张：14　　　　　　　　　　2024 年 3 月第 2 版
　字数：333 千字　　　　　　　2024 年 3 月河北第 1 次印刷

定价：49.80 元

读者服务热线：(010)81055256　印装质量热线：(010)81055316
反盗版热线：(010)81055315
广告经营许可证：京东市监广登字 20170147 号

丛书顾问委员会

丛书编委会

主　任： 吴　臻

副主任： 王鹏辉　张天德

编　委： 王　玮　叶　宏　黄宗媛　孙钦福

陈永刚　谭　蕾　吕洪波　屈忠锋

刘昆仑　栾世霞　程　涛　孙　涛

张歆秋　闫保英　李玲娜　惠周利

杨　明

丛书编辑工作委员会

主　任： 张立科

副主任： 曾　斌　李海涛

委　员： 税梦玲　陶友亭　刘海溧　孙　澍

祝智敏　潘春燕　张孟玮　滑　玉

许德智

推荐序

数学是自然科学的基础，也是重大技术创新发展的基础，数学实力影响着国家实力. 大学数学系列课程作为高等院校众多课程的重要基础，对高等院校人才培养质量有非常重要的影响. 2019 年，科技部、教育部等四部委更是首次针对一门学科联合发文，要求加强对数学学科的重视.

作为一名数学科学工作者，我在致力于科学研究、教书育人的同时，也在一直关注大学数学的教学改革、课程建设和教材建设. "国立根本，在乎教育，教育根本，实在教科书"，我认为做好大学数学教材建设，是进行大学数学教学改革和课程建设的基础. 2019 年 12 月，教育部出台了《普通高等学校教材管理办法》(以下简称《教材管理办法》)，对高等学校教材建设提出了明确要求，也将教材建设提升到事关未来的战略工程和基础工程的重要位置. 由人民邮电出版社和山东大学数学学院联合打造的大学数学系列教材，正是这样一套符合《教材管理办法》要求的精品教材. 这套书不仅是适应教学改革要求的积极探索，更是对大学数学教材开发的创新尝试，有 4 个突出的创新点.

立足新工科：适应新工科建设本科人才应具备的数学知识结构和数学应用能力，这套教材在内容上弱化了不必要的证明或推导过程，更加注重大学数学知识在行业中的应用，突出数学的实用性和易用性，着重培养学生利用大学数学知识解决实际问题的能力.

采用新形态：数学知识难以具体化，这套书采用新的教材形态，全系列配套慕课和微课视频，不仅包含对核心知识点的讲解，还将现代化的科学计算工具融入其中，让数学知识变得更加生动鲜明.

融入新要求：在落实国家课程思政要求上，这套书也做了创新尝试，将我国数学家的事迹以多媒体形式呈现并融入数学知识讲解中，强化教材对学生的思想引领作用，突出教育的"育人目的".

提供新服务：在资源建设上，这套书采用了"线上线下 双轨并进"的模式，不仅配套了丰富的辅助线下教学的资源，还同步开展线上直播教学演示，在在线教学越来越受到关注的今天，这一创新模式具有现实意义.

高教大计，本科为本，教育部启动"六卓越一拔尖"计划 2.0，实施"双万计划"和"四新"建设以来，建设高水平教学体系、全面提升教学质量成为振兴本科教育的必由之路，而优质教材建设则是铺就这条道路的基石. 希望更多的高校教育工作者将教材研究和教材编写作为落实立德树人的根本任务，勇于破旧立新，为我国大学数学教学和教材建设注入"活水"，带来新的活力.

徐宗本

中国科学院院士

西安交通大学教授

西安数学与数学技术研究院院长

2020 年 6 月

丛 书 序

　　教育兴则国家兴，教育强则国家强，坚持教育服务高质量发展，扎实推动教育强国建设成为我国教育事业的新目标. 在高等教育中大学数学是高校理工类专业和经管类专业的坚实基础，不仅限于专业知识基础，在培养大学生数学思维能力、综合思维能力、空间想象能力和创新思维能力等方面也发挥重要作用，对各专业的学科建设和发展具有深远影响.

　　大学数学虽然是大多数专业的基础课程，但是逻辑性强，内容抽象，晦涩难懂，普遍存在教师难教、学生难学的现象. 同时，当前很多高校的大学数学课程多沿用传统教学模式，不区分专业、兴趣和学生的基础，不涉及与后续专业课程的关联性和衔接性，存在教学方法和教学手段简单、教学模式一刀切等情况. 因此，大学数学课程如何进行深层次、多角度的教学改革，达到满足新时代高层次高素质人才培养目标的需求，是各高校迫切需要探索的课题.

　　张天德教授多年来一直从事偏微分方程数值解的研究，以及高等学校数学基础课程的教学与研究工作，是国家精品在线开放课程、国家级一流本科课程负责人，经过 30 多年的教学实践，他在教书育人方面形成了独到的理论，多次荣获表彰和奖励，如"国家级教学成果奖二等奖""全国优秀教材（高等教育类）二等奖""山东省高等学校教学名师""泰山学堂卓越教师""泰山学堂毕业生最喜欢的老师"等. 2020 年 9 月，张天德教授牵头编写的山东大学数学学院新形态系列教材在人民邮电出版社出版，这套教材定位清晰，结构严谨，内容精良，新形态手段先进，汇集了山东大学数学学院的优秀教学师资和人民邮电出版社的优质出版资源，被百余所院校选作教材，出版 3 年来成为国内具有较高影响力的大学数学教材.

　　此次修订由数学学院副院长王鹏辉教授和张天德教授共同牵头组织，在保持既有特色的基础上进行了全面优化和升级，例题、习题的设计更加注重通识知识与专业知识的结合，信息技术运用更加丰富，综合 30 余所院校的意见，内容打磨得更加贴合一线教学需求，有效地践行了教育部在新时代对大学数学教学的期望和要求.

　　通识与专业教育有效衔接，知识与课程思政有机融合，新形态技术手段高效运用，本系列面向新工科的大学数学教材体现了通识育人的教学目标，丰富了教学手段、教学方法，为新工科专业人才培养奠定了非常好的基础，同时，也为落实国家教育数字化、优质资源数字化和创新性教学方法应用于教育教学改革，提供了重要参考.

吴臻

中国数学会副理事长

山东大学副校长、数学学院院长

2023 年 11 月

前　言

党的二十大报告指出，教育、科技、人才是全面建设社会主义现代化国家的基础性、战略性支撑，要加强基础学科建设. 数学是基础学科的基础，新时代国家和高校人才培养对大学数学教学改革提出了更高的要求. 课程思政与教学的有机融合、大学数学与专业知识的有效衔接、教学方法和教学手段的创新等，成为高等院校大学数学教育工作者迫切探索和亟待解决的问题.

我们编写的"山东大学数学学院新形态系列教材"有幸被全国百余所高等院校使用，广大师生的充分肯定让我们倍感欣慰. 我们邀请了三十余所用书院校进行研讨，他们提出了宝贵的意见和建议，在此深表感谢. 结合国家对人才培养的新要求及高等院校一线教学的新需求，我们修订了山东大学数学学院新形态系列教材，重点包括以下几方面：（1）更新和增加例题、习题，并将各章总复习题分层设计，设置基础篇和提高篇，满足不同需求的学生使用；（2）突出知识应用这一特色，在例题的设计和选取上更加注重大学数学知识在新工科各领域的应用；（3）升级课程思政内容，结合知识点设计课程思政微课视频，使思政教学做到润物细无声；（4）升级新形态的模式，运用计算机可视化技术呈现晦涩的数学知识. 改版后的系列教材有以下特点.

（1）架构设计紧贴新工科人才培养目标

本系列教材面向高等院校工科专业，贯彻落实国家对高等教育的新要求，充分体现大学数学的通识属性及与新工科其他学科的交叉性和衔接性，将通识教育与专业教育相结合，着力提升学生运用大学数学基础知识解决复杂工程问题的能力，助力新工科专业建设和人才培养.

（2）内容设计兼具通识课程的学科性与育人性

数学是一切学科的基础，是发展思维的基石. 本系列教材用完备的体系、严谨的结构、精炼的语言、清晰的表述呈现了大学数学知识体系的基本概念、基本逻辑、基本方法. 同时，本系列教材在例题设计上注重科学引导、在思政设计上注重思想引领，注重培养大学生的抽象思维、科学思维、创新思维，培养大学生的爱国情怀、科学精神、探索精神.

（3）新形态设计助力高校教学教改创新

本系列教材充分利用信息技术手段通过不同表现形式解决了教学痛点.

一方面精心录制了配套的慕课，并在每章的定义、定理、例题、习题等内容中选取重点、难点及章首导学、章末总结等单独录制了微课. 有效支撑高校开展线上线下混合式教学，帮助教师实现翻转课堂教学模式，帮助学生更好地开展预习和复习.

另一方面采用计算机可视化技术，通过数学图形、模型的动态变化直观呈现推理、推导过程，使学生掌握抽象的数学知识、晦涩的数学概念.

（4）教学资源设计全方位立体化服务一线教学

为便于更好地发挥本系列教材的教学价值，编者精心准备了电子教案、PPT 课件、教学大纲、习题答案、试卷等资源，方便教师组织教学和学生自学，提升教学效果；此外还建设了自动组卷题库系统，方便教师组织考试.

本系列教材的概率论与数理统计分册是编者结合近年来国内外同类教材的特点，调研当前国内各高校新工科人才培养对概率论与数理统计课程的新要求，对传统知识结构、例题模式进行优化后编写而成的，具有以下特点.

（1）基础知识言简意赅、通俗易懂，重点内容着重阐述、详细剖析

本书注重基础知识，表述既兼顾定义的严谨性，又考虑正文阐述的通俗易懂性，尽量使数学知识简单化、形象化，部分定义采用通俗易懂语言和严格的数学定义两种形式进行表述，确保教材难度适宜．在重难点知识点上增加例题，采用微课形式深度讲解，并在习题中增加比重，帮助学生理解和掌握．

（2）习题设置丰富，难易程度适中，强化训练

本书每节的同步习题按难度进行了分层设计，分为"基础题"和"提高题"两个层次，与该节知识点紧密呼应，满足不同院校、不同学生需求．每章设计综合性较强、难易程度适中的总复习题，且按正规考试设置了题型比例和分值．全书题量较大，层次分明，方便教师授课、测验及学生自学，同时在第1版的基础上增加了题量，强化学生训练．每章末尾附各类习题的答案，扫描相应二维码即可获取．

（3）内容适度延伸和扩展，开拓学生视野

本书在适当位置设置扩展知识二维码，通过二维码呈现某些定理的推导过程、不同理论间的关联、某些理论的特例、某些理论的特殊应用、某些特殊理论的实际应用、某些问题的特殊解法等内容．这些内容有利于加强学生对有关概念的理解，帮助学生进一步探索概率论与梳理统计知识深层次的内涵，扩展学生知识面，启迪学生创造性思维．

本书由山东大学张天德教授设计整体框架和编写思路，由张天德、叶宏担任主编，由屈忠锋、刘昆仑、孙涛担任副主编．本书的计算机可视化案例由中北大学惠周利、杨明等老师建设，本书的部分思政微课案例由西南石油大学李玲娜等老师建设．

本书入选了山东省普通高等教育一流教材，是山东大学教育教学改革研究重点项目"大学数学新形态系列教材建设——新工科、新商科、新文科"（项目批准号：2021Z08）的成果，也是2021年度山东省本科教学改革研究项目重点项目"大学数学一流课程与新形态系列教材建设研究"（项目编号：Z2021049）的重要成果．本书在编写过程中得到了山东大学本科生院、山东大学数学学院的大力支持与帮助，获得山东大学"双一流"人才培养专项建设支持．本书在改版过程中，吸取了西南科技大学、西华大学、吉林建筑大学、黄海学院、许昌学院、湖北理工学院、山东财经大学东方学院、湖北大学知行学院等一线教师的宝贵意见和建议，在此表示衷心的感谢．

本书编者水平有限，不妥之处在所难免，望广大读者批评指正．

编者

2023 年 11 月

目　录

01

第1章　随机事件与 概率……………1

1.1　随机事件 ……………… 1

  1.1.1　随机试验与样本空间 ………… 1

  1.1.2　随机事件……………… 2

  1.1.3　随机事件的关系与运算 ……… 3

  同步习题 1.1 ……………… 4

1.2　概率……………… 5

  1.2.1　频率与概率 ……………… 5

  1.2.2　古典概率与几何概率 ………… 6

  1.2.3　概率的公理化定义与运算 性质 ……………… 8

  同步习题 1.2 ……………… 11

1.3　条件概率 ……………… 12

  1.3.1　条件概率与乘法公式 ……… 12

  1.3.2　全概率公式与贝叶斯公式 … 15

  同步习题 1.3 ……………… 17

1.4　事件的独立性 ……………… 18

  1.4.1　两个事件的独立性 ………… 19

  1.4.2　有限个事件的独立性 ……… 20

  1.4.3　独立性在系统可靠性中的 应用 ……………… 21

  同步习题 1.4 ……………… 22

第1章思维导图 ……………… 23

第1章总复习题 ……………… 24

02

第2章　随机变量及其 分布 ………… 26

2.1　随机变量与分布函数 ………… 26

  2.1.1　随机变量……………… 26

  2.1.2　分布函数 ……………… 27

  同步习题 2.1 ……………… 29

2.2　离散型随机变量 ……………… 30

  2.2.1　离散型随机变量及其概率 分布 ……………… 30

  2.2.2　常用的离散型随机变量 …… 32

  同步习题 2.2 ……………… 36

2.3　连续型随机变量 ……………… 38

  2.3.1　连续型随机变量及其概率 密度 ……………… 38

  2.3.2　常用的连续型随机变量 …… 39

  同步习题 2.3 ……………… 45

2.4　随机变量函数的分布 ………… 47

  2.4.1　离散型随机变量函数的 分布 ……………… 47

  2.4.2　连续型随机变量函数的 分布 ……………… 48

  同步习题 2.4 ……………… 50

第2章思维导图 ……………… 52

第2章总复习题 ……………… 53

03

第3章　多维随机变量及其分布 ⋯⋯ 55

3.1　二维随机变量及其分布 ⋯⋯⋯ 55
3.1.1　二维随机变量 ⋯⋯⋯⋯⋯ 55
3.1.2　二维随机变量的联合分布
　　　函数 ⋯⋯⋯⋯⋯⋯⋯⋯ 55
3.1.3　二维离散型随机变量及其
　　　分布 ⋯⋯⋯⋯⋯⋯⋯⋯ 57
3.1.4　二维连续型随机变量及其
　　　分布 ⋯⋯⋯⋯⋯⋯⋯⋯ 59
同步习题 3.1 ⋯⋯⋯⋯⋯⋯⋯⋯ 61

**3.2　边缘分布与随机变量的
　　独立性** ⋯⋯⋯⋯⋯⋯⋯⋯ 63
3.2.1　边缘分布函数 ⋯⋯⋯⋯⋯ 63
3.2.2　边缘分布律 ⋯⋯⋯⋯⋯⋯ 64
3.2.3　边缘概率密度 ⋯⋯⋯⋯⋯ 65
3.2.4　随机变量的独立性 ⋯⋯⋯ 65
同步习题 3.2 ⋯⋯⋯⋯⋯⋯⋯⋯ 68

*3.3　条件分布 ⋯⋯⋯⋯⋯⋯⋯ 70
3.3.1　二维离散型随机变量的条件
　　　分布律 ⋯⋯⋯⋯⋯⋯⋯ 70
3.3.2　二维连续型随机变量的条件
　　　概率密度 ⋯⋯⋯⋯⋯⋯ 71
同步习题 3.3 ⋯⋯⋯⋯⋯⋯⋯⋯ 73

3.4　二维随机变量函数的分布 ⋯⋯ 74

3.4.1　二维离散型随机变量函数的
　　　分布 ⋯⋯⋯⋯⋯⋯⋯⋯ 75
3.4.2　二维连续型随机变量函数的
　　　分布 ⋯⋯⋯⋯⋯⋯⋯⋯ 76
*3.4.3　n 维随机变量 ⋯⋯⋯⋯ 81
同步习题 3.4 ⋯⋯⋯⋯⋯⋯⋯⋯ 82
第 3 章思维导图 ⋯⋯⋯⋯⋯⋯⋯ 84
第 3 章总复习题 ⋯⋯⋯⋯⋯⋯⋯ 85

04

第4章　数字特征与极限定理 ⋯⋯⋯⋯ 88

4.1　数学期望 ⋯⋯⋯⋯⋯⋯⋯ 88
4.1.1　随机变量的数学期望 ⋯⋯ 89
4.1.2　随机变量函数的数学期望 ⋯ 91
4.1.3　数学期望的性质 ⋯⋯⋯⋯ 93
同步习题 4.1 ⋯⋯⋯⋯⋯⋯⋯⋯ 94

4.2　方差 ⋯⋯⋯⋯⋯⋯⋯⋯⋯ 96
4.2.1　随机变量的方差 ⋯⋯⋯⋯ 96
4.2.2　方差的性质 ⋯⋯⋯⋯⋯⋯ 98
同步习题 4.2 ⋯⋯⋯⋯⋯⋯⋯⋯ 100

4.3　协方差与相关系数 ⋯⋯⋯⋯ 101
4.3.1　协方差与相关系数的
　　　概念 ⋯⋯⋯⋯⋯⋯⋯⋯ 101
4.3.2　协方差与相关系数的
　　　性质 ⋯⋯⋯⋯⋯⋯⋯⋯ 103
4.3.3　随机变量的矩 ⋯⋯⋯⋯⋯ 104

同步习题 4.3 ……………… 105

4.4 大数定律与中心极限定理 …… **107**

4.4.1 切比雪夫不等式 ………… 107

4.4.2 大数定律 ………………… 108

4.4.3 中心极限定理 …………… 108

同步习题 4.4 ……………… 110

第 4 章思维导图 …………… **112**

第 4 章总复习题 …………… **113**

05

第 5 章 统计量及其分布 ………… 115

5.1 总体、样本及统计量 ………… **115**

5.1.1 总体与样本 ……………… 115

5.1.2 统计量 …………………… 117

同步习题 5.1 ……………… 119

5.2 抽样分布 ……………… **120**

5.2.1 抽样分布及上侧 α 分位数

（点） ………………… 120

5.2.2 正态总体的抽样分布 …… 124

同步习题 5.2 ……………… 126

第 5 章思维导图 …………… **128**

第 5 章总复习题 …………… **129**

06

第 6 章 参数估计 …… 131

6.1 点估计 ……………………… **131**

6.1.1 矩估计法 ………………… 131

6.1.2 最大似然估计法 ………… 133

6.1.3 点估计的评价标准 ……… 137

同步习题 6.1 ……………… 141

6.2 区间估计 ……………… **143**

6.2.1 区间估计的概念 ………… 144

6.2.2 正态总体参数的区间

估计 ………………… 145

*6.2.3 单侧置信区间 ………… 150

同步习题 6.2 ……………… 151

第 6 章思维导图 …………… **153**

第 6 章总复习题 …………… **154**

07

第 7 章 假设检验 …… 156

7.1 假设检验的基本概念 ………… **156**

7.1.1 假设检验的基本思想 …… 156

7.1.2 假设检验的基本步骤 …… 158

7.1.3 假设检验的两类错误 …… 158

同步习题 7.1 ……………… 159

7.2 正态总体参数的假设检验 …… **160**

7.2.1 单个正态总体参数的假设

检验 ………………… 160

7.2.2 两个正态总体参数的假设

检验 ………………… 162

7.2.3 单侧检验 ………………… 165

*7.2.4 p 值检验法 …………… 167

同步习题 7.2 ……………… 169

第 7 章思维导图 …………………171

第 7 章总复习题 …………………171

08

第 8 章　概率论与数理统计在MATLAB中的实现 …………174

8.1　概率计算的 MATLAB 实现 …………………… 174

8.1.1　MATLAB 简介 ……………174

8.1.2　古典概率及其模型 …………175

8.1.3　条件概率、全概率公式与伯努利概率 ………………175

8.2　几种常见分布的 MATLAB 实现 …………………… 177

8.2.1　离散型随机变量的分布 ……177

8.2.2　连续型随机变量的分布 ……178

8.3　几种常见分布数字特征的 MATLAB 实现 …………… 180

8.4　二维随机变量及其分布的 MATLAB 实现 …………181

8.4.1　二维正态分布随机变量的密度函数值 ……………… 181

8.4.2　二维随机变量的边缘概率密度 ………………………182

8.5　样本的数字特征的 MATLAB 实现 …………………… 183

8.6　参数估计的 MATLAB 实现 ………………… 185

8.6.1　点估计 ………………………185

8.6.2　区间估计 ……………………186

8.6.3　常见分布的参数估计 ………187

8.7　假设检验的 MATLAB 实现 ………………… 188

8.7.1　方差已知时的均值检验 ……188

8.7.2　方差未知时单个正态总体均值的假设检验 …………190

8.7.3　两个正态总体（方差均未知但相等）均值差的假设检验 …………………… 191

附录　概率论与数理统计发展简介 …………192

附表 ………………………194

附表 1　泊松分布表 ………………… 194

附表 2　标准正态分布表 …………… 197

附表 3　χ^2 分布表 ………………… 199

附表 4　t 分布表 …………………… 201

附表 5　F 分布表 …………………… 203

01

第 1 章
随机事件与概率

在自然界与人类社会生活中，存在两类截然不同的现象．一类是**确定性现象**．例如：同性电荷必然相斥、异性电荷必然相吸；在标准大气压下，水加热到 $100℃$ 必然沸腾；半径为 r 的圆，其面积必为 πr^2 等．对于这类现象，其特点是在一定条件下重复进行试验，其结果唯一且必然出现．另一类是**不确定性现象**．例如：某个路口一天内发生违章的次数；下个月的降雨量；射击时距离目标点的偏差大小．对于这类现象，其特点是可能的结果不止一个，即在相同条件下进行重复试验，试验的结果事先不能准确预知．就一次试验而言，时而出现这个结果，时而出现那个结果，呈现出一种偶然性．

本章导学

对部分不确定性现象，虽然在试验或观察之前不能预知确切的结果，但人们经过长期实践并深入研究之后，发现在大量重复试验或观察下，试验结果呈某种规律性．例如：重复抛掷同一枚质地均匀的硬币，出现正面和反面的次数大约各占一半；同一门炮射击同一目标的弹着点按照一定规律分布．这种在大量重复试验或观察中所呈现出来的固有规律性，称为**统计规律性**．这正如恩格斯所指出的："在表面上是偶然性在起作用的地方，这种偶然性始终是受内部的隐藏着的规律支配的，而问题只是在于发现这些规律．"这种在个别试验中其结果呈现出不确定性，在大量重复试验中其结果又具有统计规律性的现象，我们称之为**随机现象**．

概率论是研究随机现象统计规律性的基础学科，它从数量角度给出随机现象的描述，为人们认识和利用随机现象的统计规律性提供了有力的工具．概率论的应用几乎遍及所有科学领域，在通信工程中概率论可用于提高信号的抗干扰性、分辨率，在企业生产经营管理中概率论可用于优化企业决策方案、提高企业利润，在信息论、排队论、电子系统可靠性、地震预报、产品的抽样调查等领域概率论也有广泛的应用，因此，法国数学家拉普拉斯曾指出："生活中最重要的问题，其中绝大多数在实质上只是概率的问题．"

1.1　随机事件

1.1.1　随机试验与样本空间

1. 随机试验

为了掌握随机现象及其统计规律性，我们需要对随机现象进行观察或试验，比如有下面几个试验．

E_1：某公司参与一个项目的投标，观察其是否中标．

E_2：依次检查 3 根保险丝，若 N 表示无缺陷，D 表示有缺陷，记录其检查结果．

E_3：抛一颗骰子，观察出现的点数．

E_4：一天内使用支付宝进行在线支付的次数．

E_5：手机电池充满一次电后的续航时间．

这些试验具有下列 3 个特点：

（1）可以在相同的条件下重复进行；

（2）每次试验的可能结果不止一个，但能事先明确试验的所有可能结果；

（3）进行一次试验之前不能确定哪一个结果将会出现．

在概率论中，把具有以上 3 个特点的试验称为随机试验，简称试验，记为 E．

2. 样本空间

对于随机试验，虽然在试验前不能确定哪一个结果将会出现，但能事先明确试验的所有可能结果，我们将随机试验 E 的所有可能结果组成的集合称为 E 的样本空间，记为 S．样本空间的元素，即试验 E 的每一个结果，称为样本点．

上面 5 个随机试验的样本空间分别如下：

$S_1 = \{$中标，未中标$\}$；

$S_2 = \{NNN,\ NND,\ NDN,\ NDD,\ DNN,\ DND,\ DDN,\ DDD\}$；

$S_3 = \{1, 2, 3, 4, 5, 6\}$；

$S_4 = \{0, 1, 2, 3, \cdots\}$；

$S_5 = \{t\,|\,t \geqslant 0\}$．

在这里我们会发现，每次试验有且仅有样本空间中的一个样本点出现．

1.1.2 随机事件

一般地，在一次试验中可能出现也可能不出现的结果，统称随机事件，简称事件，记作 $A, B, C, \cdots$．比如在试验 E_3 中，出现偶数点就是一个随机事件．实际上，在建立了试验的样本空间后，就可以用样本空间 S 的子集表示随机事件，因此，我们统称试验 E 的样本空间 S 的子集为 E 的随机事件．

事件有以下 4 种类型．

（1）必然事件．每次试验中都发生的事件称为必然事件，必然事件可以用样本空间 S 表示．

（2）不可能事件．每次试验中都不发生的事件称为不可能事件，不可能事件可以用空集 $\varnothing$ 表示．

（3）基本事件．每次试验中出现的基本结果（样本点）称为基本事件，基本事件可以用一个样本点表示．比如"一天内使用支付宝支付 3 次"可以表示为 $A=\{3\}$．

（4）复合事件．含有两个及两个以上样本点的事件称为复合事件．比如，在试验 E_3 中，"出现偶数点"可以表示为 $A=\{2,4,6\}$；在试验 E_5 中，若规定电池使用时间低于 12h 为电池不合格，则"电池不合格"可以表示为 $B=\{t\,|\,t<12\}$．

注 （1）在一次试验中，当且仅当这一集合中的一个样本点出现时，称这一事件发生；

（2）严格来讲，必然事件与不可能事件反映了确定性现象，可以说它们不是随机事件，但为了研究问题的方便,我们把它们作为特殊的随机事件.

1.1.3 随机事件的关系与运算

先来看这样一个例子:如图 1.1 所示,电路由开关 Ⅱ,Ⅲ 并联后和开关 Ⅰ 串联,A_1, A_2, A_3 分别表示事件"开关 Ⅰ,Ⅱ,Ⅲ 闭合",B 表示事件"信号灯亮". 显然信号灯是否亮起,与事件 A_1, A_2, A_3 是否发生是有关系的,那么能否用事件 A_1, A_2, A_3 来表示事件 B 呢?

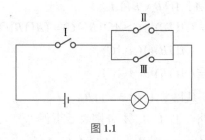

图 1.1

由于事件可以用样本空间的子集表示,因此事件间的关系与运算也可以用集合之间的关系与运算来处理. 设试验 E 的样本空间为 S,$A, B, A_k (k = 1, 2, \cdots)$ 是试验 E 的随机事件,即 S 的子集,则事件间有以下关系和运算.

1. 事件间的关系与运算

(1) 若 $A \subset B$,则称事件 A 是事件 B 的子事件,表示事件 A 发生必然导致事件 B 发生.

微课:事件间的关系与运算

例如:设 A 表示"产品为一等品",B 表示"产品为合格品",显然有 $A \subset B$.

若 $A \subset B$,且 $B \subset A$,则称事件 A 与事件 B 相等,记作 $A=B$.

(2) 事件 $A \cup B$ 称为事件 A 与事件 B 的和事件,表示 A 和 B 中至少有一个发生.

例如:假设某种新型高分子材料由甲、乙两个团队各自研发,A 表示"甲团队研发成功",B 表示"乙团队研发成功",则"该高分子材料研发成功"可表示为 $A \cup B$.

推广:称 $\bigcup\limits_{k=1}^{n} A_k$ 为 n 个事件 $A_1, A_2, \cdots, A_n$ 的和事件,称 $\bigcup\limits_{k=1}^{+\infty} A_k$ 为可列个事件 $A_1, A_2, \cdots$ 的和事件.

(3) 事件 $A \cap B$ 称为事件 A 与事件 B 的积事件,表示 A 和 B 同时发生. $A \cap B$ 一般简写为 AB.

例如:某零件有长度和直径两个指标,A 表示"长度合格",B 表示"直径合格",则"零件合格"可表示为 AB.

类似地,称 $\bigcap\limits_{k=1}^{n} A_k$ 为 n 个事件 $A_1, A_2, \cdots, A_n$ 的积事件,称 $\bigcap\limits_{k=1}^{+\infty} A_k$ 为可列个事件 $A_1, A_2, \cdots$ 的积事件.

(4) 事件 $A - B$ 称为事件 A 与事件 B 的差事件,表示 A 发生且 B 不发生.

例如:在上面的新型高分子材料研发的例子中,A 表示"甲团队研发成功",B 表示"乙团队研发成功",则"甲团队研发成功而乙团队没有研发成功"可表示为 $A - B$.

(5) 若 $A \cap B = \varnothing$,则称事件 A 与事件 B 是互不相容或互斥的,表示事件 A 与事件 B 不能同时发生.

注 基本事件是两两互不相容的.

（6）若 $A \cup B = S$ 且 $A \cap B = \varnothing$，则称事件 A 与事件 B 互为逆事件，或称事件 A 与事件 B 互为对立事件，即事件 A, B 中必有一个发生，且仅有一个发生.

A 的对立事件记作 $\bar{A}$，即 $\bar{A} = S - A$.

由以上定义显然有 $A - B = A - AB = A\bar{B}$，$A \cup B = A \cup \bar{A}B$.

2. 事件间的运算律

设 A, B, C 为事件，则有以下运算律.

（1）交换律：$A \cup B = B \cup A$，$A \cap B = B \cap A$.

（2）结合律：$A \cup (B \cup C) = (A \cup B) \cup C$，$A \cap (B \cap C) = (A \cap B) \cap C$.

（3）分配律：$A \cup (B \cap C) = (A \cup B) \cap (A \cup C)$，
$$A \cap (B \cup C) = (A \cap B) \cup (A \cap C).$$

（4）德·摩根律：$\overline{A \cap B} = \bar{A} \cup \bar{B}$，$\overline{A \cup B} = \bar{A} \cap \bar{B}$.

例 1.1 图 1.1 所示的电路，以 A_1, A_2, A_3 分别表示事件"开关 I，II，III 闭合"，以 B 表示事件"信号灯亮"，则有 $B = A_1(A_2 \cup A_3)$ 或 $B = A_1A_2 \cup A_1A_3$.

有了事件的关系与运算，就可以用简单事件去表达复杂事件.

例 1.2 观察某台机床生产的 3 件产品，设 A, B, C 分别表示第 1, 2, 3 个产品为次品，用 A, B, C 间的关系及运算可表示下列各事件.

（1）至少有 1 个次品：$A \cup B \cup C$.

（2）没有次品：$\overline{ABC} = \overline{A \cup B \cup C}$.

（3）只有 1 个次品：$A\bar{B}\bar{C} \cup \bar{A}B\bar{C} \cup \bar{A}\bar{B}C$.

（4）至少有 2 个次品：$AB\bar{C} \cup A\bar{B}C \cup \bar{A}BC \cup ABC = AB \cup BC \cup CA$.

（5）至多有 2 个次品（考虑其对立事件）：
$$(A\bar{B}\bar{C} \cup \bar{A}B\bar{C} \cup \bar{A}\bar{B}C) \cup (AB\bar{C} \cup A\bar{B}C \cup \bar{A}BC) \cup (\overline{ABC}) = \overline{ABC} = \bar{A} \cup \bar{B} \cup \bar{C}.$$

同步习题 1.1

1. 写出下列随机试验的样本空间.

（1）在单位圆内任取一点，记录它的坐标.

（2）对某车间生产的二极管进行检查，合格品记为"1"，次品记为"0". 根据检验程序，连续检查出 2 件次品或检查完 4 件产品就停止检查，记录检查的结果.

（3）某工厂有 6 条生产流水线，流水线的开工数量会根据订单量及时调整，观察并记录某一时刻该工厂闲置的流水线数量.

2. 设 A, B, C 为 3 个事件，用 A, B, C 间的运算表示下列事件.

（1）A 发生，B 与 C 不发生.　　　　　（2）A, B 都发生，而 C 不发生.

（3）A, B, C 中至少有一个发生.　　　　（4）A, B, C 都发生.

（5）A,B,C 都不发生. （6）A,B,C 中至多有一个发生.

（7）A,B,C 中至多有两个发生. （8）A,B,C 中至少有两个发生.

提高题

1. 对于事件 A,B，判断下列命题是否正确并说明理由.

（1）如果 A,B 互不相容，则 $\overline{A},\overline{B}$ 也互不相容. （2）如果 $A\subset B$，则 $\overline{A}\subset\overline{B}$.

（3）如果 A,B 相容，则 $\overline{A},\overline{B}$ 也相容. （4）如果 A,B 对立，则 $\overline{A},\overline{B}$ 也对立.

2. 证明：

（1）$A-B=A\overline{B}=A-AB$； （2）$A\cup B=A\cup(B-A)$.

1.2 概率

随机事件在一次试验中，可能发生也可能不发生，我们常常希望知道随机事件在一次试验中发生的可能性，并且希望可以找到一个数值来表示这个可能性的大小．例如，某种生产芯片的光刻机，我们关注它的"良品率"是多少；两家生物制药公司分别研制的抗病毒药物，我们关注哪家的"有效性"更高．人们从实践中认识到，在相同的条件下，进行大量的重复试验，试验的结果具有某种内在的数量规律性，即随机事件发生的可能性大小可以用一个数值进行度量.

对于一个试验，我们不仅要知道它可能出现的结果，还要研究各种结果发生的可能性的大小，从而揭示其内在的统计规律性．为此，我们首先引入频率，它描述了事件发生的频繁程度，进而引出表征事件在一次试验中发生的可能性大小的数——概率.

1.2.1 频率与概率

1. 频率的定义和性质

定义 1.1 在相同条件下，进行了 n 次试验，在这 n 次试验中，事件 A 发生的次数 n_A 称为事件 A 发生的频数．比值 $\dfrac{n_A}{n}$ 称为事件 A 发生的频率，记作 $f_n(A)$.

设 A 是试验 E 的任一事件，则频率 $f_n(A)$ 具有以下性质：

（1）$0\leqslant f_n(A)\leqslant 1$；

（2）$f_n(S)=1,f_n(\varnothing)=0$；

（3）若 $A_1,A_2,\cdots,A_k$ 是两两互不相容的事件，则

$$f_n(A_1\cup A_2\cup\cdots\cup A_k)=f_n(A_1)+f_n(A_2)+\cdots+f_n(A_k).$$

事件发生的频率大小表示其发生的频繁程度．频率越大，事件发生就越频繁，即事件在一次试验中发生的可能性就越大．反之亦然.

2. 频率的稳定性

由于频率是依赖于试验结果的，而试验结果的出现具有一定的随机性，因此频率具有随机波动性，即使对于同样的 n，所得的频率也不一定相同．另外，大量试验证实，当重复试验的

次数 n 逐渐增大时，频率 $f_n(A)$ 逐渐稳定于某个常数，历史上的抛硬币试验就很好地展示了这种稳定性，如表 1.1 所示.

表 1.1

试验者	抛硬币的次数 / 次	正面朝上的次数 / 次	正面朝上的频率
德·摩根	2 048	1 061	0.518 1
蒲丰	4 040	2 048	0.506 9
皮尔逊	12 000	6 019	0.501 6
皮尔逊	24 000	12 012	0.500 5

从表 1.1 可以看出：虽然频率具有随机波动性，抛硬币次数 n 较小时，正面朝上的频率 $f_n(A)$ 在 0 与 1 之间随机波动，且波动幅度较大，但当 n 逐渐增大时，$f_n(A)$ 总在 0.5 附近摆动，且逐渐稳定于 0.5.

3. 概率的统计定义

频率在大量的重复试验中体现出的这种"稳定性"即通常所说的统计规律性. 通过大量的实践，我们还容易看到，若随机事件 A 出现的可能性越大，一般来讲，其频率 $f_n(A)$ 也越大. 由于事件 A 发生的可能性大小与其频率大小有如此密切的关系，加之频率又具有稳定性，故而可通过频率来定义概率.

定义 1.2（概率的统计定义） 随机事件 A 在大量重复试验（观测）中，即 $n \to \infty$ 时，其频率稳定于某一常数，这一常数称为随机事件 A 的概率，记作 $P(A)$.

一般来讲，当试验的次数比较大时，可以用事件发生的频率来估计事件的概率，即有

$$P(A) \approx f_n(A).$$

概率的统计定义易于理解，但是其计算依赖于试验，同时由于试验次数的限制，利用统计定义计算概率难免会出现误差，因此，人们不得不从其他的角度去思考"概率"的定义.

1.2.2 古典概率与几何概率

在概率论发展的历史上，最早研究的一类最直观、最简单的问题是等可能概型，在这类问题中，样本空间中每个样本点出现的可能性是相等的. 其中，如果样本空间只包含有限个样本点，则称之为古典概型；而当样本空间是某一线段或某个区域时，则称之为几何概型.

1. 古典概率

我们来看这样一个问题，抛一颗骰子观察出现的点数，问：抛出偶数点的概率是多少？

我们很容易想到这一概率为 $\frac{1}{2}$，那么这个 $\frac{1}{2}$ 是如何得到的呢？

首先，我们来考察样本空间和样本点，该试验的样本空间为 $S = \{1, 2, 3, 4, 5, 6\}$，含有 6 个样本点，而且每个样本点出现的可能性相同，是一个古典概型问题. 而事件"出现偶数点"可表示为 $A = \{2, 4, 6\}$，含有 3 个样本点. 显然有

$$P(A) = \frac{3}{6} = \frac{1}{2}.$$

对于该问题，事件 A 发生的概率可以表示为"事件 A 所含样本点数占样本空间样本点总数

的比例". 受这个问题的启发, 我们有古典概率的如下定义.

定义 1.3 (概率的古典定义) 设试验的样本空间 S 包含 n 个样本点, 且每个样本点出现的可能性相同, 若事件 A 包含 k 个样本点, 则事件 A 的概率为

$$P(A) = \frac{k}{n} = \frac{\text{事件包含的样本点数}}{\text{样本空间中样本点总数}}.$$

根据定义 1.3, 对古典概率的计算可以转化为对样本点的计数问题, 解决该问题通常可以借助排列与组合公式以及加法原理和乘法原理, 此类预备知识请读者自行掌握.

预备知识: 样本点的计数

例 1.3 箱中放有 $a+b$ 个外形一样的手机充电器 (不含充电线), 其中 a 个充电器具有快充功能, 其余 b 个没有快充功能, $k(k \leqslant a+b)$ 个人依次在箱中取一个充电器.

(1) 做放回抽样 (每次抽取后记录结果, 然后放回).

(2) 做不放回抽样 (抽取后不再放回).

求第 $i(i=1,2,\cdots,k)$ 个人取到具有快充功能的充电器 (记为事件 A) 的概率.

解 (1) 在放回抽样的情况下, 每个人都有 $a+b$ 种抽取方法, 由于其中 a 个充电器具有快充功能, 因此事件 A (抽到具有快充功能的充电器) 包含 a 种抽取方法, 由古典概率的定义可得

$$P(A) = \frac{a}{a+b}.$$

(2) 在不放回抽样的情况下, k 个人依次抽取, 根据乘法原理, 完成抽取后样本空间共有 A_{a+b}^k 个基本结果.

由于事件 A 要求第 i 个人抽到具有快充功能的充电器, 因此第 i 个人有 a 种抽取方法. 其余 $k-1$ 个人从剩余的 $a+b-1$ 个充电器中任选 $k-1$ 个, 有 A_{a+b-1}^{k-1} 种抽取方法. 根据乘法原理, 事件 A 共包含 aA_{a+b-1}^{k-1} 种基本结果, 由古典概率的定义可得

$$P(A) = \frac{aA_{a+b-1}^{k-1}}{A_{a+b}^k} = \frac{a}{a+b}.$$

从该例子可以看出, 无论是放回抽样还是不放回抽样, 抽到具有快充功能充电器的概率都和抽取顺序无关. 此问题和抽签问题类似, 因此从概率意义上, 抽签是公平的, 不必争先恐后.

例 1.4 设有 N 件产品, 其中有 M 件次品, 现从中任取 n 件, 问: 其中恰有 $k(k \leqslant \min\{n, M\})$ 件次品的概率是多少?

解 在 N 件产品中任取 n 件, 所有可能的取法共有 C_N^n 种.

在 M 件次品中任取 k 件, 所有可能的取法共有 C_M^k 种; 在 $N-M$ 件正品中取 $n-k$ 件, 所有可能的取法共有 C_{N-M}^{n-k} 种. 由乘法原理, 在 N 件产品中任取 n 件, 其中恰有 k 件次品的取法共有 $C_M^k C_{N-M}^{n-k}$ 种.

因此, 恰有 k 件次品的概率为

$$P = \frac{C_M^k C_{N-M}^{n-k}}{C_N^n}.$$

扩展知识: 实际推断原理

上式称为超几何公式, 在第 2 章中我们将会具体介绍由此而来的超几何分布.

2. 几何概率

古典概型考虑了样本空间仅包含有限个样本点的等可能概型，但等可能概型还有其他类型，如样本空间为一线段、平面区域或空间立体等形式，我们把这类等可能概型称为几何概型，如下例即为几何概型问题.

在面积为 10 000km² 的海域中有 400km² 的大陆架蕴藏着石油，假设在该片海域中的任意一点进行钻探，问钻探到石油的概率是多少？

定义 1.4（几何概率） 设样本空间 S 是平面上某个区域，它的面积记为 $\mu(S)$，点落入 S 内任何部分区域 A 的可能性只与区域 A 的面积 $\mu(A)$ 成比例，而与区域 A 的位置和形状无关，该点落在区域 A 的事件仍记为 A，则事件 A 的概率为

$$P(A) = \frac{\mu(A)}{\mu(S)}.$$

注 若样本空间 S 为一线段或一空间立体，则定义中的 $\mu(A)$ 和 $\mu(S)$ 应理解为长度或体积.

例 1.5 某城际列车每小时发一班车，某人开完会后到候车厅候车，求他候车时间少于 10min 的概率.

解 以 min 为单位，记上一班车发出时刻为 0，下一班车发出时刻为 60，则这个人到达候车厅的时间必在区间 (0, 60) 内，记"候车时间少于 10min"为事件 A，则有

$$S = (0, 60), A = (50, 60) \subset S.$$

于是

$$P(A) = \frac{\mu(A)}{\mu(S)} = \frac{10}{60} = \frac{1}{6}.$$

例 1.6（会面问题） 某销售人员和客户相约 7 点到 8 点之间在某地会面，先到者等候另一人半小时，过时就离开. 如果每个人可在指定的一小时内任意时刻到达，试计算两人能够会面的概率.

解 记 7 点为 0 时刻，x, y 分别表示两人到达指定地点的时刻，则样本空间为

$$S = \{(x, y) \mid 0 \leqslant x \leqslant 1, 0 \leqslant y \leqslant 1\}.$$

以 A 表示"两人能会面"，如图 1.2 所示，则有

$$A = \left\{(x, y) \mid (x, y) \in S, |x - y| \leqslant \frac{1}{2}\right\}.$$

根据题意，这是一个几何概型，于是

$$P(A) = \frac{\mu(A)}{\mu(S)} = \frac{1^2 - (0.5)^2}{1^2} = \frac{3}{4}.$$

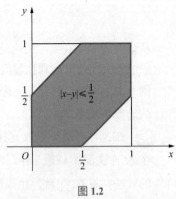

图 1.2

1.2.3 概率的公理化定义与运算性质

1. 概率的公理化定义

前面我们从事件的频率出发给出了概率的统计定义，介绍了古典概率和几何概率，并计算了一些简单事件的概率. 根据概率的统计定义，试验的次数越多，概率计算越精确，但总是存

在误差；古典概率和几何概率又仅是在等可能性的条件下进行的定义，带有一定的局限性，因此，我们需要从其他途径给出概率的一般定义.

任何一个数学概念都是对现实世界的抽象，这种抽象使其具有广泛的适用性. 1933 年，苏联数学家柯尔莫哥洛夫在他的《概率论基本概念》一书中给出了现在已被广泛接受的概率公理化体系，第一次将概率论建立在严密的逻辑基础上. 它不直接回答"概率"是什么，而是把"概率"应具备的几个本质特性概括起来，把具有这几个本质特性的量叫作概率，并在此基础上展开概率的理论研究.

微课：概率的
公理化定义

定义 1.5（概率的公理化定义） 设 E 是随机试验，S 是它的样本空间，对于 E 的每一事件 A 赋予一个实数，记为 $P(A)$，如果 $P(A)$ 满足以下 3 个条件，则称 $P(A)$ 为事件 A 的概率.

（1）非负性：对于每一个事件 A，有 $P(A) \geqslant 0$.

（2）规范性：对于必然事件 S，有 $P(S) = 1$.

（3）可列可加性：设 $A_1, A_2, \cdots$ 是两两互不相容的事件，即 $A_i A_j = \varnothing$，$i \neq j$，$i, j = 1, 2, \cdots$，有 $P\left(\bigcup_{i=1}^{+\infty} A_i\right) = \sum_{i=1}^{+\infty} P(A_i)$.

2. 概率的运算性质

由概率的公理化定义，可以推出概率的一些重要性质.

微课：概率的
运算性质

性质 1.1　$0 \leqslant P(A) \leqslant 1, P(\varnothing) = 0$.

性质 1.2　若 $A_1, A_2, \cdots, A_n$ 是两两互不相容事件，则有 $P(A_1 \bigcup A_2 \bigcup \cdots \bigcup A_n) = P(A_1) + P(A_2) + \cdots + P(A_n)$.

性质 1.3　对于任意两个事件 A, B，有 $P(A - B) = P(A) - P(AB)$. 特别地，若 $A \supset B$，则有 $P(A - B) = P(A) - P(B)$.

证 明　因为 $A = (A - B) \bigcup AB$，且 $(A - B) \bigcap AB = \varnothing$，所以 $P(A) = P[(A - B) \bigcup AB] = P(A - B) + P(AB)$，从而 $P(A - B) = P(A) - P(AB)$.

推论（单调性）　若 $A \supset B$，则 $P(A) \geqslant P(B)$.

性质 1.4　对于任意两个事件 A, B，$P(A \bigcup B) = P(A) + P(B) - P(AB)$.

证 明　因为 $A \bigcup B = A \bigcup (B - AB)$，且 $A \bigcap (B - AB) = \varnothing$，所以 $P(A \bigcup B) = P(A) + P(B - AB) = P(A) + P(B) - P(AB)$.

注　该性质可以推广到多个随机事件，设 A, B, C 为任意 3 个事件，则有
$$P(A \bigcup B \bigcup C) = P(A) + P(B) + P(C) - P(AB) - P(AC) - P(BC) + P(ABC).$$

性质 1.5　对于任意事件 A，$P(\overline{A}) = 1 - P(A)$.

结合事件间的关系与运算以及概率的运算性质，我们可以求出一些复杂事件的概率.

例 1.7　假设每个人的生日等可能分布在 365 天中的某一天，在有 $n(n < 365)$ 个人的班级里，生日互不相同（记为事件 A）的概率为多少？存在至少两人生日在同一天（记为事件 B）的概率为多少？

解　每个人的生日等可能分布在 365 天中的某一天，即每个人的生日都有 365 种可能，根据乘法原理，n 个人共有 365^n 种可能.

微课：例 **1.7**

如果生日互不相同，第一个人的生日有 365 种可能，第二个人的生日有 365−1 种可能，……，第 n 个人的生日有 365−(n−1) 种可能，因此生日互不相同共有 A_{365}^n 种可能. 生日互不相同的概率

$$P(A) = \frac{A_{365}^n}{365^n}.$$

至少两人生日在同一天和生日互不相同为对立事件，因而至少两人生日在同一天的概率

$$P(B) = 1 - P(A) = 1 - \frac{A_{365}^n}{365^n}.$$

对于不同的 n，$P(B)$ 有表 1.2 所示计算结果.

表 1.2

n	23	50	64	100
$P(B)$	0.507	0.97	0.997	0.999 999 7

从表 1.2 可以看出，只要班级人数超过 23 人，至少两人生日在同一天的概率就超过 50%，如果班级人数为 50 人，那么至少两人生日在同一天的概率达到 97%.

例 1.8 对某高校学生移动支付使用情况的调查结果显示，使用支付宝支付的用户占 45%，使用微信支付的用户占 35%，同时使用这两种移动支付方式的占 10%. 求至少使用一种移动支付方式的概率和只使用一种移动支付方式的概率.

微课：事件间的关系和概率的性质综合应用

解 记"使用支付宝支付"为事件 A，"使用微信支付"为事件 B，则"至少使用一种移动支付方式"可以表示为 $A \cup B$，而"只使用一种移动支付方式"可表示为 $A\bar{B} \cup \bar{A}B$，且易知 $A\bar{B} \cap \bar{A}B = \varnothing$.

至少使用一种移动支付方式的概率为

$$P(A \cup B) = P(A) + P(B) - P(AB) = 0.45 + 0.35 - 0.1 = 0.7.$$

只使用一种移动支付方式的概率为

$$P(A\bar{B} \cup \bar{A}B) = P(A\bar{B}) + P(\bar{A}B) = P(A - B) + P(B - A)$$

$$= P(A) - P(AB) + P(B) - P(AB) = 0.6.$$

例 1.9 设 A, B, C 是 3 个事件，已知

$$P(A) = P(B) = P(C) = \frac{1}{4}, P(AB) = 0, P(AC) = P(BC) = \frac{1}{9},$$

求事件 A, B, C 都不发生的概率.

解 因为 $ABC \subset AB$，由单调性得 $P(ABC) \leqslant P(AB) = 0$，故事件 A, B, C 都不发生的概率为

$$P(\bar{A}\bar{B}\bar{C}) = P(\overline{A \cup B \cup C}) = 1 - P(A \cup B \cup C)$$

$$= 1 - \left[P(A) + P(B) + P(C) - P(AB) - P(AC) - P(BC) + P(ABC) \right]$$

$$= \frac{17}{36}.$$

同步习题1.2

基础题

1. 一个盒子中放有 10 个信封，其中有 7 个信封装有面额为 50 元的人民币一张，另外 3 个信封装有面额为 100 元的人民币一张. 从盒中抽取信封两次，每次随机地抽一个，考虑有放回和无放回两种抽取方式，分别计算下列事件的概率.

（1）两次都抽到装 100 元人民币信封的概率.

（2）两次抽到的信封装有相同面额人民币的概率.

（3）抽到的两个信封中至少有一张 100 元人民币的概率.

2. 设 A 与 B 互为对立事件，判断以下等式是否成立并说明理由.

（1）$P(A \cup B) = 1$.   （2）$P(AB) = P(A)P(B)$.

（3）$P(A) = 1 - P(B)$.   （4）$P(AB) = 0$.

3. 设有一批同类型产品共 100 件，其中 98 件是合格品，另外 2 件是次品. 从中任意抽取 3 件，求：

（1）抽到的 3 件中恰有一件是次品的概率；

（2）抽到的 3 件中至少有一件是次品的概率；

（3）抽到的 3 件中至多有一件是次品的概率.

4. 将 n 个球随机地放到 $N(N \geqslant n)$ 个盒子中去，试求每个盒子至多有一个球的概率（假设盒子的容量不限）.

5. A, B 是两个事件，已知 $P(B) = 0.3$，$P(A \cup B) = 0.6$，求 $P(A\overline{B})$.

6. 设事件 A, B 的概率分别为 $\dfrac{1}{3}$ 和 $\dfrac{1}{2}$，求在下列 3 种情况下 $P(B\overline{A})$ 的值：

（1）A 与 B 互不相容；（2）$A \subset B$；（3）$P(AB) = \dfrac{1}{8}$.

提高题

1. 设 A, B 为随机事件，证明：$P(A) = P(B)$ 的充分必要条件为 $P(A\overline{B}) = P(B\overline{A})$.

2. 设 A, B 为互不相容的随机事件，求 $P(\overline{A} \cup \overline{B})$.

3. 设袋中有红球、白球、黑球各 1 个，从中有放回地取球，每次取 1 个，直到 3 种颜色的球都取到时停止，求取球次数恰好为 4 的概率.

4. 将一根长为 l 的木棒任意折成 3 段，求恰好能构成一个三角形的概率.

5. 设 A, B 是两事件，且 $P(A) = 0.6, P(B) = 0.7$. 试回答下列问题.

（1）在什么条件下 $P(AB)$ 取到最大值？最大值是多少？

（2）在什么条件下 $P(AB)$ 取到最小值？最小值是多少？

■ 1.3　条件概率

世界万物都是互相联系、互相影响的，随机事件也不例外. 在同一个试验中的不同事件之间，通常会存在一定程度的相互影响. 例如，在天气状况恶劣的情况下交通事故发生的可能性明显比天气状况优良情况下要大得多. 一般地，我们把在一个事件 A 已发生的前提条件下事件 B 发生的概率，称为事件 B 的条件概率，记为 $P(B\,|\,A)$.

那么，条件概率和无条件概率有什么关系吗？条件概率又该如何计算呢？我们先来看这样一个例子.

例 1.10　在 100 件产品中有 72 件为一等品，从中取两件产品，用 A 表示"第一件为一等品"，用 B 表示"第二件为一等品". 在放回抽样和不放回抽样的情况下分别计算 $P(B)$ 和 $P(B\,|\,A)$.

解　由例 1.3 可知，无论是放回抽样还是不放回抽样，都有 $P(B)=\dfrac{72}{100}$.

（1）在放回抽样情况下，第一次取到一等品后放回，因此仍有 100 件产品，且 72 件为一等品，所以 $P(B\,|\,A)=\dfrac{72}{100}$.

（2）在不放回抽样情况下，由于第一次取到一等品，因此剩下 99 件产品，其中 71 件为一等品，因此 $P(B\,|\,A)=\dfrac{71}{99}$.

从计算结果可以看出，在放回抽样情况下，第一次抽取结果对第二次没有任何影响，即 $P(B\,|\,A)=P(B)$，这种情况就是我们将在 1.4 节介绍的事件的独立性；而在不放回抽样情况下，第一次抽取结果对第二次有影响，因而 $P(B\,|\,A)\neq P(B)$，这就要用到条件概率的概念.

1.3.1　条件概率与乘法公式

1. 条件概率

通过例 1.10 可以看出，条件概率的计算可以通过缩减样本空间的方式求解. 进一步，对于不放回抽样，由于

$$P(A)=\frac{\mathrm{A}_{72}^{1}}{\mathrm{A}_{100}^{1}}=\frac{72}{100},\ P(AB)=\frac{\mathrm{A}_{72}^{1}\mathrm{A}_{71}^{1}}{\mathrm{A}_{100}^{2}}=\frac{72\times71}{100\times99},$$

因此

$$P(B\,|\,A)=\frac{71}{99}=\frac{\dfrac{72\times71}{100\times99}}{\dfrac{72}{100}}=\frac{P(AB)}{P(A)}.$$

事实上，容易验证，对于等可能概型，只要 $P(A)>0$，总有

$$P(B\,|\,A)=\frac{P(AB)}{P(A)}.$$

为此，我们给出条件概率的一般定义.

定义 1.6 设 A, B 是两个事件，且 $P(A) > 0$，称 $P(B|A) = \dfrac{P(AB)}{P(A)}$ 为事件 A 发生的条件下事件 B 发生的条件概率，简称条件概率.

同理可得 $P(A|B) = \dfrac{P(AB)}{P(B)}$ 为事件 B 发生的条件下事件 A 发生的条件概率.

条件概率是概率的一种形式，因此，条件概率 $P(B|A)$ 具有概率的所有性质.

微课：条件概率的定义

具体性质如下.

（1）非负性：对于每一事件 B，有 $P(B|A) \geqslant 0$.

（2）规范性：对于必然事件 S，有 $P(S|A) = 1$.

（3）可列可加性：设 $B_1, B_2, \cdots$ 是两两互不相容事件，则有 $P(\bigcup\limits_{i=1}^{+\infty} B_i | A) = \sum\limits_{i=1}^{+\infty} P(B_i | A)$.

（4）$P[(B_1 - B_2) | A] = P(B_1 | A) - P(B_1 B_2 | A)$；

　　　$P(B_1 \bigcup B_2 | A) = P(B_1 | A) + P(B_2 | A) - P(B_1 B_2 | A)$；

　　　$P(\overline{B} | A) = 1 - P(B | A)$.

注 计算条件概率有以下两种方法：

（1）对于古典概型，首先根据事件 A 对样本空间进行缩减，然后在缩减的样本空间中求事件 B 的概率；

（2）对于一般的问题，首先在样本空间 S 中求出 $P(AB)$ 和 $P(A)$，然后根据定义 1.6 计算 $P(B|A)$.

例 1.11 有某品牌手机 100 部，其中 98 部续航时间合格，95 部待机时间合格，92 部续航时间和待机时间都合格. 从中任取一部手机，已知该手机续航时间合格，求其待机时间也合格的概率.

解 设 A 表示"续航时间合格"，B 表示"待机时间合格".

由题意，所求为在续航时间合格的条件下待机时间合格的概率，由于 100 部手机中有 98 部续航时间合格，其中 92 部待机时间也合格，通过缩减样本空间，有 $P(B|A) = \dfrac{92}{98}$.

例 1.12 设某种集成电路使用到 2 000h 还能正常工作的概率为 0.92，使用到 3 000h 仍能正常工作的概率为 0.85，问：已经工作了 2 000h 的集成电路，能继续工作到 3 000h 的概率是多少？

解 设 A 表示"集成电路能用到 2 000h"，B 表示"集成电路能用到 3 000h"，由于 $B \subset A$，因此

$$P(AB) = P(B) = 0.85.$$

由条件概率的定义得

$$P(B | A) = \frac{P(AB)}{P(A)} = \frac{0.85}{0.92} \approx 0.923\,9.$$

例 1.13 某网站有 3 个热门频道："娱乐"（记为 A）、"数码"（记为 B）、"汽车"（记为 C）. 通过对访问者的阅读习惯进行调查，得出如下结果：$P(A) = 0.14$，$P(B) = 0.23$，

$P(C) = 0.37, \quad P(AB) = 0.08, \quad P(AC) = 0.09, \quad P(BC) = 0.13, \quad P(ABC) = 0.05$.

试求：$P(A|B\cup C), P(A\cup B|C)$.

解
$$P(A|B\cup C) = \frac{P[A(B\cup C)]}{P(B\cup C)} = \frac{P(AB\cup AC)}{P(B\cup C)} = \frac{P(AB) + P(AC) - P(ABC)}{P(B) + P(C) - P(BC)}$$

$$= \frac{0.08 + 0.09 - 0.05}{0.23 + 0.37 - 0.13} \approx 0.255.$$

$$P(A\cup B|C) = \frac{P[(A\cup B)C]}{P(C)} = \frac{P(AC) + P(BC) - P(ABC)}{P(C)} = \frac{0.09 + 0.13 - 0.05}{0.37} \approx 0.46.$$

2. 乘法公式

在1.2节中，我们介绍了"和事件""差事件""对立事件"的概率运算性质，由条件概率的定义，很容易得到"积事件"的概率运算性质，称之为乘法公式：

$$P(AB) = P(B|A)P(A) \quad [P(A)>0],$$

或

$$P(AB) = P(A|B)P(B) \quad [P(B)>0].$$

例1.14 对某通信及网络服务运营商的客户数据进行分析，结果表明：有8%的客户办理了该运营商的宽带业务，在这些宽带用户中，有39%选择了百兆宽带业务，有30%选择了千兆宽带业务．假设在所有客户中随机抽取一人，问：该客户选择百兆宽带业务的概率是多少？该客户选择千兆宽带业务的概率是多少？

解 设A="办理宽带业务"，B="选择百兆宽带"，C="选择千兆宽带"，由题意，

$$P(A) = 0.08, P(B|A) = 0.39, P(C|A) = 0.3.$$

由乘法公式，该客户选择百兆宽带业务的概率是

$$P(AB) = P(A)P(B|A) = 0.08\times 0.39 = 0.031\,2.$$

该客户选择千兆宽带业务的概率是

$$P(AC) = P(A)P(C|A) = 0.08\times 0.3 = 0.024.$$

推广 设$A_1, A_2, \cdots, A_n$为n $(n\geq 2)$个事件，且$P(A_1 A_2\cdots A_{n-1})>0$，则有

$$P(A_1 A_2\cdots A_n) = P(A_n|A_1 A_2\cdots A_{n-1})P(A_{n-1}|A_1 A_2\cdots A_{n-2})\cdots P(A_2|A_1)P(A_1).$$

例1.15（传染病模型） 设袋中装有r个红球、t个白球，每次自袋中任取一个球，观察其颜色然后放回，并再放入a个与所取出的那个球同色的球．若在袋中连续取球3次，试求前两次取到红球且第三次取到白球的概率．

解 以$A_i(i=1,2,3)$表示事件"第i次取到红球"，则$\overline{A_i}$表示事件"第i次取到白球"，所求概率为

$$P(A_1 A_2\overline{A_3}) = P(\overline{A_3}|A_1 A_2)P(A_2|A_1)P(A_1) = \frac{t}{r+t+2a}\cdot\frac{r+a}{r+t+a}\cdot\frac{r}{r+t}.$$

注 此模型被波利亚用来作为描述传染病的数学模型．当$a>0$时，由于每次取出球后会增加下一次也取到同色球的概率，因此每次发现一个传染病患者，都会增加再传染的概率．

1.3.2 全概率公式与贝叶斯公式

全概率公式和贝叶斯公式是概率论中的重要公式，在介绍这两个公式之前，我们先来介绍一下样本空间的划分.

定义 1.7 设 S 为试验 E 的样本空间，$B_1, B_2, \cdots, B_n$ 为 E 的一组事件，若

（1）$B_i B_j = \varnothing$，$i \neq j$，$i, j = 1, 2, \cdots, n$;

（2）$B_1 \bigcup B_2 \bigcup \cdots \bigcup B_n = S$,

则称 $B_1, B_2, \cdots, B_n$ 为样本空间 S 的一个划分（或完备事件组）.

1. 全概率公式

我们首先来看一个例子.

例 1.16 某企业有 3 个车间生产同一型号的产品，其中甲车间的产量占 20%，乙车间的产量占 70%，丙车间的产量占 10%，根据以往的统计，3 个车间的次品率分别为 2%, 1%, 3%，问：从该企业的产品中任取一件是次品的概率是多少？

由题意可知，"取到次品"包含 3 种情形：甲车间的次品，乙车间的次品，丙车间的次品.

因此，若用 A 表示"产品为次品"，B_1, B_2, B_3 分别表示"产品来自甲、乙、丙车间"，则"取到次品"可以表示为

$$A = AB_1 \bigcup AB_2 \bigcup AB_3.$$

因为 AB_1, AB_2, AB_3 两两互不相容，由加法公式可得

$$P(A) = P(AB_1) + P(AB_2) + P(AB_3),$$

再由乘法公式可得

$$P(A) = P(A|B_1)P(B_1) + P(A|B_2)P(B_2) + P(A|B_3)P(B_3)$$
$$= 0.2 \times 0.02 + 0.7 \times 0.01 + 0.1 \times 0.03 = 0.014.$$

上述分析的实质是将一个复杂事件分解为几个简单事件，然后将概率的加法公式和乘法公式结合起来，这就产生了概率论中一个重要的公式——全概率公式，其中 B_1, B_2, B_3 正是样本空间的一个划分.

定理 1.1（全概率公式） 设试验 E 的样本空间为 S，A 为 E 的事件，$B_1, B_2, \cdots, B_n$ 为样本空间 S 的一个划分，且 $P(B_i) > 0(i = 1, 2, \cdots, n)$，则

$$P(A) = P(A|B_1)P(B_1) + P(A|B_2)P(B_2) + \cdots + P(A|B_n)P(B_n).$$

微课：全概率公式

证明 由于 $B_1, B_2, \cdots, B_n$ 为样本空间 S 的一个划分，因此 $A = AS = A \bigcap (\bigcup_{i=1}^{n} B_i) = \bigcup_{i=1}^{n} AB_i$，且 AB_i 和 AB_j 互不相容，$i \neq j$. 所以

$$P(A) = P(\bigcup_{i=1}^{n} AB_i) = \sum_{i=1}^{n} P(AB_i) = \sum_{i=1}^{n} P(B_i)P(A|B_i).$$

全概率公式的主要用处在于，它可以将一个复杂事件的概率计算问题，分解为若干个简单事件的概率计算问题，最后应用概率的可加性求出最终结果.

例 1.17 已知某地区加油站的客户中，40% 使用 92 号汽油，35% 使用 95 号汽油，25% 使用 98 号汽油. 加油时，使用 92 号汽油的客户有 30% 要加满油箱，使用 95 号汽油的客户

中有 60% 要加满油箱, 而使用 98 号汽油的客户中有 50% 要加满油箱. 现随机选择一位客户, 求该客户加满油箱的概率.

解 设 A 表示"加满油箱", B_1, B_2, B_3 分别表示"客户使用的是 92 号汽油""客户使用的是 95 号汽油""客户使用的是 98 号汽油", 由题意可知,

$$P(B_1) = 0.4, P(B_2) = 0.35, P(B_3) = 0.25,$$
$$P(A|B_1) = 0.3, P(A|B_2) = 0.6, P(A|B_3) = 0.5.$$

由全概率公式, 该客户加满油箱的概率为

$$P(A) = P(B_1)P(A|B_1) + P(B_2)P(A|B_2) + P(B_3)P(A|B_3) = 0.455.$$

2. 贝叶斯公式

我们继续分析例 1.16, 假设随机抽检了一个产品, 发现是次品, 问: 该产品来自哪个车间的概率最大?

分析可知, 这是一个条件概率问题, 即要求 $P(B_1|A), P(B_2|A), P(B_3|A)$, 我们以 $P(B_1|A)$ 为例进行求解.

$$P(B_1|A) = \frac{P(AB_1)}{P(A)}, \tag{1-1}$$

其中 $P(AB_1) = P(A|B_1)P(B_1)$. 由全概率公式有

$$P(A) = P(A|B_1)P(B_1) + P(A|B_2)P(B_2) + P(A|B_3)P(B_3),$$

代入式 (1-1) 得

$$P(B_1|A) = \frac{P(A|B_1)P(B_1)}{P(A|B_1)P(B_1) + P(A|B_2)P(B_2) + P(A|B_3)P(B_3)} = \frac{4}{14}.$$

延伸微课

同理可以求出 $P(B_2|A) = \frac{7}{14}$, $P(B_3|A) = \frac{3}{14}$.

故该产品来自乙车间的概率最大.

上述分析的实质是: 在事件 A 已发生的条件下, 寻找导致 A 发生的每个原因的概率——实际应用中称为"后验概率", 由此产生了概率论中另一个重要的公式——贝叶斯公式.

定理 1.2 (贝叶斯公式) 设试验 E 的样本空间为 S, A 为 E 的事件, $B_1, B_2, \cdots, B_n$ 为样本空间 S 的一个划分, 且 $P(A) > 0$, $P(B_i) > 0 (i = 1, 2, \cdots, n)$, 则

$$P(B_i|A) = \frac{P(A|B_i)P(B_i)}{\sum_{j=1}^{n} P(A|B_j)P(B_j)}, \quad i = 1, 2, \cdots, n.$$

该公式于 1763 年由贝叶斯 (Bayes) 给出, 其原理在工程技术、经济分析、投资决策及医疗诊断等统计检验方面有重要的实用价值.

例 1.18 (续例 1.17) 现随机选择一位客户, 如果该客户加满了油箱, 求他使用 92 号汽油的概率.

解 设 A 表示"加满油箱", B_1, B_2, B_3 分别表示"客户使用的是 92 号汽油""客户使用的是 95 号汽油""客户使用的是 98 号汽油", 由题意可知, 所求概率为 $P(B_1|A)$.

因为在例 1.17 中我们已经计算出

$$P(A) = P(B_1)P(A \mid B_1) + P(B_2)P(A \mid B_2) + P(B_3)P(A \mid B_3) = 0.455 .$$

故由贝叶斯公式可得

$$P(B_1 \mid A) = \frac{P(B_1)P(A \mid B_1)}{P(A)} \approx 0.264 .$$

例 1.19 根据对某地快递行业的调研，该地区 95% 的快递公司可提供可靠的快递服务，当商家选择这些优质快递公司时，其货物按时送达的概率为 98%，而当商家选择其他快递公司时，其货物按时送达的概率为 55%．假设有一批货物，已知已按时送达，求商家选择的是优质快递公司的概率．

解 设 A_1 表示"选择的是优质快递公司"，A_2 表示"选择的是其他快递公司"，B 表示"货物按时送达"，显然 $A_1 \cup A_2 = S$，$A_1 A_2 = \varnothing$．由题意可得

$$P(A_1) = 0.95, P(A_2) = 0.05, P(B \mid A_1) = 0.98, P(B \mid A_2) = 0.55 .$$

由贝叶斯公式可得

$$\begin{aligned}
P(A_1 \mid B) &= \frac{P(A_1)P(B \mid A_1)}{P(A_1)P(B \mid A_1) + P(A_2)P(B \mid A_2)} \\
&= \frac{0.95 \times 0.98}{0.95 \times 0.98 + 0.05 \times 0.55} \approx 0.97 .
\end{aligned}$$

故商家选择的是优质快递公司的概率约为 97%．

全概率公式和贝叶斯公式是概率论中的两个重要公式，它们具有广泛的应用．若把事件 B_i 理解为"原因"，而把 A 理解为"结果"，则 $P(A \mid B_i)$ 是原因 B_i 引起结果 A 出现的可能性大小，$P(B_i)$ 是各种原因出现的可能性大小．全概率公式综合引起结果的各种原因，计算结果出现的可能性，体现了"化整为零"的思想；而贝叶斯公式反映了当结果出现时，结果由原因 B_i 引起的可能性，故常用于可靠性问题，如可靠性寿命检验、可靠性维护、可靠性设计等．

同步习题1.3

基础题

1. 对某品牌手机屏幕进行抗压检测，设第一次检测时变形的概率为 $\frac{1}{2}$，若第一次检测未变形，第二次检测时变形的概率为 $\frac{7}{10}$．试求该品牌手机屏幕两次检测后未变形的概率．

2. 设 A, B 为两个随机事件，且 $P(B) > 0, P(A \mid B) = 1$，证明：$P(A \cup B) = P(A)$．

3. 设 A, B 为两事件，已知 $P(A) = \frac{1}{3}$，$P(A \mid B) = \frac{2}{3}$，$P(B \mid \overline{A}) = \frac{1}{10}$，求 $P(B)$．

4. 设 A, B, C 为随机事件，且 A, C 互不相容，$P(AB) = \frac{1}{2}, P(C) = \frac{1}{3}$，求 $P(AB \mid \overline{C})$．

5．某人忘记了密码锁的最后一位数字，因而随机地尝试，问：他尝试不超过 3 次而打开密码锁的概率是多少？如果已知最后一位数字是奇数，那么此概率是多少？

6．设某人有 3 个不同的电子邮箱账户，有 70% 的邮件进入账户 1，另有 20% 的邮件进入账户 2，其余 10% 的邮件进入账户 3．根据以往经验，3 个账户中的垃圾邮件比例分别为 1%，2%，5%，求：

（1）某天随机收到的一封邮件为垃圾邮件的概率；

（2）若收到了一封垃圾邮件，该邮件来自账户 2 的概率．

提高题

1．设 A, B 为两个随机事件，且 $0 < P(A) < 1$，$0 < P(B) < 1$，如果 $P(A \mid B) = 1$，求 $P(\overline{B} \mid \overline{A})$．

微课：第1题

2．在全部产品中有 4% 是废品，有 72% 为一等品．现从中任取一件，发现是合格品，求它是一等品的概率．

3．据一份资料显示，在某个国家，人们患肺癌的概率为 0.1%，在人群中有 20% 是吸烟者，他们患肺癌的概率为 0.4%，问：

（1）不吸烟者患肺癌的概率是多少？

（2）如果某人查出患有肺癌，那么他是吸烟者的概率是多少？

4．某种灭活疫苗通常需要接种两针，已知接种第一针产生抗体的概率为 0.7，若第一针未产生抗体，接种第二针产生抗体的概率为 0.6．试求接种两针后产生抗体的概率．

5．为了防止意外，在矿内同时装有两种报警系统 I 和 II，每种系统单独使用时，系统 I 和系统 II 的有效概率分别为 0.92 和 0.93，在系统 I 失灵的情况下，系统 II 仍有效的概率为 0.85，求两种报警系统至少有一种有效的概率．

6．某供应商分批向客户运送某特殊类型的零件，每批运送 10 个零件．假设在运送的所有批次中，50% 没有次品，30% 包含一个次品，20% 包含两个次品．现从一批零件中随机选择两个进行测试．

（1）求两个被测试零件都不是次品的概率．

（2）若两个被测试零件中有一个是次品，问：该批次零件包含一个次品的概率是多少？该批次零件包含两个次品的概率是多少？

■ 1.4 事件的独立性

一般来说，$P(B \mid A) \neq P(B)$ $[P(A) > 0]$，这表明事件 A 的发生，影响了事件 B 发生的概率．但是在有些情况下，$P(B \mid A) = P(B)$，如例 1.10 提到的放回抽样问题：用 A 表示"第一件为一等品"，B 表示"第二件为一等品"，由于抽取后放回，显然事件 A 的发生对 B 的发生不产生任何影响，或不提供任何信息，也即事件 A 与 B 是"无关"的．在这种情况下乘法公式可以得到简化：

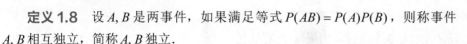

$$P(AB) = P(B|A)P(A)=P(A)P(B).$$

从概率上讲，这就是事件 A, B 相互独立.

1.4.1 两个事件的独立性

定义 1.8 设 A, B 是两事件，如果满足等式 $P(AB) = P(A)P(B)$，则称事件 A, B 相互独立，简称 A, B 独立.

微课：事件的
独立性的定义

注 事件 A 与事件 B 相互独立，是指事件 A 发生的概率与事件 B 发生的概率互不影响；反之，若事件 A 发生的概率与事件 B 发生的概率互不影响，则事件 A 与事件 B 相互独立.

性质 1.6 设 A, B 是两事件，且 $P(A)>0$，A, B 相互独立，则 $P(B|A) = P(B)$.

证 明 A, B 相互独立，则 $P(AB) = P(A)P(B)$，于是

$$P(B \mid A) = \frac{P(AB)}{P(A)} = \frac{P(A)P(B)}{P(A)} = P(B).$$

性质 1.7 若事件 A 与事件 B 相互独立，则 A 与 $\bar{B}$，$\bar{A}$ 与 B，$\bar{A}$ 与 $\bar{B}$ 也相互独立.

证 明 仅证 A 与 $\bar{B}$ 独立.

微课：事件
独立和互不相
容的区别

$$P(A\bar{B}) = P(A-B) = P(A) - P(AB) = P(A) - P(A)P(B) = P(A)[1 - P(B)] = P(A)P(\bar{B}).$$

例 1.20 设 A, B 互不相容，若 $P(A)>0, P(B)>0$，问：A, B 是否相互独立？

解 假设 A, B 相互独立，则 $P(AB) = P(A)P(B)>0$. 而 A, B 互不相容，所以 $P(AB) = 0$，矛盾. 因此，A, B 不相互独立.

例 1.21 某公司生产洗衣机和烘干机，已知该公司生产的洗衣机中有 30% 在保修期内需要保修服务，而该公司生产的烘干机中只有 10% 在保修期内需要保修服务. 如果有人同时购买了该公司生产的洗衣机和烘干机，问：在保修期内这两台机器都需要保修服务的可能性有多大？这两台机器都不需要保修服务的可能性有多大？

解 设 A 表示"洗衣机在保修期内需要保修服务"，B 表示"烘干机在保修期内需要保修服务"，则 $P(A) = 0.3, P(B) = 0.1$.

通常，这两台机器相互独立工作，即 A 和 B 是相互独立的，且 $\bar{A}$ 与 $\bar{B}$ 也是相互独立的，则两台机器都需要保修服务的概率为

$$P(AB) = P(A)P(B) = 0.3 \times 0.1 = 0.03,$$

两台机器都不需要保修服务的概率为

$$P(\bar{A}\bar{B}) = P(\bar{A})P(\bar{B}) = 0.7 \times 0.9 = 0.63.$$

例 1.22 设随机事件 A 与 B 相互独立，A 与 C 相互独立，若 $P(A) = P(B) = P(C) = \dfrac{1}{2}$，求 $P(AC \mid A \cup B)$.

解 $P(AC \mid A \cup B) = \dfrac{P[AC(A \cup B)]}{P(A \cup B)} = \dfrac{P(AC \cup ABC)}{P(A) + P(B) - P(AB)} = \dfrac{P(AC)}{P(A) + P(B) - P(AB)}$

$$= \frac{P(A)P(C)}{P(A)+P(B)-P(A)P(B)} = \frac{1}{3}.$$

1.4.2 有限个事件的独立性

定义 1.9 设 $A_1, A_2, \cdots, A_n$ 是 $n(n \geq 2)$ 个事件，如果对于其中任意 $k(1 < k \leq n)$ 个事件，这 k 个事件的积事件的概率等于各事件概率之积，则称事件 $A_1, A_2, \cdots, A_n$ 相互独立.

特别地，设 A, B, C 是 3 个事件，如果 A, B, C 满足

$$P(AB) = P(A)P(B), \quad P(BC) = P(B)P(C),$$

$$P(AC) = P(A)P(C), \quad P(ABC) = P(A)P(B)P(C),$$

则称事件 A, B, C 相互独立.

注 （1）$n(n \geq 3)$ 个事件相互独立，则其中任意两个事件相互独立，即两两独立；反之不成立.

微课：多个事件独立
和两两独立的区别

（2）若事件 $A_1, A_2, \cdots, A_n (n \geq 2)$ 相互独立，则其中任意 $k(2 \leq k \leq n)$ 个事件也相互独立.

（3）若 n 个事件 $A_1, A_2, \cdots, A_n (n \geq 2)$ 相互独立，则将 $A_1, A_2, \cdots, A_n$ 中任意多个事件换成它们各自的对立事件，所得的 n 个事件也相互独立.

例 1.23 假设某新型高分子材料由甲、乙、丙 3 个团队各自独立研发，若甲团队研发的成功率为 0.4，乙团队研发的成功率为 0.3，丙团队研发的成功率为 0.2，求该新型高分子材料研发成功的概率.

解 设 A_1 表示"甲团队研发成功"，A_2 表示"乙团队研发成功"，A_3 表示"丙团队研发成功"，则"该新型高分子材料研发成功"可表示为 $B = A_1 \bigcup A_2 \bigcup A_3$，由事件的独立性和概率运算性质有

$$P(B) = P(A_1 \bigcup A_2 \bigcup A_3) = 1 - P(\overline{A_1 \bigcup A_2 \bigcup A_3}) = 1 - P(\overline{A_1}\,\overline{A_2}\,\overline{A_3})$$

$$= 1 - P(\overline{A_1})P(\overline{A_2})P(\overline{A_3}) = 1 - 0.6 \times 0.7 \times 0.8 = 0.664$$

通过这个例子我们可以看出，"3 个臭皮匠顶个诸葛亮"的俗语是有一定科学依据的. 另外，对于多个独立事件和的概率求解，往往通过德·摩根律转化为其对立事件的积，可以极大地简化计算步骤，即有以下求解方法.

若事件 $A_1, A_2, \cdots, A_n$ 相互独立，则有

$$P(A_1 \bigcup A_2 \bigcup \cdots \bigcup A_n) = 1 - P(\overline{A_1 \bigcup A_2 \bigcup \cdots \bigcup A_n})$$

$$= 1 - P(\overline{A_1}\,\overline{A_2}\cdots\overline{A_n})$$

$$= 1 - P(\overline{A_1})P(\overline{A_2})\cdots P(\overline{A_n}).$$

例 1.24 加工某零件共需要经过 7 道工序，每道工序的次品率都是 5%，假定各道工序是互不影响的，求加工出来的零件的次品率.

解 以 $A_i\ (i = 1, 2, \cdots, 7)$ 表示事件"第 i 道工序出现次品"，D 表示事件"加工出来的零件为次品"，则有 $D = A_1 \bigcup A_2 \bigcup \cdots \bigcup A_7.$

$$P(D) = P(A_1 \bigcup A_2 \bigcup \cdots \bigcup A_7) = 1 - P(\overline{A_1 \bigcup A_2 \bigcup \cdots \bigcup A_7})$$
$$= 1 - P(\overline{A}_1 \overline{A}_2 \cdots \overline{A}_7) = 1 - P(\overline{A}_1) P(\overline{A}_2) \cdots P(\overline{A}_7)$$
$$= 1 - 0.95^7 = 0.301\ 7.$$

由此可见，虽然每道工序次品率都很低，但次品率随工序数的增加而增加，因此，对于多道工序的产品，需要有严格的控制程序.

1.4.3 独立性在系统可靠性中的应用

对于一个元件，它能正常工作的概率称为元件的可靠性. 对于一个系统，它能正常工作的概率称为系统的可靠性. 如图 1.3 所示，元件的基本组合有串联和并联两种，同样数量的元件，采取不同的组合方式，系统的可靠性往往不同. 随着电子技术的不断发展，关于元件和系统可靠性的研究形成了一门新的科学——可靠性理论.

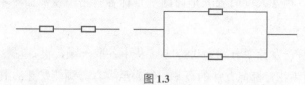

图 1.3

例 1.25 我们来看看 4 个独立工作的元件组成的系统的可靠性. 设每个元件的可靠性均为 p，分别按图 1.4 所示的两种方式组成系统，分别记为 S_1（左图）和 S_2（右图），求两种组合方式的可靠性.

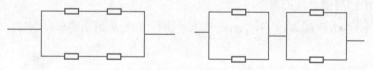

图 1.4

解 以 A_i $(i=1,2,3,4)$ 表示事件"第 i 个元件正常工作"，则有

$$S_1 = A_1 A_2 \bigcup A_3 A_4, S_2 = (A_1 \bigcup A_2)(A_3 \bigcup A_4).$$

由事件的独立性和概率运算性质有

$$P(S_1) = P(A_1 A_2) + P(A_3 A_4) - P(A_1 A_2 A_3 A_4)$$
$$= P(A_1)P(A_2) + P(A_3)P(A_4) - P(A_1)P(A_2)P(A_3)P(A_4)$$
$$= p^2(2 - p^2),$$
$$P(S_2) = P(A_1 \bigcup A_2) \cdot P(A_3 \bigcup A_4) = (2p - p^2)^2 = p^2(2 - p)^2.$$

利用导数可以证明：当 $0 < p < 1$ 时，恒有 $(2 - p)^2 > (2 - p^2)$. 因此，S_2 更可靠.

同步习题 1.4

 基础题

1. 已知事件 A, B 相互独立，且 $P(A) > 0, P(B) > 0$，判断下列等式是否成立并说明理由.

(1) $P(A \cup B) = P(A) + P(B)$.　　　　(2) $P(A \cup B) = P(A)$.

(3) $P(A \cup B) = 1$.　　　　　　　　(4) $P(A \cup B) = 1 - P(\overline{A})P(\overline{B})$.

2. 设 A, B 为两事件，已知 $P(B) = \frac{1}{2}, P(A \cup B) = \frac{2}{3}$，若事件 A, B 相互独立，求 $P(A)$.

3. 设甲、乙、丙 3 人同时独立地向同一目标各射击一次，命中率分别为 $\frac{1}{3}, \frac{1}{2}, \frac{2}{3}$，求目标被命中的概率.

4. 有两种花籽，发芽率分别为 $0.8, 0.9$，从中各取一颗，设各花籽是否发芽相互独立. 求：（1）这两颗花籽都能发芽的概率；（2）至少有一颗能发芽的概率；（3）恰有一颗能发芽的概率.

5. 某药厂灌装注射液需要经过 4 道工序，从长期的生产经验可知，各道工序的废品率分别为 $0.5\%, 0.2\%, 0.1\%, 0.8\%$，假设各道工序是否合格是相互独立的，求经过 4 道工序灌装完成的注射液合格的概率.

6. 若 $P(A) > 0, P(B \mid A) = P(B \mid \overline{A})$，试证：事件 A 与 B 相互独立.

提高题

1. 设随机事件 A 与 B 相互独立，A 与 C 相互独立，$BC = \varnothing$，若 $P(A) = P(B) = \frac{1}{2}, P[AC \mid (AB \cup C)] = \frac{1}{4}$，求 $P(C)$.

微课：第1题

2. 设随机事件 A 与 B 相互独立，且 $P(B) = 0.5, P(A - B) = 0.3$，求 $P(B - A)$.

3. 某建筑公司目前承包了两个工程项目，一个在亚洲，另一个在欧洲. 设 A 表示"亚洲项目按时交付"，B 表示"欧洲项目按时交付"，A 和 B 相互独立，且 $P(A) = 0.4, P(B) = 0.7$. 问：

（1）如果亚洲项目延期，那么欧洲项目延期的可能性有多大？

（2）这两个项目中至少有一个按时交付的可能性有多大？

（3）若这两个项目中至少有一个按时交付，那么只有亚洲项目按时交付的可能性有多大？

4．设有 4 个独立工作的元件 1, 2, 3, 4，它们的可靠性分别为 p_1, p_2, p_3, p_4，将它们按图 1.5 所示的方式连接，求系统的可靠性.

5．已知电路如图 1.6 所示，若 A, B, C 损坏与否相互独立，且它们损坏的概率分别为 0.3, 0.2, 0.1，求电路断路的概率.

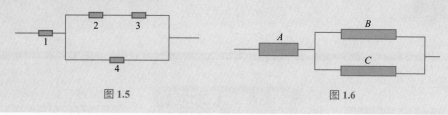

图 1.5　　　　　　　　　　　　图 1.6

第 1 章思维导图

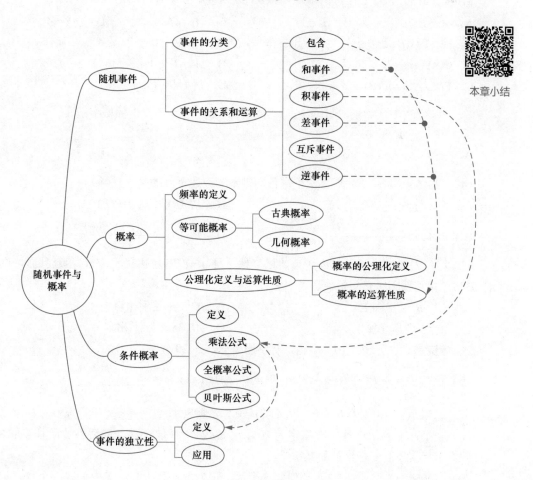

中国数学学者

个人成就

数学家，中国科学院院士，曾任中国科学院数学研究所研究员、所长. 华罗庚是中国解析数论、典型群、矩阵几何学、自守函数论与多复变函数论等方面研究的创始人与开拓者.

华罗庚

第1章总复习题

1. 选择题：（1）～（5）小题，每小题4分，共20分. 下列每小题给出的4个选项中，只有一个是符合题目要求的.

（1）（2001303）对于任意两事件 A 和 B，与 $A \cup B = B$ 不等价的是（　　）.

A. $A \subset B$ 　　　　B. $\overline{B} \subset \overline{A}$ 　　　　C. $A\overline{B} = \varnothing$ 　　　　D. $\overline{A}B = \varnothing$

（2）设 A 与 B 是任意两个互不相容事件，则下列结论中正确的是（　　）.

A. $P(A) = 1 - P(B)$ 　　　　　　　　B. $\overline{A}$ 与 $\overline{B}$ 互不相容

C. $P(AB) = P(A)P(B)$ 　　　　　　　D. $P(A-B) = P(A)$

（3）在区间 $(0, 1)$ 中随机取两数，则事件"两数之和大于 $\dfrac{2}{3}$"的概率是（　　）.

A. $\dfrac{1}{3}$ 　　　　B. $\dfrac{7}{9}$ 　　　　C. $\dfrac{2}{3}$ 　　　　D. $\dfrac{2}{9}$

（4）（2015304）A, B 为任意两个事件，则下列叙述正确的是（　　）.

A. $P(AB) \leqslant P(A)P(B)$ 　　　　　　B. $P(AB) \geqslant P(A)P(B)$

C. $P(AB) \leqslant \dfrac{P(A)+P(B)}{2}$ 　　　　D. $P(AB) \geqslant \dfrac{P(A)+P(B)}{2}$

（5）（2017304）设 A, B, C 为3个随机事件，且 A 与 C 相互独立，B 与 C 相互独立，则 $A \cup B$ 与 C 相互独立的充要条件是（　　）.

A. A 与 B 相互独立 　　　　　　　　B. A 与 B 互不相容

C. AB 与 C 相互独立 　　　　　　　D. AB 与 C 互不相容

2. 填空题：（6）～（10）小题，每小题4分，共20分.

（6）若 $P(A) = \dfrac{1}{4}, P(B|A) = \dfrac{1}{3}, P(A|B) = \dfrac{1}{2}$，则 $P(A \cup B) = $ _____.

（7）已知 $P(A) = 0.4, P(B) = 0.3, P(A|B) = 0.5$，则 $P(A-B) = $ _____.

（8）一批产品共100件，次品率为10%，每次从中任取一件，取后不放回且连取3次，则在第三次才取到合格品的概率为 _____.

（9）（2005104）从数 1,2,3,4 中任取一个数，记为 X，再从 $1, \cdots, X$ 中任取一个数，记为 Y，则 $P\{Y=2\} = $ _____.

（10）数字发射器将信息 A,B 传送出去，A,B 传送的频繁程度之比为 $2:1$．接收机收到时，信息 A 被误认为 B 的概率为 0.02，信息 B 被误认为 A 的概率为 0.01．若已经收到信息 A，则原发信息为 A 的概率为 _____．

3. 解答题：（11）～（16）小题，每小题 10 分，共 60 分．

（11）将 15 名新生随机地平均分配到 3 个班级中去，这 15 名新生中有 3 名是优秀生．求：

① 每个班级各分配到一名优秀生的概率；

② 3 名优秀生分配在同一班级的概率．

（12）设 A,B,C 是 3 个事件，且 $P(A)=P(B)=P(C)=\dfrac{1}{4}$，$P(AB)=P(BC)=0$，$P(AC)=\dfrac{1}{8}$．求 A,B,C 至少有一个发生的概率．

（13）用 3 台机床加工同样的零件，零件由各机床加工的概率分别为 $0.5,0.3,0.2$，各机床加工的零件为合格品的概率分别为 $0.94,0.9,0.95$，求：

① 任取一个零件，其为合格品的概率；

② 任取一个零件，若是次品，其为第二台机床加工的概率．

（14）（2000103）设事件 A,B 相互独立．若 A,B 都不发生的概率为 $\dfrac{1}{9}$，且 A 发生 B 不发生的概率与 B 发生 A 不发生的概率相等，求 $P(A)$．

（15）（2022105）设 A,B,C 为 3 个随机事件，A 与 B 互不相容，A 与 C 互不相容，B 与 C 相互独立，且 $P(A)=P(B)=P(C)=\dfrac{1}{3}$，求 $P[(B\cup C)\,|\,(A\cup B\cup C)]$．

（16）设有 n 位投保人向保险公司购买了某种 1 年期人身意外保险，假定每位投保人在一年内发生意外的概率为 0.01．问：n 为多少时，保险公司产生赔付的概率大于 0.5？

本章同步习题答案　　　　本章总复习题答案

02

第 2 章
随机变量及其分布

在第 1 章研究随机现象时，对随机事件的表述大都是定性描述，而且只考虑了部分随机事件的概率，这种方法不利于分析事件之间的关系，没有摆脱初等数学的范畴．另外，有些样本空间充满某个区域，如某品牌计算机主板的使用寿命、某种温度传感器的感应温度、进行气象观测时的测量误差等，此类问题无法用第 1 章的知识解决．那么如何突破上述局限呢？

本章导学

我们发现，随机事件与实数之间存在某种客观联系，为了弥补初等数学的缺陷，从整体上把握随机现象的统计规律，必须将随机试验的结果数量化，为此要引入随机变量．通过随机变量这个桥梁，可以把随机试验的结果与实数对应起来，建立一种映射关系，这样就能够使用高等数学的方法来研究随机试验，从而更充分地认识随机现象的统计规律．

本章将先介绍随机变量与分布函数的概念，然后介绍离散型随机变量和连续型随机变量，最后介绍随机变量函数的分布．

2.1 随机变量与分布函数

2.1.1 随机变量

在随机现象中，很多随机试验的结果本身就是用数量来表示的，例如：

（1）在一批电子元件中任意抽取一个，测试它的寿命 X；

（2）某一时间段内，公交车站内候车的乘客人数 Y；

（3）放射性物质在 7.5s 的时间间隔内到达指定区域的质子数 Z；

（4）某地区的年平均降雨量 T．

在随机现象中，还有很多试验的结果不是用数量表示的．例如，检验一件产品的质量，可能"合格"，也可能"不合格"，这时可以建立试验结果与数量之间的对应关系．我们约定：

若检验结果为"合格"，则令 $X=1$；

若检验结果为"不合格"，则令 $X=0$．

综合以上分析，不论随机试验出现什么样的结果，都可以找到一个实数与之对应，这个实数随着试验结果的不同而变化，它可以视为样本点的函数，我们称这个函数为随机变量，其定义如下．

定义 2.1 设 E 是随机试验，样本空间为 S，如果对随机试验的每一个结果 ω，都有一个实数 $X(\omega)$ 与之对应，那么把这个定义在 S 上的单值实值函数 $X = X(\omega)$ 称为随机变量．随机变量一般用大写字母 $X,Y,Z,\cdots$ 表示．

计算机可视化

随机变量和普通变量的本质区别在于随机变量具有随机性，即在试验之前不能确定 X 会出现哪个值．

随机变量的取值由随机试验的结果来确定，而且每个试验结果（即随机事件）的出现都有一定的概率，因而随机变量的取值有相应的概率，通过研究概率就可以知道随机变量的统计规律．

引入随机变量后就可以利用随机变量表示事件．例如，在电子元件寿命的试验中，$\{X>2\ 000\}$ 表示"电子元件的寿命大于 2 000h"；在公交车站候车人数的试验中，$\{Y=8\}$ 表示"候车人数为 8 人"；在放射性物质的试验中，$\{Z=4\}$ 表示"7.5s 的时间间隔内到达指定区域的质子数是 4"；在年平均降雨量的试验中，$\{T=685\}$ 表示"该地区的年平均降雨量为 685mm"．用随机变量描述事件，不仅可以研究个别事件或部分事件，还可以把各个事件联系起来，从整体上研究随机试验．

在后续的内容中，我们会介绍随机变量的两种常见类型：离散型随机变量和连续型随机变量．

2.1.2 分布函数

概率统计的任务是研究随机现象的统计规律，即随机变量的统计规律，那么该如何描述这个规律呢？

为了研究随机变量 X 的统计规律，我们先来讨论关于 X 的各种事件，主要包括以下 3 种情况：

（1）$\{X \leqslant a\}$；

（2）$\{b<X \leqslant c\} = \{X \leqslant c\} - \{X \leqslant b\}$；

（3）$\{X>d\} = S - \{X \leqslant d\}$．

我们发现以上 3 种事件都可以用 $\{X \leqslant x\}$ 表示，其中 x 为任意实数．因此，为了掌握随机变量 X 的统计规律，只需要知道概率 $P\{X \leqslant x\}$ 就可以了．

对于 $P\{X \leqslant x\}$，对实数域上任意的 x，都有唯一的概率值与之对应，这个概率值与 x 有关且具有累积特性，记为 $F(x) = P\{X \leqslant x\}$，$F(x)$ 体现了实数 x 与概率值之间的对应关系．下面引入随机变量分布函数的概念．

定义 2.2 设 X 是一个随机变量，x 是任意实数，称函数

$$F(x) = P\{X \leqslant x\}, -\infty<x<+\infty.$$

为随机变量 X 的分布函数．

微课：分布函数

显然，$F(x)$ 是一个定义在实数域 **R** 上且取值于 [0,1] 的函数．

几何意义：在数轴上，将 X 看成随机点的坐标，则分布函数 $F(x)$ 表示随机点 X 落在阴影部分（即 $X \leqslant x$）内的概率，如图 2.1 所示．

图 2.1

根据定义 2.2，对任意实数 $a,b,c(a<b)$，都有

$$P\{a<X\leqslant b\}=P\{X\leqslant b\}-P\{X\leqslant a\}=F(b)-F(a),$$

$$P\{X>c\}=1-P\{X\leqslant c\}=1-F(c).$$

因此，有了分布函数 $F(x)$ 就可以表示随机变量 X 落在区间 $(a,b]$ 和 $(c,+\infty)$ 内的概率. 那么，随机变量 X 落在开区间 (a,b) 或闭区间 $[a,b]$ 内的概率应该如何表示呢？通过后面两节的学习我们就能解决这个问题.

根据概率的性质及分布函数的几何意义，能够得到分布函数 $F(x)$ 的以下性质.

（1）单调性：分布函数是单调不减的，即若 $x_1<x_2$，则 $F(x_1)\leqslant F(x_2)$.

（2）有界性：$0\leqslant F(x)\leqslant 1$，且 $F(-\infty)=\lim\limits_{x\to-\infty}F(x)=0$，$F(+\infty)=\lim\limits_{x\to+\infty}F(x)=1$.

（3）右连续性：$F(x+0)=F(x)$.

分布函数一定具有这 3 个基本性质. 反过来，任意一个满足这 3 个基本性质的函数，一定可以作为某个随机变量的分布函数. 因此，这 3 个基本性质成为判别一个函数是否能成为分布函数的充要条件.

例 2.1 通过某公交站牌的汽车每 10min 一辆，随机变量 X 为乘客的候车时间，其分布函数为

$$F(x)=\begin{cases} 0, & x<0, \\ \dfrac{x}{10}, & 0\leqslant x<10, \\ 1, & x\geqslant 10. \end{cases}$$

计算机可视化

求：（1）$P\{X\leqslant 3\}$；（2）$P\{1<X\leqslant 9\}$；（3）$P\{X>5\}$.

解（1）$P\{X\leqslant 3\}=F(3)=\dfrac{3}{10}$.

（2）$P\{1<X\leqslant 9\}=F(9)-F(1)=\dfrac{4}{5}$.

（3）$P\{X>5\}=1-F(5)=1-\dfrac{1}{2}=\dfrac{1}{2}$.

例 2.2 设随机变量 X 的分布函数为

$$F(x)=\begin{cases} a+\dfrac{b}{(1+x)^2}, & x>0, \\ c, & x\leqslant 0, \end{cases}$$

求常数 a,b,c 的值.

解 根据分布函数 $F(x)$ 的 3 个基本性质，可得 $0=F(-\infty)=\lim\limits_{x\to-\infty}F(x)=c$，即 $c=0$.

$1=F(+\infty)=\lim\limits_{x\to+\infty}F(x)=\lim\limits_{x\to+\infty}\left[a+\dfrac{b}{(1+x)^2}\right]=a$，即 $a=1$.

又因为 $F(x)$ 是右连续的，即 $\lim\limits_{x\to 0^+}F(x)=a+b=c$，故 $b=-1$.

因此，常数 a,b,c 的值分别为 $1,-1,0$.

同步习题 2.1

1. 设随机变量 X 的分布函数为

$$F(x) = \begin{cases} a + be^{-\lambda x}, & x > 0, \\ 0, & x \leqslant 0, \end{cases}$$

其中 $\lambda > 0$. 求常数 a, b 的值.

2. 以下 4 个函数中,哪个是随机变量的分布函数?

(1) $F_1(x) = \begin{cases} 0, & x < -2, \\ \dfrac{1}{2}, & -2 \leqslant x < 0, \\ 2, & x \geqslant 0. \end{cases}$ 　　　(2) $F_2(x) = \begin{cases} 0, & x < 0, \\ \sin x, & 0 \leqslant x < \pi, \\ 1, & x \geqslant \pi. \end{cases}$

(3) $F_3(x) = \begin{cases} 0, & x < 0, \\ \sin x, & 0 \leqslant x < \dfrac{\pi}{2}, \\ 1, & x \geqslant \dfrac{\pi}{2}. \end{cases}$ 　　　(4) $F_4(x) = \begin{cases} 0, & x \leqslant 0, \\ x + \dfrac{1}{3}, & 0 < x < \dfrac{1}{2}, \\ 1, & x \geqslant \dfrac{1}{2}. \end{cases}$

3. 设随机变量 X 的分布函数为 $F(x) = a + b \arctan x$,求常数 a 与 b 的值.

4. 设随机变量 X 的分布函数为

$$F(x) = \begin{cases} 0, & x < 0, \\ \dfrac{x}{3}, & 0 \leqslant x < 1, \\ \dfrac{x}{2}, & 1 \leqslant x < 2, \\ 1, & x \geqslant 2. \end{cases}$$

求:(1) $P\left\{X \leqslant \dfrac{1}{2}\right\}$;(2) $P\left\{\dfrac{1}{2} < X \leqslant \dfrac{3}{2}\right\}$;(3) $P\left\{X > \dfrac{3}{2}\right\}$.

提高题

1. 设 $F_1(x)$ 与 $F_2(x)$ 分别为随机变量 X_1 与 X_2 的分布函数,为使

$$F(x) = aF_1(x) - bF_2(x)$$

成为某一随机变量的分布函数,在下列各组数值中应选哪一组?

(1) $a = \dfrac{3}{5}, b = -\dfrac{2}{5}$. 　　　(2) $a = \dfrac{2}{3}, b = \dfrac{2}{3}$.

（3）$a = -\dfrac{1}{2}, b = \dfrac{3}{2}$．   （4）$a = \dfrac{1}{2}, b = -\dfrac{3}{2}$．

2．在半径为 1、圆心为原点 O 的圆盘内任取一点 P，设 X 为 OP 的长度，求 X 的分布函数．

2.2 离散型随机变量

生活中有各种类型的随机变量，举例如下：

（1）对 N 件产品进行检验时不合格品的件数；

（2）某工厂加工一批钢管的外径与规定的外径尺寸之差；

（3）某人每天使用移动支付的次数；

（4）在银行办理某业务的排队时间．

对于（1）和（3），随机变量的取值为有限个或可列个，这样的随机变量称为离散型随机变量，本节会介绍其概率分布及应用．（2）和（4）中的随机变量称为非离散型随机变量，此类随机变量将在下一节介绍．

2.2.1 离散型随机变量及其概率分布

定义 2.3 若随机变量 X 所有可能的取值为有限个或可列个，则称这样的随机变量为离散型随机变量．

如何描述离散型随机变量的统计规律呢？一般来说，如果知道了离散型随机变量的取值及相应的概率，也就把握了随机变量的统计规律．

定义 2.4 设 X 为离散型随机变量，X 所有可能的取值为 $x_i, i = 1, 2, 3, \cdots$，称

$$P\{X = x_i\} = p_i, i = 1, 2, 3, \cdots$$

为随机变量 X 的概率分布，也称为分布律或分布列．

微课：概率分布

概率分布也可以用以下形式表示．

X	x_1	x_2	$\cdots$	x_i	$\cdots$
P	p_1	p_2	$\cdots$	p_i	$\cdots$

或者记为以下形式．

$$\begin{pmatrix} x_1 & x_2 & \cdots & x_i & \cdots \\ p_1 & p_2 & \cdots & p_i & \cdots \end{pmatrix}$$

由概率的性质可知，任意一个离散型随机变量的概率分布都具有以下两个基本性质．

（1）非负性：$p_i \geqslant 0, i = 1, 2, 3, \cdots$．

（2）正则性：$\displaystyle\sum_{i=1}^{+\infty} p_i = 1$．

利用这两个基本性质可以判断一个离散型随机变量的分布律是否有意义，或者确定分布律中的未知数．

例2.3 设随机变量 X 的分布律为

X	−1	0	1	2	3
P	0.16	$\dfrac{a}{10}$	a^2	$\dfrac{a}{5}$	0.3

求常数 a.

解 由 $\sum\limits_{i=1}^{+\infty} p_i = 1$ 有 $0.16 + \dfrac{a}{10} + a^2 + \dfrac{a}{5} + 0.3 = 1$，可得 $a = -0.9$ 或 $a = 0.6$.
由 $p_i \geqslant 0$，可得 $a = 0.6$.

上一节我们介绍过，可以用分布函数来表示随机变量的统计规律，这里又用分布律来描述离散型随机变量的统计规律，它们之间有什么关系呢？

若离散型随机变量 X 的分布律为 $P\{X = x_i\} = p_i, i = 1, 2, 3, \cdots$，则 X 的分布函数为

$$F(x) = P\{X \leqslant x\} = \sum_{x_i \leqslant x} P\{X = x_i\}, i = 1, 2, 3, \cdots,$$

即分布函数是分布律在一定范围内的累积. 离散型随机变量落在任何一个范围内的概率，均可以用累积概率的形式表示，即

$$P\{a \leqslant X \leqslant b\} = \sum_{a \leqslant x_i \leqslant b} P\{X = x_i\}, \ i = 1, 2, 3, \cdots.$$

通过下面这个例子，我们可以掌握分布律的求法、分布律与分布函数的转换方法以及求相关概率的方法.

例2.4 已知盒中有 10 件产品，其中 8 件正品、2 件次品. 需要从中取出 2 件正品，每次取 1 件，直到取出 2 件正品为止，做不放回抽样. 设 X 为抽取的次数，求：（1）X 的分布律；（2）X 的分布函数 $F(x)$；（3）概率 $P\{2 \leqslant X \leqslant 3\}$.

解 （1）X 的取值为 $2, 3, 4$.

$$P\{X = 2\} = \frac{8}{10} \times \frac{7}{9} = \frac{28}{45},$$

$$P\{X = 3\} = \frac{8}{10} \times \frac{2}{9} \times \frac{7}{8} + \frac{2}{10} \times \frac{8}{9} \times \frac{7}{8} = \frac{14}{45},$$

$$P\{X = 4\} = 1 - \frac{28}{45} - \frac{14}{45} = \frac{1}{15}.$$

计算机可视化

X 的分布律如下.

X	2	3	4
P	$\dfrac{28}{45}$	$\dfrac{14}{45}$	$\dfrac{1}{15}$

（2）$F(x) = P\{X \leqslant x\} = \sum\limits_{x_i \leqslant x} P\{X = x_i\}, i = 1, 2, 3, \cdots.$

当 $x < 2$ 时，$F(x) = 0$；

当 $2 \leqslant x < 3$ 时，$F(x) = P\{X = 2\} = \dfrac{28}{45}$；

当 $3 \leqslant x < 4$ 时，$F(x) = P\{X = 2\} + P\{X = 3\} = \dfrac{28}{45} + \dfrac{14}{45} = \dfrac{14}{15}$；

当 $x \geqslant 4$ 时，$F(x) = P\{X = 2\} + P\{X = 3\} + P\{X = 4\} = \dfrac{28}{45} + \dfrac{14}{45} + \dfrac{1}{15} = 1$.

综上所述，X 的分布函数为

$$F(x) = \begin{cases} 0, & x < 2, \\[2mm] \dfrac{28}{45}, & 2 \leqslant x < 3, \\[2mm] \dfrac{14}{15}, & 3 \leqslant x < 4, \\[2mm] 1, & x \geqslant 4. \end{cases}$$

（3）解法 1：根据分布函数的定义可知

$$\begin{aligned} P\{2 \leqslant X \leqslant 3\} &= P\{X = 2\} + P\{2 < X \leqslant 3\} \\ &= P\{X = 2\} + F(3) - F(2) \\ &= \frac{28}{45} + \frac{14}{15} - \frac{28}{45} = \frac{14}{15}. \end{aligned}$$

解法 2：利用分布律求累积概率，得

$$\begin{aligned} P\{2 \leqslant X \leqslant 3\} &= P\{X = 2\} + P\{X = 3\} \\ &= \frac{28}{45} + \frac{14}{45} = \frac{14}{15}. \end{aligned}$$

　　两种解法相比，显然解法 2 更简单．由此可见，对于离散型随机变量，虽然分布函数和分布律都能描述其统计规律，但是从表现形式和使用效果来看，分布律更为简便与实用，因此，分布律是描述离散型随机变量统计规律的专有工具．

2.2.2　常用的离散型随机变量

下面介绍 5 种常用的离散型随机变量．

1. (0-1) 分布

很多随机试验有两个结果，如检验产品质量，结果为 "合格" "不合格"；进行科学试验，结果为 "成功" "不成功"；招聘新人，结果为 "录用" "不录用"．这些随机试验都只有两个结果，一般将随机变量的取值分别对应为 0 和 1．

定义 2.5　若随机变量 X 只有两个可能的取值 0 和 1，其分布律为

$$P\{X = k\} = p^k (1 - p)^{1-k}, k = 0, 1,$$

则称 X 服从以 p 为参数的 (0-1) 分布或两点分布．

(0-1) 分布的分布律也可以记为

X	0	1
P	$1-p$	p

或

$$\begin{pmatrix} 0 & 1 \\ 1-p & p \end{pmatrix}.$$

2. 二项分布

先来看一个例子. 有 10 台相互独立的机器同时工作, 机器出现故障的概率为 0.2, 要研究 10 台机器出现故障的台数, 它服从什么统计规律呢?

在实际应用中, 我们常常需要把同一试验重复进行若干次并对结果进行综合分析. 对于具有以下两个特征的重复进行的试验, 我们称之为 n 重伯努利 (Bernoulli) 试验.

(1) 在相同的条件下进行 n 次重复试验, 各次试验结果发生的可能性的大小不受其他各次试验结果的影响, 也即这 n 次试验相互独立.

(2) 每次试验都仅考虑两个可能结果——事件 A 和事件 $\overline{A}$, 且在每次试验中都有 $P(A)=p$, $P(\overline{A})=1-p$.

定义 2.6 若随机变量 X 表示 n 重伯努利试验中事件 A 出现的次数, 则有

$$P\{X=k\}=C_n^k p^k (1-p)^{n-k}, k=0,1,2,\cdots,n,$$

计算机可视化

称随机变量 X 服从**二项分布**, 记为 $X \sim B(n,p)$, 其中 n 和 $p\,(0<p<1)$ 是二项分布的参数. 上式就是二项分布的分布律.

在上面的例子中, 将一台机器是否出现故障看成一次试验, 则 10 台机器是否出现故障就对应 10 重伯努利试验. 设随机变量 X 表示 10 台机器出现故障的台数, 则 $X \sim B(10,0.2)$.

在二项分布中, 若令 $n=1$, 则 $X \sim B(1,p)$, X 的分布律为

$$P\{X=k\}=p^k(1-p)^{1-k}, k=0,1,$$

可以看出 X 服从 (0–1) 分布. 因此, (0–1) 分布是二项分布的特例, 简记为 $B(1,p)$.

关于二项分布实际应用的例子有很多, 例如, 某银行营业厅有 5 台自动取款机, 每台自动取款机被使用的概率为 0.2, X 表示同一时刻被使用的取款机数量; 某种型号的元器件能通过抗震测试的概率为 0.75, X 表示 10 个元器件中能通过测试的数量; 某药品的有效率为 0.8, X 为使用该药品的 1000 个人当中有效的人数; 某个计算机系统有 120 个相互独立的终端, 每个终端有 10% 的时间要与主机交换数据, X 为同时与主机交换数据的终端数; 等等.

例 2.5 金工车间有 10 台同类型的机床, 每台机床配备的电动机功率为 10kW, 已知每台机床工作时, 平均每小时实际开动 12min, 且开动与否是相互独立的. 现在当地电力供应紧张, 供电部门只提供 50kW 的电力给这 10 台机床, 问: 这 10 台机床能够正常工作的概率有多大?

解 设 X 表示 10 台机床中同时开动的台数. 由题意知, 每台机床分为 "开动" 和 "不开动" 两种情况, 开动的概率为 $\dfrac{12}{60}=\dfrac{1}{5}$, 每台机床开动与否相互独立, 则 $X \sim B\left(10,\dfrac{1}{5}\right)$, 其分布律为

$$P\{X=k\}=C_{10}^k \left(\frac{1}{5}\right)^k \left(\frac{4}{5}\right)^{10-k}, k=0,1,2,\cdots,10.$$

根据题意, 若同时开动的台数不超过 5 台, 这 10 台机床就能正常工作, 其概率为

$$P\{X \leqslant 5\}=\sum_{k=0}^{5} C_{10}^k \left(\frac{1}{5}\right)^k \left(\frac{4}{5}\right)^{10-k}$$
$$\approx 0.994.$$

因此, 这 10 台机床能够正常工作的概率为 0.994, 说明这 10 台机床的工作基本上不受电力供应紧张的影响.

例 2.6 有 2 500 个投保人购买了某保险公司的意外伤害保险，根据以往统计资料，在一年里每个人出现意外伤害的概率是 0.000 1，每个购买保险的人一年付给保险公司 120 元保费，而在出现意外伤害时家属从保险公司领取 2 万元. 求：保险公司一年获利不少于 10 万元的概率.

解 2 500 人中出现意外伤害的情况可以用 2 500 重伯努利试验描述，设 X 表示 2 500 人中出现意外伤害的人数，则 $X \sim B(2\,500, 0.000\,1)$.

保险公司每年从这 2 500 人收取的保费为

$$2\,500 \times 120 = 300\,000（元）.$$

通过分析可知，只要不多于 10 人出现意外伤害，保险公司可以至少赚 10 万元，因此，保险公司一年获利多于 10 万元的概率为

$$P\{X \leqslant 10\} = \sum_{k=0}^{10} C_{2\,500}^{k} 0.000\,1^{k} 0.999\,9^{2\,500-k} \approx 0.999\,994.$$

在二项分布的概率计算中，经常会遇到例 2.6 这样的和式比较大、计算比较困难的情况，这种问题该如何解决呢？可以用泊松分布进行近似计算，也就是下面将要介绍的泊松定理的内容.

3. 泊松分布

自然界有很多稀疏现象，例如，某段时间内放射性物质放射出的粒子数、数字通信中传输数据出现误码的个数、电话交换机单位时间内接到呼叫的次数、交通路口单位时间内发生的事故数、机器在单位时间内出现的故障数、一本书中每一页的错误字数、显微镜下单位分区内的细菌分布数等，这些随机变量往往都呈现相似的统计规律，即服从泊松分布.

定义 2.7 若随机变量 X 的分布律为 $P\{X = k\} = \dfrac{\lambda^k}{k!} \mathrm{e}^{-\lambda}, k = 0,1,2,\cdots$，其中 λ 为大于 0 的参数，则称随机变量 X 服从参数为 λ 的泊松分布，记为 $X \sim P(\lambda)$.

泊松分布是由法国数学家西莫恩·德尼·泊松在 1838 年提出来的，是离散型随机变量的常用分布，泊松分布在管理科学、运筹学以及自然科学领域发挥了重要作用.

泊松分布中概率的计算往往可以通过查表进行（见附表 1），通过查表可以使数值较大的和式的计算变得简单.

例 2.7 设在实验室中每微秒穿过计数器的放射性粒子数量服从参数为 4 的泊松分布，求在 1 微秒内穿过计数器的放射性粒子数不超过 6 个的概率.

解 设每微秒穿过计数器的放射性粒子数为 X，则 $X \sim P(4)$，所求概率为

$$P\{X \leqslant 6\} = \sum_{k=0}^{6} \frac{4^k}{k!} \mathrm{e}^{-4}.$$

通过查表（见附表 1）可得 $P\{X \leqslant 6\} = 0.889\,3$.

定理 2.1（泊松定理） 在 n 重伯努利试验中，事件 A 在一次试验中出现的概率为 p_n（与试验总数 n 有关），如果当 $n \to +\infty$ 时，$np_n \to \lambda(\lambda>0$ 且为常数)，则有

微课：泊松定理

$$\lim_{n \to +\infty} C_n^k p_n^k (1-p_n)^{n-k} = \frac{\lambda^k}{k!} \mathrm{e}^{-\lambda}, k = 0,1,2,\cdots.$$

泊松定理表明，泊松分布为二项分布的极限分布，即在试验次数 n 很大，而 np_n 不太大时，二项分布可以用参数为 $\lambda = np_n$ 的泊松分布来近似. 当 np_n 也很大

计算机可视化

时该如何计算呢？在第 4 章我们将利用中心极限定理来解决这个问题.

例 2.8 某公司订购了一种型号的加工机床，机床的故障率为 1%，各台机床是否出现故障是相互独立的，求在 100 台此类机床中，出现故障的台数不超过 3 台的概率.

解 设 100 台机床中出现故障的台数为 X，则 $X \sim B(100,0.01)$，所求概率为

$$P\{X \leqslant 3\} = \sum_{k=0}^{3} C_{100}^{k} (0.01)^{k} (0.99)^{100-k}.$$

由于 $np = 100 \times 0.01 = 1$，根据泊松定理，X 近似服从泊松分布 $P(1)$，因此所求概率也可以通过泊松分布来近似计算.

$$P\{X \leqslant 3\} \approx \sum_{k=0}^{3} \frac{1^{k}}{k!} e^{-1},$$

通过查表（见附表 1）可得

$$P\{X \leqslant 3\} \approx 0.9810.$$

通过例 2.8 我们发现，运用泊松定理能够简化二项分布中烦琐的计算. 前面的例 2.6 可以用同样的方法做近似计算，请读者自行练习.

4. 几何分布

我们先看一个例子.

例 2.9 某流水线生产一批产品，其不合格率为 p，有放回地对产品进行检验，直到检验出不合格品为止. 设随机变量 X 为首次检验出不合格品所需要的检验次数，求 X 的概率分布.

解 设 $A_i = \{$第 i 次检验出不合格品$\}$，$i = 1, 2, \cdots$，则

$$P(A_i) = p, P(\bar{A}_i) = 1 - p = q.$$

由题意知 A_i 之间相互独立，于是

$$\begin{aligned}
P\{X = k\} &= P(\bar{A}_1 \bar{A}_2 \cdots \bar{A}_{k-1} A_k) \\
&= P(\bar{A}_1) P(\bar{A}_2) \cdots P(\bar{A}_{k-1}) P(A_k) \\
&= pq^{k-1}, \quad k = 1, 2, \cdots.
\end{aligned}$$

在例 2.9 中，随机变量 X 服从的分布称为几何分布.

定义 2.8 若随机变量 X 的分布律为

$$P\{X = k\} = pq^{k-1}, \quad k = 1, 2, \cdots, \quad q = 1 - p,$$

其中 $p(0 < p < 1)$ 为参数，则称 X 服从几何分布，记为 $X \sim G(p)$.

几何分布因其分布律为几何级数 $\sum_{k=1}^{+\infty} pq^{k-1}$ 的一般项而得名.

几何分布描述的是伯努利试验首次成功时所做的试验次数 X，$\{X = k\}$ 意味着：在重复伯努利试验中，试验到第 k 次才取得第一次成功，前 $k-1$ 次皆失败. 在实际应用中有很多几何分布的例子，例如，射击手的命中率为 0.8，则重复射击时首次击中目标的射击次数 $Y \sim G(0.8)$；重复投掷一枚骰子，首次出现 2 点的投掷次数 $Z \sim G(1/6)$. 从理论上来看，几何分布是负二项分布的特例，对相关内容感兴趣的读者可扫描右侧二维码进行了解.

扩展知识：
几何分布与
负二项分布

5. 超几何分布

第 1 章中的例 1.4 对应的随机变量服从超几何分布.

定义 2.9　若随机变量 X 的分布律为

$$P\{X=k\} = \frac{C_M^k C_{N-M}^{n-k}}{C_N^n}, \quad k = 0,1,2,\cdots,r,$$

其中 $r = \min\{M, n\}$，且 $M \leqslant N, n \leqslant N$，$n, N, M$ 均为正整数，则称随机变量 X 服从超几何分布，记为 $X \sim H(N, M, n)$.

超几何分布在抽样验收、电子产品检测、质量保证等领域具有大量应用. 一般地，有限总体中的不放回抽样往往与超几何分布有关，如有 N 件产品，其中 M 件不合格，从产品中一次性抽取 n 件或者不放回地抽取 n 件，则抽取的产品中不合格品的件数 X 服从超几何分布. 超几何分布与二项分布都经常用于抽样验收，读者如果想要详细了解二者的区别和关系，可扫描右侧二维码进行查看.

扩展知识：
超几何分布
与二项分布

同步习题 2.2

基础题

1. 设随机变量 X 的分布律为

$$P\{X=k\} = c\frac{\lambda^k}{k!}, \quad k = 1,2,\cdots, \quad \lambda > 0,$$

求常数 c 的值.

2. 设 10 件产品中有 7 件正品、3 件次品，随机地抽取产品，每次抽取 1 件，直到取到正品为止.

（1）若有放回地抽取，求抽取次数 X 的分布律.

（2）若不放回地抽取，求抽取次数 X 的分布律.

（3）针对以上两种情形，分别求"至少抽取 3 次才能拿到正品"的概率.

3. 设有 5 个独立同类型的充电桩，在任一时刻 t 每个充电桩被使用的概率为 0.1，则在同一时刻：

（1）恰有 2 个充电桩被使用的概率是多少？

（2）至多有 3 个充电桩被使用的概率是多少？

4. 设随机变量 X 服从二项分布 $B(2, p)$，随机变量 Y 服从二项分布 $B(4, p)$. 若 $P\{X \geqslant 1\} = \dfrac{8}{9}$，试求 $P\{Y \geqslant 1\}$.

5. 设某数字接收机每分钟收到的信息次数服从参数为 4 的泊松分布，求：

（1）每分钟恰好收到 8 次信息的概率；

（2）每分钟收到的信息大于 10 次的概率.

6. 一批产品的不合格品率为 0.02，现从中任取 40 件进行检查，若发现两件或两件以上不合格品就拒收这批产品. 分别用以下方法求拒收的概率：

（1）用二项分布做精确计算；

（2）用泊松分布做近似计算.

7. 设某批电子管的合格品率为 $\dfrac{3}{4}$，不合格品率为 $\dfrac{1}{4}$，现对该批电子管进行测试，设第 X 次首次测到合格品，求 X 的分布律.

8. 一家商店在每个月的月底要制订下个月的商品进货计划，为了不使商品的流动资金积压，进货量不宜过多，但为了获得足够的利润，进货量又不宜过少. 由该商店过去的销售记录可知，某种商品每月的销量可以用参数为 $\lambda = 10$ 的泊松分布来描述，为了以 95% 以上的把握保证不脱销，问：该商店在每个月的月底至少应进该种商品多少件？

提高题

1. 设 X 的分布律为

X	-1	0	1
P	$\dfrac{1}{4}$	a	b

X 的分布函数为

$$F(x) = \begin{cases} c, & x < -1, \\ d, & -1 \leqslant x < 0, \\ \dfrac{3}{4}, & 0 \leqslant x < 1, \\ e, & x \geqslant 1. \end{cases}$$

求常数 a, b, c, d, e.

2. 设有 10 件产品，其中有 2 件次品，现从中任取 3 件，用 X 表示其中的次品数.

（1）求 X 的分布律.

（2）求 X 的分布函数.

（3）求 $P\{0 < X \leqslant 2\}$ 和 $P\{0 \leqslant X < 2\}$.

3. 设 X 的分布函数为

$$F(x) = \begin{cases} 0, & x < -1, \\ 0.4, & -1 \leqslant x < 1, \\ 0.8, & 1 \leqslant x < 3, \\ 1, & x \geqslant 3. \end{cases}$$

求 X 的分布律.

4. 设某品牌的所有平板电脑中有 20% 需要在保修期内进行维修服务，其中有 60% 可以修好，而其余 40% 只能用新平板电脑更换. 如果一家公司购买了 10 台这个品牌的平板电脑, 那么有两台在保修期内被更换为新平板电脑的可能性有多大?

5. 某医学调查报告显示, 每 200 人中就有 1 人携带导致某种遗传性疾病的缺陷基因. 求在一个有 1 000 人的群体中, 至少有 8 人携带该基因的概率.

6. 某人向同一目标重复射击, 每次射击命中目标的概率为 $p(0<p<1)$, 求此人第 4 次射击恰好第 2 次命中目标的概率.

■ 2.3 连续型随机变量

上一节我们研究了离散型随机变量, 它的取值为有限个或可列个, 分布律能够完全刻画其统计规律. 然而, 在实际中有很多非离散型随机变量, 如描述 "寿命" "温度" "身高" "体重" "误差" 等问题的随机变量, 其取值可以充满某个区间, 应该如何刻画其统计规律呢? 在本节中, 我们将介绍连续型随机变量及其分布.

2.3.1 连续型随机变量及其概率密度

连续型随机变量的定义如下.

定义 2.10 设 X 是随机变量, 如果存在非负可积函数 $f(x)$, 对任意的常数 $a,b(a \leqslant b)$, 有

$$P\{a \leqslant X \leqslant b\} = \int_a^b f(x)\mathrm{d}x,$$

微课: 连续型
随机变量

则称 X 为连续型随机变量, 同时称 $f(x)$ 为 X 的概率密度函数, 或简称为概率密度.

显然, 连续型随机变量的概率值受概率密度 $f(x)$ 取值大小的影响, 这跟物理中的 "密度" 很相似, "概率密度" 因此得名.

根据上述定义, 可以得到概率密度的以下性质.

(1) 非负性: $f(x) \geqslant 0$.

(2) 正则性: $\int_{-\infty}^{+\infty} f(x)\mathrm{d}x = 1$.

计算机可视化

由定义还可以得到概率密度的几何意义: 随机变量 X 落入区间 $[a,b]$ 内的概率等于曲线 $y = f(x)$ 在区间 $[a,b]$ 上形成的曲边梯形的面积. 而正则性表明, 曲线 $y = f(x)$ 与 x 轴之间部分的面积为 1.

由分布函数的定义可知, 连续型随机变量的分布函数可以表示为

$$F(x) = P\{X \leqslant x\} = \int_{-\infty}^x f(y)\mathrm{d}y.$$

由变上限积分的性质可知, 在 $f(x)$ 的连续点处, $F'(x) = f(x)$. 因此, 分布函数 $F(x)$ 与概率密度 $f(x)$ 可以相互求出.

根据定义还可以得到, 连续型随机变量在某一个点 c 处的概率为 0, 即

$$P\{X = c\} = \int_c^c f(x)\mathrm{d}x = 0.$$

因此, 连续型随机变量落在某个区间内的概率不受区间端点处取值的影响, 即

$$P\{a<X\leqslant b\}=P\{a\leqslant X<b\}=P\{a\leqslant X\leqslant b\}=P\{a<X<b\}$$
$$=\int_a^b f(x)\mathrm{d}x=F(b)-F(a).$$

例 2.10 设随机变量 X 表示桥梁的动力荷载的大小（单位：N），其概率密度为

$$f(x)=\begin{cases}\dfrac{1}{8}+\dfrac{3}{8}x, & 0\leqslant x\leqslant 2,\\ 0, & \text{其他}.\end{cases}$$

求：（1）分布函数 $F(x)$；（2）概率 $P\{1\leqslant X\leqslant 1.5\}$.

解（1）当 $x<0$ 时，$F(x)=0$；

当 $0\leqslant x<2$ 时，$F(x)=\int_{-\infty}^x f(y)\mathrm{d}y=\int_0^x\left(\dfrac{1}{8}+\dfrac{3}{8}y\right)\mathrm{d}y=\dfrac{x}{8}+\dfrac{3}{16}x^2$；

当 $x\geqslant 2$ 时，$F(x)=1$.

因此，

$$F(x)=\begin{cases}0, & x<0,\\ \dfrac{x}{8}+\dfrac{3}{16}x^2, & 0\leqslant x<2,\\ 1, & x\geqslant 2.\end{cases}$$

（2）解法 1：利用概率密度求概率.

$$P\{1\leqslant X\leqslant 1.5\}=\int_1^{1.5}f(x)\mathrm{d}x=\int_1^{1.5}\left(\dfrac{1}{8}+\dfrac{3}{8}x\right)\mathrm{d}x=\left[\dfrac{x}{8}+\dfrac{3}{16}x^2\right]_1^{1.5}=\dfrac{19}{64}.$$

解法 2：利用分布函数求概率.

$$P\{1\leqslant X\leqslant 1.5\}=F(1.5)-F(1)=\left(\dfrac{1}{8}\times 1.5+\dfrac{3}{16}\times 1.5^2\right)-\left(\dfrac{1}{8}\times 1+\dfrac{3}{16}\times 1^2\right)=\dfrac{19}{64}.$$

例 2.11 设随机变量 X 表示针对某种样品的测量误差，其分布函数为

$$F(x)=\begin{cases}0, & x<-2,\\ \dfrac{1}{2}+\dfrac{3}{32}\left(4x-\dfrac{x^3}{3}\right), & -2\leqslant x<2,\\ 1, & x\geqslant 2.\end{cases}$$

求：（1）X 的概率密度 $f(x)$；（2）概率 $P\{X>0\}$.

解（1）X 的概率密度

$$f(x)=F'(x)=\begin{cases}\dfrac{3}{32}(4-x^2), & -2\leqslant x<2,\\ 0, & \text{其他}.\end{cases}$$

（2）$P\{X>0\}=1-P\{X\leqslant 0\}=1-F(0)=\dfrac{1}{2}.$

2.3.2 常用的连续型随机变量

下面介绍 3 种常用的连续型随机变量.

1. 均匀分布

定义 2.11 设 X 为连续型随机变量，若其概率密度为

微课：均匀分布

$$f(x) = \begin{cases} \dfrac{1}{b-a}, & a<x<b, \\ 0, & \text{其他}, \end{cases}$$

其中 a, $b(a<b)$ 为任意实数，$f(x)$ 的图形如图 2.2 所示，则称随机变量 X 服从区间　计算机可视化
(a,b) 上的**均匀分布**，记为 $X \sim U(a,b)$.

可以求出均匀分布 $U(a,b)$ 的分布函数为

$$F(x) = \begin{cases} 0, & x<a, \\ \dfrac{x-a}{b-a}, & a \leqslant x<b, \\ 1, & x \geqslant b. \end{cases}$$

$F(x)$ 的图形如图 2.3 所示.

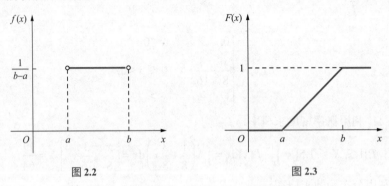

图 2.2　　　　　　　　　　　　　图 2.3

若 X 在 (a,b) 上服从均匀分布，则对 (a,b) 内的任一子区间 (c,d)，有

$$P\{c<X<d\} = \int_c^d \frac{1}{b-a} \mathrm{d}x = \frac{d-c}{b-a}.$$

上式表明，服从均匀分布的随机变量 X 的取值落在 (a,b) 内任一子区间 (c,d) 的概率为两个区间的长度之比，这与第 1 章的几何概率是一致的.

均匀分布是概率统计中的一个重要分布，被广泛地应用于流行病学、遗传学、交通流量理论等概率模型中.

例 2.12 某食品厂生产一种产品，规定其质量的误差不能超过 3g，若随机误差 X 服从 $(-3,3)$ 上的均匀分布，现任取出一件产品进行称重，求误差在 $-1 \sim 2$ 之间的概率.

解 因为 $X \sim U(-3,3)$，所以其概率密度为

$$f(x) = \begin{cases} \dfrac{1}{6}, & -3<x<3, \\ 0, & \text{其他}. \end{cases}$$

所求概率为 $P\{-1<X\leqslant 2\} = \int_{-1}^2 \frac{1}{6} \mathrm{d}x = \frac{2-(-1)}{6} = \frac{1}{2}$.

例 2.13 设随机变量 X 在 $(1,4)$ 上服从均匀分布，对 X 进行 3 次独立的观察，求至少有两次观察值大于 2 的概率.

解 随机变量 X 的概率密度为

$$f(x) = \begin{cases} \dfrac{1}{3}, & 1 < x < 4, \\ 0, & \text{其他.} \end{cases}$$

所以，$P\{X > 2\} = \displaystyle\int_2^4 \dfrac{1}{3} \, dx = \dfrac{2}{3}$.

设 Y 表示 3 次观察中观察值大于 2 的次数，则 $Y \sim B\left(3, \dfrac{2}{3}\right)$.

$$P\{Y \geqslant 2\} = C_3^2 \left(\dfrac{2}{3}\right)^2 \dfrac{1}{3} + C_3^3 \left(\dfrac{2}{3}\right)^3 \left(\dfrac{1}{3}\right)^0 = \dfrac{20}{27}.$$

2. 指数分布

定义 2.12 设 X 为连续型随机变量，若其概率密度为

计算机可视化

$$f(x) = \begin{cases} \lambda e^{-\lambda x}, & x > 0, \\ 0, & \text{其他,} \end{cases}$$

其中参数 $\lambda > 0$，$f(x)$ 的图形如图 2.4 所示，则称随机变量 X 服从参数为 λ 的**指数分布**，记为 $X \sim E(\lambda)$.

可以求出指数分布的分布函数为

$$F(x) = \begin{cases} 1 - e^{-\lambda x}, & x > 0, \\ 0 & \text{其他.} \end{cases}$$

$F(x)$ 的图形如图 2.5 所示.

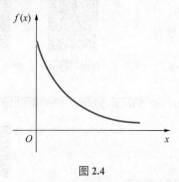

图 2.4 图 2.5

在现实生活中，指数分布的应用非常广泛，如可以表示电子元件的使用寿命、机器故障的修理时间、自助业务的办理时间、就餐排队时间等，其在排队论和可靠性理论中具有广泛的应用.

我们先来看一个例子.

例 2.14 设随机变量 X 表示某仪器检测一件样品所用的时间（单位：min），若 X 服从指数分布，其概率密度为

$$f(x) = \begin{cases} 0.4 e^{-0.4x}, & x > 0, \\ 0, & \text{其他.} \end{cases}$$

求一件样品的检测时间至多 5 min 的概率以及检测时间为 3 ～ 4min 的概率.

解 由题意知 X 的分布函数为

$$F(x) = \begin{cases} 1 - e^{-0.4x}, & x > 0, \\ 0, & \text{其他}. \end{cases}$$

可得
$$P\{X \leqslant 5\} = F(5) = 1 - e^{-2} \approx 0.865,$$

$$P\{3 \leqslant X \leqslant 4\} = F(4) - F(3) = e^{-1.2} - e^{-1.6} \approx 0.099.$$

指数分布具有"无记忆性"，即有以下定理.

定理 2.2（指数分布的无记忆性）　设随机变量 $X \sim E(\lambda)$，则对于任意的正数 s 和 t，有

$$P\{X > s + t \mid X > t\} = P\{X > s\}.$$

证 明
$$P\{X > s + t \mid X > t\} = \frac{P\{(X > s+t) \bigcap (X > t)\}}{P\{X > t\}}$$

$$= \frac{P\{X > s+t\}}{P\{X > t\}} = \frac{1 - F(s+t)}{1 - F(t)}$$

$$= \frac{e^{-\lambda(s+t)}}{e^{-\lambda t}} = e^{-\lambda s}$$

$$= P\{X > s\}.$$

很多没有明显衰老机理的电子元件的寿命可以用指数分布来描述，"无记忆性"表示电子元件在已经使用了 t h 的条件下，至少能使用 $(s+t)$h 的概率，与从一开始算起至少能使用 s h 的概率相等.

3. 正态分布

下面介绍概率统计中非常重要的分布——正态分布.

定义 2.13　设 X 为连续型随机变量，若其概率密度为

$$f(x) = \frac{1}{\sqrt{2\pi}\sigma} e^{-\frac{(x-\mu)^2}{2\sigma^2}}, \quad -\infty < x < +\infty,$$

计算机可视化　　微课：正态分布

其中 $\mu, \sigma(\sigma > 0)$ 为参数，则称随机变量 X 服从参数为 μ 和 σ^2 的正态分布，也叫高斯分布，记为 $X \sim N(\mu, \sigma^2)$.

正态分布的分布函数为

$$F(x) = P\{X \leqslant x\} = \frac{1}{\sqrt{2\pi}\sigma} \int_{-\infty}^{x} e^{-\frac{(t-\mu)^2}{2\sigma^2}} \, dt, \quad -\infty < x < +\infty.$$

延伸微课

正态分布的重要性体现在 3 方面. 首先，它是自然界及工程技术中常见的分布之一，大量随机现象都服从或者近似服从正态分布. 例如，正常人血液中的白细胞数，成年人的身高、体重、血压、视力、智商等数据，一个班某门课程的考试成绩，海浪的高度，一个地区的日耗电量，各种测量的误差，某地区的家庭年收入等，都服从正态分布. 还可以证明：如果一个指标受到很多相互独立的随机因素影响，并且其中任何一个因素的影响效果都比较微弱，则该指标一定服从或近似服从正态分布. 这个结论将在后面的中心极限定理中进行详细介绍. 其次，正态分布有很多良好的性质，这些性质是其他分布所不具有的. 再次，正态分布可以作为许多分布的近似分布，相应的结论在后面的章节中会陆续介绍.

正态分布 $N(\mu, \sigma^2)$ 的概率密度的图形如图 2.6 所示.

从图 2.6 可以看出，概率密度 $f(x)$ 的图形关于 $x = \mu$ 对称，是轴对称图形，在 $x = \mu$ 处取到最大值，并且对于同样长度的区间，若区间离 μ 越远，则 X 落在这个区间内的概率越小.

显然，$f(x)$ 的图形以 x 轴为渐近线，随着 x 的取值往两侧无限延伸，图形与 x 轴无限接近，但又不会相交.

当参数 μ 固定时，由图 2.7 可知，σ 的值越大，$f(x)$ 的图形就越平缓；σ 的值越小，$f(x)$ 的图形就越尖狭. 由此可见，参数 σ 的变化能改变图形的形状，称 σ 为形状参数.

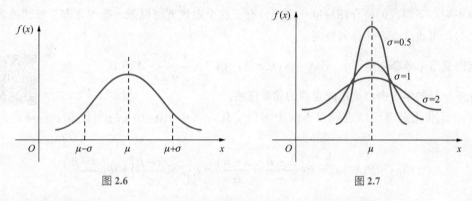

图 2.6　　　　　　　　　　　　　　图 2.7

当参数 σ 固定时，由图 2.8 可知，随着 μ 值的变化，$f(x)$ 的图形的形状不改变，但位置发生左右平移. 由此可见，参数 μ 的变化能改变图形的位置，称 μ 为位置参数.

从图 2.7 和图 2.8 可以看出，随着 μ 和 σ^2 的变化，概率密度 $f(x)$ 的图形展现出不同的形状，即随机变量 X 有不同的统计规律. 为了研究和计算的方便，我们取 $\mu = 0, \sigma^2 = 1$，这样就得到了标准正态分布（见图 2.9），记为 $X \sim N(0,1)$，其概率密度为

$$\varphi(x) = \frac{1}{\sqrt{2\pi}} e^{-\frac{x^2}{2}}, \quad -\infty < x < +\infty,$$

分布函数为

$$\Phi(x) = \frac{1}{\sqrt{2\pi}} \int_{-\infty}^{x} e^{-\frac{t^2}{2}} \mathrm{d}t, \quad -\infty < x < +\infty.$$

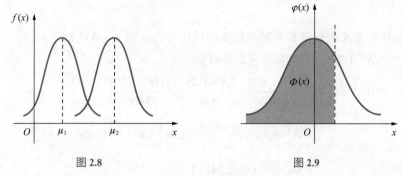

图 2.8　　　　　　　　　　　　　　图 2.9

标准正态分布表如附表 2 所示，给出随机变量的取值 x，就可以通过查表得到相应的概率 $\Phi(x)$.

根据概率密度 $\varphi(x)$ 的对称性，可以得到 $\Phi(-x) = 1 - \Phi(x)$.

例 2.15 设随机变量 $X \sim N(0,1)$，求：

（1）$P\{1 \leqslant X < 2\}$；（2）$P\{-1 \leqslant X < 2\}$．

解 （1）$P\{1 \leqslant X < 2\} = \Phi(2) - \Phi(1) = 0.9772 - 0.8413 = 0.1359$．

（2）$P\{-1 \leqslant X < 2\} = \Phi(2) - \Phi(-1) = \Phi(2) - [1 - \Phi(1)]$

$$= 0.9772 - 1 + 0.8413 = 0.8185 .$$

标准正态分布表只能解决标准正态分布的概率计算问题，对于一般的正态分布，该如何计算其概率呢？下面我们将介绍标准化定理，有了这个定理就可以把一般的正态分布转换为标准正态分布，再通过查表计算其概率．

定理 2.3（标准化定理） 若 $X \sim N(\mu, \sigma^2)$，则 $Z = \dfrac{X - \mu}{\sigma} \sim N(0,1)$．

在下一节的学习中将给出此定理的简单证明．

利用标准化定理可以进行以下两个等价变化，其中 $x, a, b(a < b)$ 为任意 微课：标准化定理
实数：

$$F(x) = P\{X \leqslant x\} = P\left\{\frac{X - \mu}{\sigma} \leqslant \frac{x - \mu}{\sigma}\right\} = P\left\{Z \leqslant \frac{x - \mu}{\sigma}\right\} = \Phi\left(\frac{x - \mu}{\sigma}\right),$$

$$P\{a < X \leqslant b\} = P\left\{\frac{a - \mu}{\sigma} < \frac{X - \mu}{\sigma} \leqslant \frac{b - \mu}{\sigma}\right\} = \Phi\left(\frac{b - \mu}{\sigma}\right) - \Phi\left(\frac{a - \mu}{\sigma}\right).$$

设 $X \sim N(\mu, \sigma^2)$，利用标准化定理并查表（见附表 2）可得

$$P\{\mu - 3\sigma < X < \mu + 3\sigma\} = \Phi(3) - \Phi(-3) = 2\Phi(3) - 1 = 0.9974,$$

即正态分布 $N(\mu, \sigma^2)$ 的随机变量以 99.74% 的概率落在以 μ 为中心、3σ 为半径的区间内，落在区间以外的概率非常小，可以忽略不计，这就是实际应用中经常提到的"3σ"法则（或称"3σ"原则），对相关内容感兴趣的读者可自行扫码了解．

例 2.16 汽车驾驶员在减速时，对信号灯快速做出反应对于避免追尾碰撞至关重要．有研究表明，驾驶员在行车过程中对信号灯发出制动信号的反应时间服从正态分布，其中 $\mu = 1.25\text{s}$，$\sigma = 0.46\text{s}$．求驾驶员的制动反应时间在 $1 \sim 1.75\text{s}$ 之间的概率．如果 2s 是一个非常长的反应时间，那么实际的制动反应时间超过这个值的概率是多少？

扩展知识：3σ
法则及其应用

解 设随机变量 X 表示汽车驾驶员的制动反应时间，则 $X \sim N(1.25, 0.46^2)$．所求概率为 $P\{1 \leqslant X \leqslant 1.75\}$，根据标准化定理可得

$$P\{1 \leqslant X \leqslant 1.75\} = P\left\{\frac{1 - 1.25}{0.46} \leqslant \frac{X - 1.25}{0.46} \leqslant \frac{1.75 - 1.25}{0.46}\right\}$$

$$\approx P\left\{-0.54 \leqslant \frac{X - 1.25}{0.46} \leqslant 1.09\right\} = \Phi(1.09) - \Phi(-0.54)$$

$$= \Phi(1.09) + \Phi(0.54) - 1$$

$$= 0.8621 + 0.7054 - 1 = 0.5675.$$

因此，驾驶员的制动反应时间在 $1 \sim 1.75\text{s}$ 之间的概率约为 0.5675．

$$P\{X>2\} = P\left\{\frac{X-1.25}{0.46} > \frac{2-1.25}{0.46}\right\} \approx P\left\{\frac{X-1.25}{0.46}>1.63\right\}$$

$$= 1-\Phi(1.63) = 0.051\,6\,.$$

因此，实际的制动反应时间超过 2s 的概率约为 0.051 6.

例 2.17 设某公司制造的绳索的抗断强度服从正态分布，其中 $\mu = 300\text{kg}, \sigma = 24\text{kg}$. 求常数 a，使抗断强度以不小于 95% 的概率大于 a.

解 由题意知，$P\{X>a\} \geqslant 0.95$.

根据标准化定理可得

$$P\{X>a\} = 1-P\left\{\frac{X-300}{24} \leqslant \frac{a-300}{24}\right\} = 1-\Phi\left(\frac{a-300}{24}\right) \geqslant 0.95\,.$$

由标准正态分布的对称性得

$$\Phi\left(\frac{300-a}{24}\right) \geqslant 0.95\,.$$

通过逆向查表得 $\Phi(1.65) = 0.95$，故

$$\Phi\left(\frac{300-a}{24}\right) \geqslant \Phi(1.65)\,,$$

$$\frac{300-a}{24} \geqslant 1.65\,,$$

解得 $a \leqslant 260.4$.

同步习题2.3

基础题

1. 已知随机变量 X 的概率密度为

$$f(x) = \begin{cases} x, & 0 \leqslant x < 1, \\ 2-x, & 1 \leqslant x < 2, \\ 0, & \text{其他}. \end{cases}$$

（1）求分布函数 $F(x)$.

（2）求 $P\{X<0.5\}$，$P\{X>1.3\}$，$P\{0.2<X\leqslant 1.2\}$.

2. 设连续型随机变量 X 的分布函数为

$$F(x) = \begin{cases} 0, & x \leqslant 0, \\ x^2, & 0 < x < 1, \\ 1, & x \geqslant 1. \end{cases}$$

求：(1) X 的概率密度 $f(x)$；(2) X 落入区间 $(0.3, 0.7)$ 的概率.

3. 设随机变量 X 在 $(-1, 1)$ 上服从均匀分布，求方程 $t^2 - 3Xt + 1 = 0$ 有实根的概率.

4. 设修理某种机器所用的时间 X（单位：h）服从参数为 $\lambda = 0.5$ 的指数分布，求机器出现故障时，在 1h 内可以修好的概率.

5. 由某机器生产的螺栓的长度（单位：cm）服从正态分布 $N(10.05, 0.06^2)$，若规定长度在范围 10.05 ± 0.12 内为合格品，求螺栓不合格的概率.

6. 某地区 18 岁女青年的血压服从正态分布 $N(110, 12^2)$，任选一名 18 岁女青年，测量她的血压 X. 确定最小的 x，使 $P\{X > x\} \leqslant 0.05$.

7. 设随机变量 $X \sim N(3, 2^2)$，求：

(1) $P\{2 \leqslant X < 5\}, P\{|X| > 2\}$；

(2) c 的值，使 $P\{X > c\} = P\{X < c\}$.

8. 设随机变量 $X \sim N(2, \sigma^2)$，且 $P\{2 < X < 4\} = 0.3$，求 $P\{X < 0\}$.

提高题

1. 设随机变量 X 的概率密度 $f(x)$ 满足 $f(1+x) = f(1-x)$，且 $\int_0^2 f(x) \mathrm{d}x = 0.6$，求 $P\{X < 0\}$.

2. 设随机变量 $X \sim U(a, b)(a, b > 0)$，且 $P\{0 < X < 3\} = \dfrac{1}{4}$，$P\{X > 4\} = \dfrac{1}{2}$. 求：

(1) X 的概率密度；

(2) $P\{1 < X < 5\}$.

3. 设顾客在某银行窗口等待服务的时间 X（单位：min）服从指数分布，其概率密度为

微课：第3题

$$f_X(x) = \begin{cases} \dfrac{1}{5} \mathrm{e}^{-\frac{x}{5}}, & x > 0, \\ 0, & \text{其他.} \end{cases}$$

某顾客在窗口等待服务，若超过 10min 他就离开. 他一个月要到银行 5 次，以 Y 表示一个月内他未等到服务而离开窗口的次数. 写出 Y 的分布律，并求 $P\{Y \geqslant 1\}$.

4. 测量误差 $X \sim N(0, 10^2)$，现进行 100 次独立测量，求误差的绝对值超过 19.6 的次数不小于 3 的概率.

5. 一工厂生产的电子管的寿命 X（单位：h）服从参数为 $\mu = 160, \sigma$（未知）的正态分布，若要求 $P\{120 \leqslant X \leqslant 200\} \geqslant 0.8$，$\sigma$ 最大为多少？

6. 设随机变量 X 的概率密度为 $f(x)$，则下列哪个函数也是随机变量的概率密度？

(1) $f(2x)$. (2) $f^2(x)$.

(3) $2xf(x^2)$. (4) $3x^2f(x^3)$.

2.4 随机变量函数的分布

在实际应用中，我们经常要讨论随机变量函数的分布．例如，在机械加工过程中，需要测量轴承的截面积时，往往只能测量到圆截面的直径 X ，然后由函数 $Y = \pi X^2 / 4$ 得到截面积的值；在针对液体压强的观测实验中，往往需要根据观测到的液体深度 h ，利用计算公式 $p = \rho g h$（ρ ，g 为常数）得到液体压强 p ．那么，如何利用已知随机变量 X 的分布去求它的函数 $Y = g(X)$ 的分布呢？在这一节中，我们将分别针对离散型随机变量和连续型随机变量进行讨论．

2.4.1 离散型随机变量函数的分布

例 2.18 设随机变量 X 表示某品牌手表的日走时误差（单位：s），其分布律如下．

X	−1	0	1	2
P	0.2	0.4	0.3	0.1

求 $Y = (X-1)^2$ 的分布律．

 Y 可能的取值为 0,1,4.

由于
$$P\{Y = 0\} = P\{X = 1\} = 0.3 ,$$
$$P\{Y = 1\} = P\{X = 0\} + P\{X = 2\} = 0.5 ,$$
$$P\{Y = 4\} = P\{X = -1\} = 0.2 ,$$

从而得到 Y 的分布律如下．

Y	0	1	4
P	0.3	0.5	0.2

由此例可看出，若 X 是离散型随机变量，一般情况下，$Y = g(X)$ 也是离散型随机变量．根据求解分布律的方法，首先确定 Y 的取值，再分别求出相应取值的概率，就可以得到 Y 的分布律．具体如下．

设离散型随机变量 X 的分布律为

X	x_1	x_2	$\cdots$	x_i	$\cdots$
P	p_1	p_2	$\cdots$	p_i	$\cdots$

则 $Y = g(X)$ 的分布律为

Y	$g(x_1)$	$g(x_2)$	$\cdots$	$g(x_i)$	$\cdots$
P	p_1	p_2	$\cdots$	p_i	$\cdots$

注意，如果 $g(x_i)$ 中有一些值是相同的，需要将其对应的概率合并相加．

2.4.2 连续型随机变量函数的分布

1. 分布函数法

设连续型随机变量 X 的分布函数为 $F_X(x)$，即

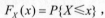

$$F_X(x) = P\{X \leqslant x\},$$

微课：分布函数法

$y = g(x)$ 是实数 x 的函数，如何求随机变量 $Y = g(X)$ 的分布呢？

首先，求出随机变量 Y 的分布函数

$$F_Y(y) = P\{Y \leqslant y\} = P\{g(X) \leqslant y\},$$

由不等式"$g(X) \leqslant y$"得到关于 X 的不等式，则 $F_Y(y)$ 就可以利用已知的分布函数 $F_X(x)$ 来表示.

其次，当 $Y = g(X)$ 是连续型随机变量时，将分布函数 $F_Y(y)$ 关于 y 求导，就得到了 Y 的概率密度 $f_Y(y) = F_Y'(y)$；当 $Y = g(X)$ 不是连续型随机变量时，要根据函数 $g(x)$ 的特点做个案处理.

这种方法就称为**分布函数法**，它是求解连续型随机变量函数的分布函数的一般方法.

例 2.19 某仪器设备内的温度 T 是随机变量，且 $T \sim N(100,4)$，已知 $M = \dfrac{1}{2}(T-10)$，试求 M 的分布.

解 由题意知，T 的概率密度为

$$f_T(t) = \frac{1}{2\sqrt{2\pi}} e^{-\frac{(t-100)^2}{8}}, -\infty < t < +\infty.$$

微课：例2.19

M 的分布函数记为 $F_M(y)$，则有

$$F_M(y) = P\{M \leqslant y\} = P\left\{\frac{1}{2}(T-10) \leqslant y\right\}$$

$$= P\{T \leqslant 2y+10\} = \int_{-\infty}^{2y+10} f_T(t)\mathrm{d}t.$$

将上式关于 y 求导，可得 M 的概率密度为

$$f_M(y) = f_T(2y+10) \times 2 = 2\frac{1}{2\sqrt{2\pi}} e^{-\frac{(2y+10-100)^2}{8}}$$

$$= \frac{1}{\sqrt{2\pi}} e^{-\frac{(y-45)^2}{2}},$$

即 $M \sim N(45,1)$.

由此例题可以得到正态分布随机变量的一个重要性质：若 $X \sim N(\mu,\sigma^2)$，则对于常数 $a,b(a \neq 0)$，有 $aX + b \sim N(a\mu+b, a^2\sigma^2)$. 特别地，当 $a = \dfrac{1}{\sigma}, b = -\dfrac{\mu}{\sigma}$ 时，得到 $\dfrac{X-\mu}{\sigma} \sim N(0,1)$，这就是上一节介绍的标准化定理的结论.

在例 2.19 中，连续型随机变量 T 的函数 M 仍然是连续型随机变量，但是在实际问题中存在其他情形，对于某些特殊函数 g，连续型随机变量 X 的函数 $Y = g(X)$ 未必是连续型的，这种

情况就需要针对不同函数的特点进行个案处理. 读者可以扫描旁边二维码了解具体例子.

扩展知识: 随机变量函数的特殊类型

2. 公式法

利用分布函数法, 可以推导出以下定理.

定理 2.4 设 X 是连续型随机变量, 其概率密度为 $f_X(x)$, 又函数 $g(x)$ 严格单调, 其反函数 $h(y)$ 有连续导数, 则 $Y = g(X)$ 是连续型随机变量, 且其概率密度为

$$f_Y(y) = \begin{cases} f_X[h(y)] \cdot |h'(y)|, & \alpha < y < \beta, \\ 0, & \text{其他.} \end{cases}$$

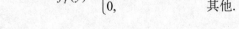

其中, $\alpha = \min\{g(-\infty), g(+\infty)\}$, $\beta = \max\{g(-\infty), g(+\infty)\}$.

微课: 公式法

利用定理 2.4 求解随机变量函数的分布, 这种方法称为**公式法**.

例 2.20 设随机变量 X 表示某服务行业一位顾客的服务时间, X 服从指数分布, 其概率密度为

$$f(x) = \begin{cases} \mathrm{e}^{-x}, & x > 0, \\ 0, & \text{其他.} \end{cases}$$

求 $Y = \mathrm{e}^X$ 的概率密度.

解 函数 $y = \mathrm{e}^x$ 是单调函数, 其反函数为 $x = \ln y$, $x' = \dfrac{1}{y}$, 故 Y 的概率密度为

$$f_Y(y) = \begin{cases} \dfrac{1}{|y|} \mathrm{e}^{-\ln y}, & \ln y > 0, \\ 0, & \text{其他} \end{cases} = \begin{cases} \dfrac{1}{y^2}, & y > 1, \\ 0, & \text{其他.} \end{cases}$$

应用公式法时, 要注意函数 $g(x)$ 必须是单调可导的, 若不满足这个条件, 就可以用分布函数法处理, 如例 2.21 所示.

例 2.21 设测量误差 $X \sim N(0,1)$, 求绝对误差 $Y = |X|$ 的概率密度.

解 对于 $y < 0$, 有 $F_Y(y) = P\{Y \leqslant y\} = 0$.

当 $y \geqslant 0$ 时, 有 $F_Y(y) = P\{Y \leqslant y\} = P\{|X| \leqslant y\} = P\{-y \leqslant X \leqslant y\}$

$$= \int_{-y}^{y} \frac{1}{\sqrt{2\pi}} \mathrm{e}^{-\frac{x^2}{2}} \mathrm{d}x = 2\int_{0}^{y} \frac{1}{\sqrt{2\pi}} \mathrm{e}^{-\frac{x^2}{2}} \mathrm{d}x.$$

因此, Y 的概率密度为

$$f_Y(y) = F_Y'(y) = \begin{cases} \sqrt{\dfrac{2}{\pi}} \mathrm{e}^{-\frac{y^2}{2}}, & y \geqslant 0, \\ 0, & \text{其他.} \end{cases}$$

同步习题 2.4

1. 已知离散型随机变量 X 的分布律如下.

X	-2	-1	0	1	3
P	$\dfrac{1}{5}$	$\dfrac{1}{6}$	$\dfrac{1}{5}$	$\dfrac{1}{15}$	$\dfrac{11}{30}$

求 $Y = |X| + 2$ 的分布律.

2. 设随机变量 X 的分布律为 $P\{X = k\} = \dfrac{1}{2^k}, k = 1, 2, \cdots$，求 $Y = \sin\left(\dfrac{\pi}{2} X\right)$ 的分布律.

3. 设随机变量 $X \sim U(0, 5)$，求 $Y = 3X + 2$ 的概率密度.

4. 设随机变量 X 的概率密度为

$$f_X(x) = \begin{cases} \dfrac{3}{2} x^2, & -1 < x < 1, \\ 0, & \text{其他.} \end{cases}$$

求随机变量 $Y = 3 - X$ 的概率密度.

5. 设随机变量 X 的概率密度为

$$f(x) = \begin{cases} |x|, & -1 < x < 1, \\ 0, & \text{其他.} \end{cases}$$

令 $Y = X^2 + 1$，求：

（1）Y 的概率密度 $f_Y(y)$；

（2）$P\left\{-1 < Y < \dfrac{3}{2}\right\}$.

6. 设随机变量 X 服从 $\left(-\dfrac{\pi}{2}, \dfrac{\pi}{2}\right)$ 上的均匀分布，$Y = \tan X$，求 Y 的概率密度.

提高题

1. 设随机变量 X 的概率密度为

$$f(x) = \dfrac{1}{2} e^{-|x|}, -\infty < x < +\infty,$$

求 $Y = X^2$ 的概率密度.

2. 设 X 服从参数为 2 的指数分布，证明：随机变量 $Y_1 = 1 - e^{-2X}$ 与 $Y_2 = e^{-2X}$ 同分布.

3. 设随机变量 X 的概率密度为

$$f(x) = \begin{cases} \dfrac{1}{9}x^2, & 0 < x < 3, \\ 0, & \text{其他}. \end{cases}$$

微课:第3题

令随机变量

$$Y = \begin{cases} 2, & X \leqslant 1, \\ X, & 1 < X < 2, \\ 1, & X \geqslant 2. \end{cases}$$

(1)求 Y 的分布函数.

(2)求概率 $P\{X \leqslant Y\}$.

4. 已知 X 的分布函数为

$$F(x) = \begin{cases} 0, & x < -1, \\ \dfrac{1}{3}, & -1 \leqslant x < 0, \\ \dfrac{1}{2}, & 0 \leqslant x < 1, \\ \dfrac{2}{3}, & 1 \leqslant x < 2, \\ 1, & x \geqslant 2, \end{cases}$$

求 $Y = \left(\sin \dfrac{\pi}{6} X \right)^2$ 的分布函数.

5. 设圆的直径 D 服从 $(0,1)$ 上的均匀分布,求圆的面积 Y 的概率密度.

6. 设随机变量 X 的概率密度为

$$f_X(x) = \begin{cases} \dfrac{1}{3\sqrt[3]{x^2}}, & 1 \leqslant x \leqslant 8, \\ 0, & \text{其他}, \end{cases}$$

$F(x)$ 是 X 的分布函数,求 $Y = F(X)$ 的分布函数.

第 2 章思维导图

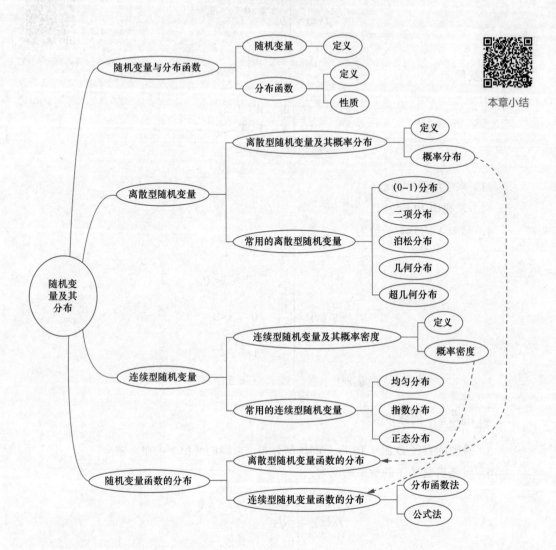

本章小结

中国数学学者

个人成就

数学家，中国科学院院士，曾任国家科委数学学科组成员，中国科学院原数学研究所研究员．陈景润除攻克"哥德巴赫猜想"这一世界数学难题外，还对组合数学与现代经济管理、尖端技术和人类密切关系等方面进行了深入的研究和探讨．

陈景润

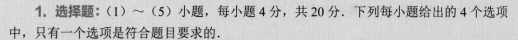

第 2 章总复习题

1. 选择题:(1)～(5)小题,每小题 4 分,共 20 分. 下列每小题给出的 4 个选项中,只有一个选项是符合题目要求的.

(1)已知随机变量 X 的分布律为

X	-2	0	1	2
P	0.1	0.3	0.4	0.2

且 $Y = X^2 - 1$,记随机变量 Y 的分布函数为 $F_Y(y)$,则 $F_Y(2) = $( ).

A. 0.3   B. 0.4   C. 0.7   D. 0.8

(2)(2006104)设随机变量 X 服从正态分布 $N(\mu_1, \sigma_1^2)$,Y 服从正态分布 $N(\mu_2, \sigma_2^2)$,且 $P\{|X - \mu_1| < 1\} > P\{|Y - \mu_2| < 1\}$,则必有( ).

A. $\sigma_1 < \sigma_2$ B. $\sigma_1 > \sigma_2$ C. $\mu_1 < \mu_2$ D. $\mu_1 > \mu_2$

(3)(2010104)设 $f_1(x)$ 为标准正态分布的概率密度,$f_2(x)$ 为 $(-1,3)$ 上的均匀分布的概率密度. 若

$$f(x) = \begin{cases} af_1(x), & x \leqslant 0, \\ bf_2(x) & x > 0 \end{cases} \quad (a > 0, b > 0)$$

为概率密度,则 a,b 应满足( ).

A. $2a + 3b = 4$ B. $3a + 2b = 4$ C. $a + b = 1$ D. $a + b = 2$

(4)已知随机变量 X 的概率密度为 $f_X(x)$,则 $Y = 3 - 2X$ 的概率密度 $f_Y(y)$ 为( ).

A. $-\dfrac{1}{2} f_X\left(-\dfrac{y+3}{2}\right)$ B. $\dfrac{1}{2} f_X\left(-\dfrac{y-3}{2}\right)$

C. $-\dfrac{1}{2} f_X\left(-\dfrac{y-3}{2}\right)$ D. $\dfrac{1}{2} f_X\left(-\dfrac{y+3}{2}\right)$

(5)设随机变量 X 的概率密度 $f(x)$ 满足 $f(-x) = f(x)$,$F(x)$ 是 X 的分布函数,则对任意的实数 a,下列式子中成立的是( ).

A. $F(-a) = 1 - \displaystyle\int_0^a f(x)\mathrm{d}x$ B. $F(-a) = \dfrac{1}{2} - \displaystyle\int_0^a f(x)\mathrm{d}x$

C. $F(-a) = F(a)$ D. $F(-a) = 2F(a) - 1$

2. 填空题:(6)～(10)小题,每小题 4 分,共 20 分.

(6)已知某人射击 4 次,若至少命中目标一次的概率为 $\dfrac{80}{81}$,则这个人每次射击命中目标的概率为 _____.

(7)设随机变量 X 的分布律为 $P\{X = k\} = \theta(1-\theta)^{k-1}, k = 1,2,\cdots$,其中 $0 < \theta < 1$. 若 $P\{X \leqslant 2\} = \dfrac{5}{9}$,则 $P\{X = 3\} = $ _____.

(8)设某时间段内通过路口的车流量 X 服从泊松分布,已知该时间段内没有车通过的概率为 $\dfrac{1}{e}$,则该时间段内至少有 2 辆车通过的概率为 _____.

（9）设随机变量 X 在 $(1,6)$ 上服从均匀分布，则方程 $x^2 + X \cdot x + 1 = 0$ 有实根的概率是 _____.

（10）设随机变量 X 的概率密度为

$$f(x) = \begin{cases} \dfrac{x}{2}, & 0 < x < 2, \\ 0, & \text{其他}, \end{cases}$$

则 X 的分布函数 $F(x) =$ _____.

3. 解答题：（11）～（16）小题，每小题 10 分，共 60 分.

（11）设随机变量 X 的分布律为

X	-2	-1	0	1	3
P	$3a$	$\dfrac{1}{6}$	$3a$	a	$\dfrac{11}{30}$

① 求 a.

② 求 $Y = X^2 - 1$ 的分布律.

（12）设随机变量 X 服从参数为 $\lambda(\lambda > 0)$ 的指数分布，且 $P\{X \leqslant 1\} = \dfrac{1}{2}$，试求：

① 参数 λ.

② $P\{X > 2 \mid X > 1\}$.

（13）设随机变量 X 的分布函数为 $F(x) = \begin{cases} 0, & x \leqslant 1, \\ \ln x, & 1 < x < \mathrm{e}, \\ 1, & x \geqslant \mathrm{e}, \end{cases}$ 求：

① $P\{X < 2\}, P\{0 < X \leqslant 3\}$；

② X 的概率密度.

（14）某城市每天用电量不超过 100 万度，以 X 表示每天的耗电率（用电量除以 100 万度），其概率密度为

$$f(x) = \begin{cases} 12x(1-x)^2, & 0 < x < 1, \\ 0, & \text{其他}. \end{cases}$$

若该城市每天的供电量仅有 80 万度，求供电量不满足需要的概率. 如果每天的供电量是 90 万度，求供电量不满足需要的概率.

（15）某车间有同类设备 100 台，各台设备工作互不影响. 如果每台设备发生故障的概率是 0.01，且一台设备的故障可以由一个人来处理. 问：至少配备多少名维修工，才能保证设备发生故障时不能及时维修的概率小于 0.01？

（16）（2021108）在区间 $(0,2)$ 上随机取一点，将该区间分成两段，较短一段的长度记为 X，较长一段的长度记为 Y. 令 $Z = \dfrac{Y}{X}$，求：

① X 的概率密度；

② Z 的概率密度.

本章同步
习题答案

本章总复习题
答案

03

第 3 章
多维随机变量及其分布

第 2 章我们学习了单个随机变量，它将随机试验的结果与一维实数对应起来，我们把单个随机变量称为**一维随机变量**. 但是，在许多实际问题中，一维随机变量不能满足研究的需要，很多随机试验的结果往往受到多个因素影响. 例如：研究某种特殊金属材料的性能时，需要同时考察它的硬度 X 和抗拉强度 Y；在针对某商场的调研中，要分析 3 种支付方式的消费金额——移动支付 X、现金支付 Y 和银行卡支付 Z；观察某地区气候时，通常要同时考虑气温 X_1、气压 X_2、风力 X_3 以及湿度 X_4 这 4 个因素. 在以上的例子中，我们把与随机试验结果相对应的多个随机变量称为**多维随机变量**. 多维随机变量的研究方法，可以用二维随机变量作为代表来体现，本章主要研究二维随机变量的统计规律，并介绍二维随机变量中两个随机变量之间的相互关系.

本章导学

3.1 二维随机变量及其分布

3.1.1 二维随机变量

定义 3.1 设 E 是随机试验，$X = X(\omega)$ 和 $Y = Y(\omega)$ 是定义在同一个样本空间 $S = \{\omega\}$ 上的随机变量，则称 (X,Y) 为二维随机变量或二维随机向量.

二维随机变量 (X,Y) 的性质不仅与 X 和 Y 有关，还依赖于两个随机变量之间的相互关系，因此要将随机变量 (X,Y) 作为一个整体进行研究.

3.1.2 二维随机变量的联合分布函数

定义 3.2 设 (X,Y) 为二维随机变量，对于任意的 $(x,y) \in \mathbf{R}^2$，称

$$F(x,y) = P\{X \leqslant x, Y \leqslant y\}$$

微课：联合分布函数

为二维随机变量 (X,Y) 的联合分布函数，简称为分布函数.

联合分布函数描述了二维随机变量的统计规律. 若将 (X,Y) 看作平面直角坐标系上的随机点，那么 $F(x,y) = P\{X \leqslant x, Y \leqslant y\}$ 的几何意义就是随机点落入图 3.1 中阴影部分的概率，即落入点 (x,y) 左下方区域内的概率.

根据联合分布函数 $F(x,y)$ 的定义，可以求出随机点 (X,Y) 落入矩形区域（见图 3.2）

$\{(x,y) \mid x_1 < X \leqslant x_2, y_1 < Y \leqslant y_2\}$ 的概率：

$$P\{x_1 < X \leqslant x_2, y_1 < Y \leqslant y_2\} = F(x_2, y_2) - F(x_1, y_2) - F(x_2, y_1) + F(x_1, y_1).$$

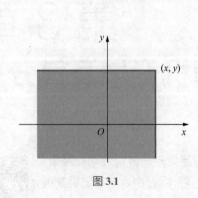

图 3.1

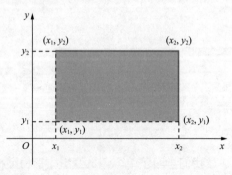

图 3.2

联合分布函数 $F(x,y)$ 具有与一维随机变量的分布函数类似的性质，具体性质如下.

（1）单调性：对 x 或 y 都是单调不减的.

（2）有界性：对任意的 x 和 y，有 $0 \leqslant F(x,y) \leqslant 1$，并且

$$F(-\infty, y) = \lim_{x \to -\infty} F(x,y) = 0,$$

$$F(x, -\infty) = \lim_{y \to -\infty} F(x,y) = 0,$$

$$F(+\infty, +\infty) = \lim_{\substack{x \to +\infty \\ y \to +\infty}} F(x,y) = 1.$$

（3）右连续：对 x 或 y 都是右连续的，即

$$F(x+0, y) = F(x,y),$$

$$F(x, y+0) = F(x,y).$$

（4）对任意的 (x_1, y_1) 和 (x_2, y_2)，其中 $x_1 < x_2, y_1 < y_2$，有

$$F(x_2, y_2) - F(x_1, y_2) - F(x_2, y_1) + F(x_1, y_1) \geqslant 0.$$

例 3.1　设随机变量 (X, Y) 的联合分布函数为

$$F(x,y) = A\left(B + \arctan \frac{x}{2}\right)\left(C + \arctan \frac{y}{3}\right),$$

其中 A, B, C 为常数，$-\infty < x < +\infty, -\infty < y < +\infty$.

（1）确定 A, B, C 的值；

（2）求 $P\{0 < X \leqslant 2, 0 < Y \leqslant 3\}$.

解　（1）由联合分布函数的性质有

$$F(+\infty, +\infty) = A\left(B + \frac{\pi}{2}\right)\left(C + \frac{\pi}{2}\right) = 1,$$

$$F(-\infty, +\infty) = A\left(B - \frac{\pi}{2}\right)\left(C + \frac{\pi}{2}\right) = 0,$$

$$F(+\infty, -\infty) = A\left(B + \frac{\pi}{2}\right)\left(C - \frac{\pi}{2}\right) = 0,$$

得 $A = \dfrac{1}{\pi^2}, B = \dfrac{\pi}{2}, C = \dfrac{\pi}{2}$.

（2） $P\{0 < X \leqslant 2, 0 < Y \leqslant 3\} = F(2,3) - F(0,3) - F(2,0) + F(0,0)$.

$$= \frac{9}{16} - \frac{3}{8} - \frac{3}{8} + \frac{1}{4} = \frac{1}{16}.$$

由例 3.1 可以看出，随机变量 (X, Y) 落入任意矩形区域内的概率可以通过联合分布函数求解．但是，如果落入其他区域，如圆形区域或三角形区域，就无法用分布函数 $F(x, y)$ 表示其概率了，那么如何解决此类问题呢？为此，我们需要根据二维随机变量的具体类型进一步探讨．下面，我们分别介绍二维离散型随机变量和二维连续型随机变量的统计规律．

3.1.3 二维离散型随机变量及其分布

定义 3.3 若二维随机变量 (X, Y) 只取有限个或可列个数对 (x_i, y_j)，则称 (X, Y) 为二维离散型随机变量，称 $p_{ij} = P\{X = x_i, Y = y_j\}(i, j = 1, 2, \cdots)$ 为 (X, Y) 的联合分布律或联合概率分布，简称为分布律或概率分布．

由概率的性质，可以得到联合分布律的以下性质．

（1）非负性： $p_{ij} \geqslant 0, \ i, j = 1, 2, \cdots$.

（2）正则性： $\sum_i \sum_j p_{ij} = 1$.

与一维随机变量的分布律类似，二维联合分布律也可以用如下形式表示．

X \ Y	y_1	y_2	$\cdots$	y_j	$\cdots$
x_1	p_{11}	p_{12}	$\cdots$	p_{1j}	$\cdots$
x_2	p_{21}	p_{22}	$\cdots$	p_{2j}	$\cdots$
$\vdots$	$\vdots$	$\vdots$		$\vdots$	
x_i	p_{i1}	p_{i2}	$\cdots$	p_{ij}	$\cdots$
$\vdots$	$\vdots$	$\vdots$		$\vdots$	

利用联合分布律就可以求出二维离散型随机变量 (X, Y) 落入平面区域 A 中的概率：

$$P\{(X, Y) \in A\} = \sum_{(x_i, y_j) \in A} p_{ij}.$$

例 3.2 一家大型保险公司为一些客户提供服务，这些客户既购买了车险，又购买了财险．每种类型的保单都有一定的免赔额，车险的免赔额为 100 元或 250 元，财险的免赔额为 0 元、100 元或 200 元．假设一个人同时购买了这两种保险，X 表示车险的免赔额，Y 表示财险的免赔额．根据该保险公司的历史数据可以得到随机变量 (X, Y) 的联合分布律如下．

X \ Y	0	100	200
100	0.20	0.10	0.20
250	0.05	0.15	0.30

求：（1）客户财险的免赔额不低于 100 元的概率；（2）客户的免赔总额不超过 300 元的概率.

解 （1）财险的免赔额不低于 100 元即随机变量 $Y \geqslant 100$，包含了 $Y = 100$ 和 $Y = 200$ 两种情况，这里 X 在 100 和 250 中任意取值，故

$P\{Y \geqslant 100\} = P\{X = 100, Y = 100\} + P\{X = 100, Y = 200\} + P\{X = 250, Y = 100\} + P\{X = 250, Y = 200\} = 0.75.$

（2）免赔总额不超过 300 元即 $X + Y \leqslant 300$，由题意可得其概率为

$P\{X + Y \leqslant 300\} = P\{X = 100, Y = 0\} + P\{X = 100, Y = 100\} + P\{X = 100, Y = 200\} + P\{X = 250, Y = 0\} = 0.55.$

例 3.3 有 7 件外观相同的产品，经检测其中有 3 件一等品、2 件二等品、2 件三等品，任意选出 4 件产品，用 X 表示取到一等品的件数，用 Y 表示取到二等品的件数，求 (X, Y) 的联合分布律.

解 从 7 件产品中取出 4 件共有 $C_7^4 = 35$ 种取法.

设 X 的取值为 i，Y 的取值为 j，则在 4 件产品中，一等品有 i 件，二等品有 j 件，三等品有 $4-i-j$ 件，因此

$$P\{X = i, Y = j\} = \frac{C_3^i C_2^j C_2^{4-i-j}}{35}, \quad i = 0, 1, 2, 3, \quad j = 0, 1, 2, \quad i + j \leqslant 4.$$

由题意可得

$$P\{X = 0, Y = 2\} = \frac{C_3^0 C_2^2 C_2^2}{35} = \frac{1}{35},$$

$$P\{X = 1, Y = 1\} = \frac{C_3^1 C_2^1 C_2^2}{35} = \frac{6}{35},$$

$$P\{X = 1, Y = 2\} = \frac{C_3^1 C_2^2 C_2^1}{35} = \frac{6}{35},$$

$$P\{X = 2, Y = 0\} = \frac{C_3^2 C_2^0 C_2^2}{35} = \frac{3}{35},$$

$$P\{X = 2, Y = 1\} = \frac{C_3^2 C_2^1 C_2^1}{35} = \frac{12}{35},$$

$$P\{X = 2, Y = 2\} = \frac{C_3^2 C_2^2 C_2^0}{35} = \frac{3}{35},$$

$$P\{X = 3, Y = 0\} = \frac{C_3^3 C_2^0 C_2^1}{35} = \frac{2}{35},$$

$$P\{X = 3, Y = 1\} = \frac{C_3^3 C_2^1 C_2^0}{35} = \frac{2}{35},$$

$$P\{X = 0, Y = 0\} = P\{X = 0, Y = 1\} = P\{X = 1, Y = 0\} = P\{X = 3, Y = 2\} = 0.$$

从而得到 (X, Y) 的联合分布律如下.

X \ Y	0	1	2
0	0	0	$\frac{1}{35}$
1	0	$\frac{6}{35}$	$\frac{6}{35}$
2	$\frac{3}{35}$	$\frac{12}{35}$	$\frac{3}{35}$
3	$\frac{2}{35}$	$\frac{2}{35}$	0

3.1.4 二维连续型随机变量及其分布

定义 3.4 设 (X,Y) 为二维随机变量，若存在函数 $f(x,y)$，对于任意区域 A，满足

微课：联合
概率密度

$$P\{(X,Y) \in A\} = \iint\limits_A f(x,y)\mathrm{d}x\mathrm{d}y,$$

则称 (X,Y) 为二维连续型随机变量，称 $f(x,y)$ 为 (X,Y) 的联合概率密度函数，简称为联合概率密度.

在几何上，设 $z = f(x,y)$ 表示空间的一个曲面，则 $\iint\limits_A f(x,y)\mathrm{d}x\mathrm{d}y$ 表示以 $z = f(x,y)$ 为顶、以区域 A 为底的曲顶柱体的体积.

联合概率密度 $f(x,y)$ 具有以下性质.

（1）非负性：$f(x,y) \geqslant 0$.

（2）正则性：$\int_{-\infty}^{+\infty}\int_{-\infty}^{+\infty} f(x,y)\mathrm{d}x\mathrm{d}y = 1$.

对于二维连续型随机变量 (X,Y)，联合分布函数与联合概率密度也可以相互求出：

若 $f(x,y)$ 在点 (x,y) 处连续，$F(x,y)$ 为相应的联合分布函数，则有

$$\frac{\partial^2 F(x,y)}{\partial x \partial y} = f(x,y);$$

反之，若已知联合概率密度 $f(x,y)$，则 $F(x,y) = \int_{-\infty}^{x}\int_{-\infty}^{y} f(u,v)\mathrm{d}v\mathrm{d}u$.

例 3.4 某食品制造商正在研制一种速溶健康饮品，主要成分为花生、芝麻和大豆，假设配方中所含的花生比例用 X 表示，所含的芝麻比例用 Y 表示，若二维随机变量 (X,Y) 的联合概率密度为

$$f(x,y) = \begin{cases} Axy, & 0 < x < 1, 0 < y < 1, 0 < x+y < 1, \\ 0, & \text{其他}. \end{cases}$$

求：

（1）常数 A；

（2）花生和芝麻加在一起最多占 50% 的概率.

解 （1）根据联合概率密度的性质

$$\int_{-\infty}^{+\infty} \int_{-\infty}^{+\infty} f(x,y)\mathrm{d}x\mathrm{d}y = 1$$

得

$$\int_0^1 \mathrm{d}x \int_0^{1-x} Axy\mathrm{d}y = \frac{A}{24} = 1,$$

故 $A = 24$.

（2）花生和芝麻加在一起最多占 50% 的概率为

$$P\left\{X + Y \leqslant \frac{1}{2}\right\} = \iint_{x+y \leqslant \frac{1}{2}} f(x,y)\mathrm{d}x\mathrm{d}y = \int_0^{\frac{1}{2}} \mathrm{d}x \int_0^{\frac{1}{2}-x} 24xy\mathrm{d}y = 0.062\,5.$$

例 3.5（续例 3.1） 求例 3.1 中二维随机变量 (X,Y) 的联合概率密度.

解 由例 3.1 可知，(X,Y) 的联合分布函数为

$$F(x,y) = \frac{1}{\pi^2}\left(\frac{\pi}{2} + \arctan\frac{x}{2}\right)\left(\frac{\pi}{2} + \arctan\frac{y}{3}\right),$$

则 (X,Y) 的联合概率密度为

$$f(x,y) = \frac{\partial^2 F}{\partial x \partial y} = \frac{6}{\pi^2(4+x^2)(9+y^2)}.$$

下面介绍二维连续型随机变量的两种常用分布.

1. 二维均匀分布

设 G 是平面上的一个有界区域，其面积为 S_G，若随机变量 (X,Y) 的概率密度为

$$f(x,y) = \begin{cases} \dfrac{1}{S_G}, & (x,y) \in G, \\ 0, & \text{其他}, \end{cases}$$

则称随机变量 (X,Y) 服从区域 G 上的二维均匀分布.

二维均匀分布相当于向平面区域 G 内随机地投点，若 D 为 G 的子区域，则点 (X,Y) 落入区域 D 内的概率与区域 D 的位置无关，只与 D 的面积有关，且概率值等于子区域 D 的面积与区域 G 的面积之比，即

$$P\{(X,Y) \in D\} = \iint_D f(x,y)\mathrm{d}x\mathrm{d}y = \iint_{(x,y) \in D} \frac{1}{S_G}\mathrm{d}x\mathrm{d}y$$

$$= \frac{1}{S_G} \iint_{(x,y) \in D} 1\mathrm{d}x\mathrm{d}y = \frac{S_D}{S_G}.$$

这也是第 1 章介绍过的几何概率问题.

例 3.6 设二维随机变量 (X,Y) 服从区域 G 上的二维均匀分布，其中区域 G 是由 $x - y = 0, x + y = 2, y = 0$ 所围成的三角形区域（见图 3.3），求随机变量 (X,Y) 落入区域 D 内的概率.

解 通过计算，可求出区域 G 的面积 $S_G = 1$. 从而联合概率密度为

$$f(x,y) = \begin{cases} 1, & 0 \leqslant y \leqslant x \leqslant 2-y, \\ 0, & \text{其他}. \end{cases}$$

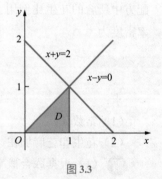

图 3.3

可以求出区域 D 的面积为 $\dfrac{1}{2}$，所以

$$P\{(X,Y)\in D\}=\iint\limits_{(x,y)\in D}1\mathrm{d}x\mathrm{d}y=\frac{1}{2}.$$

注意，本例题除了可运用联合概率密度 $f(x,y)$ 来计算概率，还可以利用几何概率的结论——概率等于面积之比，直接得出结果.

2. 二维正态分布

如果二维随机变量 (X,Y) 的联合概率密度为

$$f(x,y)=\frac{1}{2\pi\sigma_1\sigma_2\sqrt{1-\rho^2}}\mathrm{e}^{-\frac{1}{2(1-\rho^2)}\left[\frac{(x-\mu_1)^2}{\sigma_1^2}-2\rho\frac{(x-\mu_1)(y-\mu_2)}{\sigma_1\sigma_2}+\frac{(y-\mu_2)^2}{\sigma_2^2}\right]}, \quad -\infty<x,y<+\infty，$$ 其中 5 个参数 μ_1，

$\mu_2,\sigma_1,\sigma_2,\rho$ 均为常数，且 $-\infty<\mu_1,\mu_2<+\infty$，$\sigma_1,\sigma_2>0$，$-1\leqslant\rho\leqslant1$（见图 3.4），则称 (X,Y) 服从二维正态分布，记为 $(X,Y)\sim N(\mu_1,\mu_2,\sigma_1^2,\sigma_2^2,\rho)$.

二维正态分布的联合概率密度虽然较复杂，但它是一个在数学、物理和工程等领域都有广泛应用的分布，有"漂亮"的结论，无论在理论研究还是实际应用中都起着至关重要的作用. 在下一节的学习中，我们还将继续介绍二维正态分布的边缘概率密度，以及随机变量之间独立性的判定，它们都有很重要的性质.

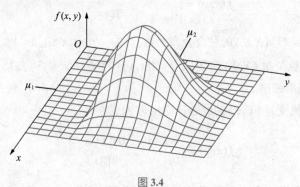

计算机可视化

图 3.4

同步习题 3.1

 基础题

1. 设二维随机变量 (X,Y) 的联合分布函数为
$$F(x,y)=\begin{cases}1-2^{-x}-2^{-y}+2^{-x-y}, & x\geqslant0,y\geqslant0,\\0, & \text{其他,}\end{cases}$$
求 $P\{1<X\leqslant2,3<Y\leqslant5\}$.

2. 已知 (X,Y) 的联合分布律如下.

X \ Y	1	2	3
0	0.1	0.2	0.3
1	0.15	0	0.25

求概率 $P\{X<1\}$，$P\{Y\leqslant 2\}$，$P\{X\leqslant 1,Y<2\}$.

3. 抛掷一枚均匀的硬币 3 次，以 X 表示正面出现的次数，以 Y 表示正面出现次数与反面出现次数之差的绝对值，求 (X,Y) 的联合分布律.

4. 从 1, 2, 3 中任取一数记为 X，再从 $1,\cdots,X$ 中任取一数记为 Y，求 (X,Y) 的联合分布律.

5. 设二维连续型随机变量 (X,Y) 的分布函数为

$$F(x,y)=\begin{cases}(1-\mathrm{e}^{-3x})(1-\mathrm{e}^{-5y}), & x\geqslant 0,y\geqslant 0,\\ 0, & \text{其他}.\end{cases}$$

求 (X,Y) 的联合概率密度 $f(x,y)$.

6. 设二维随机变量 (X,Y) 的联合概率密度为

$$f(x,y)=\begin{cases}k\mathrm{e}^{-3x-4y}, & x\geqslant 0,y\geqslant 0,\\ 0, & \text{其他}.\end{cases}$$

求：（1）常数 k ；（2）(X,Y) 的联合分布函数；（3）$P\{0<X\leqslant 1,0<Y\leqslant 2\}$.

7. 设二维随机变量 (X,Y) 在区域 $D=\{(x,y)\,|\,0<x<1,x^2<y<\sqrt{x}\}$ 上服从二维均匀分布，求 (X,Y) 的概率密度 .

8. 设二维随机变量 (X,Y) 的联合概率密度为

$$f(x,y)=\begin{cases}6(1-y), & 0<x<y<1,\\ 0, & \text{其他}.\end{cases}$$

求：（1）$P\{X>0.5,Y>0.5\}$ ；（2）$P\{X<0.5\}$ 和 $P\{Y<0.5\}$.

9. 设随机变量 (X,Y) 在以点 $(0,1),(1,0),(1,1)$ 为顶点的三角形区域 D 上服从均匀分布，求 $P\{X<Y\}$.

提高题

1. 二维随机变量 (X,Y) 的联合分布律为

X \ Y	-1	0	1
0	0.1	0.2	a
1	b	0.1	0.2

已知 $P\{X+Y=1\}=0.4$ ，求：（1）常数 a,b ；（2）$P\{X\leqslant Y\}$ ，$P\{X+Y<1\}$.

2. 设 A，B 为随机事件，且 $P(A)=\dfrac{1}{4}$，$P(B|A)=\dfrac{1}{3}$，$P(A|B)=\dfrac{1}{2}$，令

$$X=\begin{cases}1, & A发生, \\ 0, & A不发生;\end{cases} \qquad Y=\begin{cases}1, & B发生, \\ 0, & B不发生.\end{cases}$$

求二维随机变量 (X,Y) 的联合分布律.

3. 设二维随机变量 (X,Y) 的联合概率密度为

$$f(x,y)=\begin{cases}4xy, & 0<x<1,\ 0<y<1, \\ 0, & 其他.\end{cases}$$

求：（1）$P\{X\leqslant Y\}$；（2）$P\{X+Y\geqslant 1\}$；（3）$P\left\{|Y-X|\geqslant \dfrac{1}{2}\right\}$；（4）$P\Big\{X$ 与 Y 中至少有一个

小于 $\dfrac{1}{2}\Big\}$.

4. 设一个电子设备含有两个主要元件，分别以 X 和 Y 表示这两个主要元件的寿命（单位：h）. 若设其联合分布函数为

$$F(x,y)=\begin{cases}1-\mathrm{e}^{-0.01x}-\mathrm{e}^{-0.01y}+\mathrm{e}^{-0.01(x+y)}, & x\geqslant 0,\ y\geqslant 0, \\ 0, & 其他,\end{cases}$$

试求这两个元件的寿命都超过 120h 的概率.

5. 设某班车起点站上客人数 X 服从参数为 $\lambda(\lambda>0)$ 的泊松分布，每位乘客在中途下车的概率为 $p(0<p<1)$，且中途下车与否相互独立，以 Y 表示在中途下车的人数，求：

（1）在发车时车内有 n 个乘客的条件下，中途有 m 个乘客下车的概率；

（2）二维随机变量 (X,Y) 的联合分布律.

6. 设 (X,Y) 服从二维正态分布，其概率密度为 $f(x,y)=\dfrac{1}{2\pi\times 10^2}\mathrm{e}^{-\frac{x^2+y^2}{2\times 10^2}}$，求 $P\{Y\geqslant X\}$.

■ 3.2 边缘分布与随机变量的独立性 ■

联合分布描述的是二维随机变量 (X,Y) 的整体特性，除此之外，还需要考虑随机变量 X，Y 各自的分布，即边缘分布. 有了边缘分布，我们就可以讨论随机变量 X 和 Y 之间的某种关系，本节还将介绍 X 与 Y 的独立性.

3.2.1 边缘分布函数

设二维随机变量 (X,Y) 的联合分布函数 $F(x,y)$ 已知，则两个分量 X 和 Y 的分布函数可以由联合分布函数求得. 事实上

$$F_X(x)=P\{X\leqslant x\}=P\{X\leqslant x,Y<+\infty\}=F(x,+\infty),$$

其中 $-\infty<x<+\infty$，称 $F_X(x)$ 为二维随机变量 (X,Y) 关于 X 的边缘分布函数.

同理可得 $F_Y(y)=F(+\infty,y)$，其中 $-\infty<y<+\infty$，称 $F_Y(y)$ 为二维随机变量 (X,Y) 关于 Y 的边

缘分布函数.

由以上的定义可知,边缘分布函数 $F_X(x)$, $F_Y(y)$ 完全由联合分布函数 $F(x,y)$ 确定.

3.2.2 边缘分布律

设二维离散型随机变量 (X,Y) 的联合分布律为

$$p_{ij} = P\{X = x_i, Y = y_j\}, \ i, j = 1, 2, \cdots,$$

微课:边缘分布

则二维随机变量 (X,Y) 关于 X 的边缘分布律为

$$P\{X = x_i\} = \sum_{j=1}^{+\infty} P\{X = x_i, Y = y_j\} = \sum_{j=1}^{+\infty} p_{ij}, i = 1, 2, \cdots,$$

简记为 $p_{i\cdot}$;二维随机变量 (X,Y) 关于 Y 的边缘分布律为

$$P\{Y = y_j\} = \sum_{i=1}^{+\infty} P\{X = x_i, Y = y_j\} = \sum_{i=1}^{+\infty} p_{ij}, j = 1, 2, \cdots,$$

简记为 $p_{\cdot j}$.

由此可知,利用联合分布律就能得到二维随机变量 (X,Y) 关于单个随机变量 X, Y 的边缘分布律,且可以写成以下形式.

X \ Y	y_1	y_2	$\cdots$	y_j	$\cdots$	$p_{i\cdot}$
x_1	p_{11}	p_{12}	$\cdots$	p_{1j}	$\cdots$	$p_{1\cdot}$
x_2	p_{21}	p_{22}	$\cdots$	p_{2j}	$\cdots$	$p_{2\cdot}$
$\vdots$	$\vdots$	$\vdots$	$\vdots$	$\vdots$	$\vdots$	$\vdots$
x_i	p_{i1}	p_{i2}	$\cdots$	p_{ij}	$\cdots$	$p_{i\cdot}$
$\vdots$	$\vdots$	$\vdots$	$\vdots$	$\vdots$	$\vdots$	$\vdots$
$p_{\cdot j}$	$p_{\cdot 1}$	$p_{\cdot 2}$	$\cdots$	$p_{\cdot j}$	$\cdots$	1

例 3.7(续例 3.2) 求例 3.2 中二维随机变量 (X,Y) 的边缘分布律.

解 车险的免赔额 X 可能的取值为 100 或 250,分别计算两种情况的概率:

$$P\{X = 100\} = P\{X = 100, Y = 0\} + P\{X = 100, Y = 100\} + P\{X = 100, Y = 200\} = 0.5,$$

$$P\{X = 250\} = P\{X = 250, Y = 0\} + P\{X = 250, Y = 100\} + P\{X = 250, Y = 200\} = 0.5 .$$

故二维随机变量 (X,Y) 关于 X 的边缘分布律如下,

X	100	250
P	0.5	0.5

同理,可以求出二维随机变量 (X,Y) 关于 Y 的边缘分布律如下.

Y	0	100	200
P	0.25	0.25	0.5

3.2.3　边缘概率密度

设二维连续型随机变量 (X,Y) 的联合概率密度为 $f(x,y)$，则可以求出 (X,Y) 关于 X 的边缘分布函数

$$F_X(x) = F(x,+\infty) = \int_{-\infty}^{x}\left[\int_{-\infty}^{+\infty} f(u,v)\mathrm{d}v\right]\mathrm{d}u.$$

对 $F_X(x)$ 求导可得 $f_X(x) = F_X'(x) = \int_{-\infty}^{+\infty} f(x,y)\mathrm{d}y$，称

$$f_X(x) = \int_{-\infty}^{+\infty} f(x,y)\mathrm{d}y \, (-\infty < x < +\infty)$$

为 (X,Y) 关于 X 的边缘概率密度.

同理可得 (X,Y) 关于 Y 的边缘概率密度 $f_Y(y) = \int_{-\infty}^{+\infty} f(x,y)\mathrm{d}x \, (-\infty < y < +\infty)$.

例 3.8（续例 3.4）　求例 3.4 中随机变量 X 和 Y 的边缘概率密度.

 解　当 $x \le 0$ 或 $x \ge 1$ 时，因 $f(x,y) = 0$，所以 $f_X(x) = 0$.

当 $0 < x < 1$ 时，

$$f_X(x) = \int_{-\infty}^{+\infty} f(x,y)\mathrm{d}y = \int_0^{1-x} 24xy\mathrm{d}y = 12x(1-x^2).$$

故 X 的边缘概率密度为 $f_X(x) = \begin{cases} 12x(1-x^2), & 0 < x < 1, \\ 0, & \text{其他.} \end{cases}$

同理可得 Y 的边缘概率密度为

$$f_Y(y) = \int_{-\infty}^{+\infty} f(x,y)\mathrm{d}x = \begin{cases} 12y(1-y^2), & 0 < y < 1, \\ 0, & \text{其他.} \end{cases}$$

在 3.1 节中，我们介绍了二维正态分布，本节可以得到它的一个重要结论：若 $(X,Y) \sim N(\mu_1, \mu_2, \sigma_1^2, \sigma_2^2, \rho)$，则 $X \sim N(\mu_1, \sigma_1^2)$，$Y \sim N(\mu_2, \sigma_2^2)$.

该结论可以利用边缘概率密度公式推导得出，对推导过程感兴趣的读者可以扫描右侧二维码观看.

微课：二维正态
的边缘分布

由上述结论可以看出：二维正态分布 $N(\mu_1, \mu_2, \sigma_1^2, \sigma_2^2, \rho)$ 的两个边缘分布是一维正态分布 $N(\mu_1, \sigma_1^2)$ 和 $N(\mu_2, \sigma_2^2)$，即联合分布可以完全确定其边缘分布.

反之，边缘分布不能确定联合分布. 我们来看下面两个例子.

第一个例子：当 $\rho_1 \ne \rho_2$ 时，两个二维正态分布 $N(\mu_1, \mu_2, \sigma_1^2, \sigma_2^2, \rho_1)$ 和 $N(\mu_1, \mu_2, \sigma_1^2, \sigma_2^2, \rho_2)$ 不相同，但其边缘分布相同，都是 $N(\mu_1, \sigma_1^2)$ 和 $N(\mu_2, \sigma_2^2)$，因此，边缘分布不能唯一地确定联合分布.

第二个例子：若联合概率密度为 $f(x,y) = \dfrac{1}{2\pi}\mathrm{e}^{-\frac{x^2+y^2}{2}}(1 + \sin x \sin y)$，可以求出 (X,Y) 关于 X，Y 的边缘分布均为 $N(0,1)$，因此，当边缘分布为正态分布时，联合分布不一定是二维正态分布.

3.2.4　随机变量的独立性

第 1 章介绍了两个事件相互独立的概念，由此可以引出两个随机变量相互独立的概念.

定义 3.5　设二维随机变量 (X,Y) 的联合分布函数为 $F(x,y)$，

延伸微课

微课：随机变
量的独立性

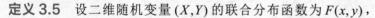

且 (X,Y) 关于 X, Y 的边缘分布函数分别为 $F_X(x)$, $F_Y(y)$，若对任意的一组取值 (x,y)，有 $F(x,y) = F_X(x) \cdot F_Y(y)$ 成立，则称随机变量 X 与 Y 是相互独立的.

由此定义可得，当随机变量 X 与 Y 相互独立时，$P\{X \leqslant x, Y \leqslant y\} = P\{X \leqslant x\} \cdot P\{Y \leqslant y\}$.

定理 3.1 设 (X,Y) 为二维离散型随机变量，对任意的 (x_i, y_j)，离散型随机变量 X 与 Y 相互独立等价于 $P\{X = x_i, Y = y_j\} = P\{X = x_i\} \cdot P\{Y = y_j\}$.

设 (X,Y) 为二维连续型随机变量，对任意的 (x,y)，连续型随机变量 X 与 Y 相互独立等价于 $f(x,y) = f_X(x) \cdot f_Y(y)$.

定义 3.5 和定理 3.1 给出的是二维随机变量相互独立的判定方法，此方法也可以推广到 n 维随机变量的独立性，在 3.4 节中将给出相关的定义.

需要注意的是，若判别 (X,Y) 中的 X 与 Y 相互独立，必须对"任意一组取值"都满足上述结论；若判别 X 与 Y 不相互独立，则只需要找到一组不满足上述结论的 (X,Y) 值即可.

例 3.9 在左转车道上，每个信号周期内的私家车数量记为 X，公交车数量记为 Y，X 与 Y 都是随机变量，且 (X,Y) 的联合分布律如下.

X \ Y	0	1	2
0	0.025	0.015	0.010
1	0.050	0.030	0.020
2	0.125	0.075	0.050
3	0.150	0.090	0.060
4	0.100	0.060	0.040
5	0.050	0.030	0.020

问：随机变量 X 和 Y 是否相互独立？

解 由边缘分布律的定义可得 X 的分布律如下，

X	0	1	2	3	4	5
P	0.050	0.100	0.250	0.300	0.200	0.100

同理可得 Y 的分布律如下.

Y	0	1	2
P	0.500	0.300	0.200

可以验证，随机变量 (X,Y) 的任意一组取值都满足
$$P\{X = x_i, Y = y_j\} = P\{X = x_i\} \cdot P\{Y = y_j\},$$
故随机变量 X 和 Y 是相互独立的.

例 3.10 分别讨论例 3.1 和例 3.4 中随机变量 X 与 Y 的独立性.

解 由例 3.1 可知，(X,Y) 的联合分布函数为
$$F(x,y) = \frac{1}{\pi^2}\left(\frac{\pi}{2} + \arctan\frac{x}{2}\right)\left(\frac{\pi}{2} + \arctan\frac{y}{3}\right),$$
则由公式可得 X 和 Y 的边缘分布函数分别为

$$F_X(x) = F(x, +\infty) = \frac{1}{2} + \frac{1}{\pi}\arctan\frac{x}{2},$$

$$F_Y(y) = F(+\infty, y) = \frac{1}{2} + \frac{1}{\pi}\arctan\frac{y}{3}.$$

因为对任意的 (x, y) ，$F(x, y) = F_X(x) \cdot F_Y(y)$ 都成立，故随机变量 X 与 Y 相互独立.

对于例 3.4 中 (X, Y) 的联合概率密度

$$f(x, y) = \begin{cases} 24xy, & 0<x<1, 0<y<1, 0<x+y<1, \\ 0, & \text{其他,} \end{cases}$$

其边缘概率密度在例 3.8 中已求出：

$$f_X(x) = \begin{cases} 12x(1-x^2), & 0<x<1, \\ 0, & \text{其他,} \end{cases} \quad f_Y(y) = \begin{cases} 12y(1-y^2), & 0<y<1, \\ 0, & \text{其他.} \end{cases}$$

显然 $f(x, y) \neq f_X(x)f_Y(y)$ ，所以 X 与 Y 不相互独立.

在求概率的过程中，随机变量的独立性往往发挥重要作用，举例如下.

例 3.11 设随机变量 X 与 Y 相互独立，且分别服从参数为 1 与参数为 4 的指数分布，求 $P\{X<Y\}$.

解 由题意可知，X 与 Y 的概率密度分别为

$$f_X(x) = \begin{cases} e^{-x}, & x>0, \\ 0, & x \leqslant 0, \end{cases} \quad f_Y(y) = \begin{cases} 4e^{-4y}, & y>0, \\ 0, & y \leqslant 0. \end{cases}$$

由 X 与 Y 相互独立，可得

$$f(x, y) = f_X(x) \cdot f_Y(y) = \begin{cases} 4e^{-x-4y}, & x>0, y>0, \\ 0, & \text{其他,} \end{cases}$$

则

$$P\{X<Y\} = \iint\limits_{x<y} f(x, y)\mathrm{d}x\mathrm{d}y$$

$$= \int_0^{+\infty} 4e^{-4y}\mathrm{d}y\int_0^y e^{-x}\mathrm{d}x = \frac{1}{5}.$$

扩展知识：二
维正态分布的
重要结论

由随机变量相互独立的判别法，我们可以得到二维正态分布的另一个重要结论：

若 $(X, Y) \sim N(\mu_1, \mu_2, \sigma_1^2, \sigma_2^2, \rho)$ ，则 X 与 Y 相互独立的充要条件为 $\rho = 0$.

本节中二维正态分布的两个重要结论具有极高的应用价值，其推导过程请读者扫描二维码进行了解.

例 3.12 设二维随机变量 (X, Y) 服从二维正态分布 $N(1, 0, 1, 1, 0)$ ，求 $P\{XY - Y<0\}$.

解 根据二维正态分布的结论可知：$X \sim N(1, 1)$ ，$Y \sim N(0, 1)$.

由于 $\rho = 0$ ，故 X 与 Y 相互独立，所以

$$P\{XY - Y<0\} = P\{(X-1)Y<0\}$$

$$= P\{X<1, Y>0\} + P\{X>1, Y<0\}$$

$$= P\{X<1\} \cdot P\{Y>0\} + P\{X>1\} \cdot P\{Y<0\} .$$

由正态分布的对称性可知，

$$P\{X<1\} = P\{X>1\} = \frac{1}{2}, \ P\{Y>0\} = P\{Y<0\} = \frac{1}{2}.$$

于是

$$P\{XY-Y<0\} = \frac{1}{2} \times \frac{1}{2} + \frac{1}{2} \times \frac{1}{2} = \frac{1}{2}.$$

同步习题 3.2

 基础题

1. 设二维随机变量 (X,Y) 的联合分布函数为

$$F(x,y) = \begin{cases} 1-e^{-x}-e^{-y}+e^{-x-y-\lambda xy}, & x>0, y>0, \\ 0, & \text{其他}, \end{cases}$$

其中 $\lambda>0$. 求 (X,Y) 关于 X 和关于 Y 的边缘分布函数.

2. 设二维离散型随机变量 (X,Y) 可能的取值为 $(0,0),(-1,1),(-1,2),(1,0)$，且取这些值的概率分别为 $\frac{1}{6}, \frac{1}{3}, \frac{1}{12}, \frac{5}{12}$. 求 X 和 Y 的分布律.

3. 已知二维均匀分布的联合概率密度为

$$f(x,y) = \begin{cases} \dfrac{1}{\pi}, & x^2+y^2 \leq 1, \\ 0, & \text{其他}. \end{cases}$$

求边缘概率密度.

4. 设二维随机变量 (X,Y) 的联合概率密度为

$$f(x,y) = \begin{cases} e^{-y}, & 0<x<y, \\ 0, & \text{其他}. \end{cases}$$

求 $f_X(x)$ 和 $f_Y(y)$，并判断 X 和 Y 是否相互独立.

5. 设二维离散型随机变量 (X,Y) 的联合分布律如下.

X \ Y	1	2	3
1	$\frac{1}{6}$	$\frac{1}{9}$	$\frac{1}{18}$
2	$\frac{1}{3}$	α	β

问：α, β 取什么值时，X 与 Y 相互独立？

6. 设随机变量 X 与 Y 相互独立，其概率密度分别为

$$f_X(x) = \begin{cases} e^{-x}, & x>0, \\ 0, & \text{其他}, \end{cases} \qquad f_Y(y) = \begin{cases} e^{-y}, & y>0, \\ 0, & \text{其他}. \end{cases}$$

求 (X,Y) 的联合概率密度.

7. 设随机变量 X 和 Y 相互独立，它们的概率分布均为 $B\left(1,\dfrac{1}{2}\right)$，求 $P\{X=Y\}$.

8. 已知随机变量 X 和 Y 相互独立，且 $X \sim U(0,1), Y \sim U(0,2)$，求 $P\{X < Y\}$.

提高题

1. 设随机变量 X 和 Y 相互独立，二维随机变量 (X,Y) 的联合分布律及关于 X 和关于 Y 的边缘分布律的部分数值如下，请将剩余数值补全.

X \ Y	y_1	y_2	y_3	$p_{i\cdot}$
x_1		$\dfrac{1}{8}$		
x_2	$\dfrac{1}{8}$			
$p_{\cdot j}$	$\dfrac{1}{6}$			

2. 已知随机变量 X_1, X_2 的分布律如下，且 $P\{X_1=0, X_2=0\}=0$.

X_1	-1	0	1
P	$\dfrac{1}{4}$	$\dfrac{1}{2}$	$\dfrac{1}{4}$

X_2	0	1
P	$\dfrac{1}{2}$	$\dfrac{1}{2}$

（1）写出 X_1, X_2 的联合分布律.

（2）判断 X_1, X_2 是否相互独立.

3. 设二维随机变量 (X,Y) 服从区域 G 上的均匀分布，其中 G 由曲线 $y=x^2$ 与直线 $y=x$ 围成，求边缘概率密度 $f_X(x)$ 和 $f_Y(y)$，并判断 X, Y 是否相互独立.

4. 设相互独立的两个随机变量 X 和 Y 均服从指数分布 $E(1)$，求 $P\{1 < \min(X,Y) < 2\}$.

5. 设随机变量 X 和 Y 相互独立，且

$$f_X(x) = \begin{cases} 2x, & 0<x<1, \\ 0, & \text{其他}, \end{cases} \qquad f_Y(y) = \begin{cases} e^{-y}, & y>0, \\ 0, & \text{其他}. \end{cases}$$

求二次方程 $\mu^2 - 2X\mu + Y = 0$ 有实根的概率.

6. 设随机变量 X, Y 相互独立，X 服从指数分布 $E(1)$，Y 的分布律为 $P\{Y=0\}=0.5$，$P\{Y=1\}=0.5$，求 $P\{X+Y \leqslant 1\}$.

*3.3 条件分布

在 3.1 节和 3.2 节中，我们介绍了二维随机变量的联合分布与边缘分布，在实际应用中，有时需要考虑当一个随机变量取值固定时另一个随机变量的分布，即条件分布. 例如，考察某超市收银台同一时刻的排队状况，设人工收银台和自助收银台的排队人数分别为离散型随机变量 X 和 Y，需要考虑当人工收银台有 3 人排队时，自助收银台的排队人数最多为 2 人的概率，即 $P\{Y \leqslant 2 | X = 3\}$. 又如，在针对某种电动自行车的调研中，设连续型随机变量 X 和 Y 分别表示前后轮胎的使用寿命，需要计算在前轮胎寿命为 1 万千米的条件下，后轮胎寿命超过 1.5 万千米的概率，即 $P\{Y > 15\,000 | X = 10\,000\}$. 上述问题都需要利用条件分布来解决. 因此，对条件分布的研究非常有必要，它突显了在一个变量取值固定的条件下，另一个变量的统计规律.

3.3.1 二维离散型随机变量的条件分布律

定义 3.6 设二维离散型随机变量 (X, Y)，其联合分布律为

$$p_{ij} = P\{X = x_i, Y = y_j\}, \quad i, j = 1, 2, \cdots,$$

关于 Y 的边缘分布律为 $P\{Y = y_j\} = \sum\limits_{i=1}^{+\infty} p_{ij} = p_{\cdot j}$，$j = 1, 2, \cdots$，称

微课：条件分布律

$$p_{i|j} = P\{X = x_i \mid Y = y_j\} = \frac{P\{X = x_i, Y = y_j\}}{P\{Y = y_j\}} = \frac{p_{ij}}{p_{\cdot j}}, \quad i = 1, 2, \cdots$$

为在 $Y = y_j$ 的条件下随机变量 X 的条件分布律.

同理，(X, Y) 关于 X 的边缘分布律为 $P\{X = x_i\} = \sum\limits_{j=1}^{+\infty} p_{ij} = p_{i\cdot}$，$i = 1, 2, \cdots$，称

$$p_{j|i} = P\{Y = y_j \mid X = x_i\} = \frac{P\{X = x_i, Y = y_j\}}{P\{X = x_i\}} = \frac{p_{ij}}{p_{i\cdot}}, \quad j = 1, 2, \cdots$$

为在 $X = x_i$ 的条件下随机变量 Y 的条件分布律.

由定义 3.6 可知，若已知联合分布律与边缘分布律，便可以求出条件分布律.

特别地，当随机变量 X 与 Y 相互独立时，条件分布律就等于其相应的边缘分布律，即 $p_{i|j} = p_{i\cdot}$，$p_{j|i} = p_{\cdot j}$.

例 3.13 一个加油站既有自助服务，又有人工服务. 在一次加油中，令 X 表示特定时间内自助加油使用的油枪数量，Y 表示人工加油使用的油枪数量. 随机变量 (X, Y) 的联合分布律如下.

X \ Y	0	1	2
0	0.10	0.04	0.02
1	0.08	0.20	0.06
2	0.06	0.14	0.30

当 $X=1$ 时，求 Y 的条件分布律.

解 由联合分布律可以求出 $P\{X = 1\} = 0.08 + 0.20 + 0.06 = 0.34$.

根据条件分布律的定义可知,

$$P\{Y=0|X=1\}=\frac{P\{X=1,Y=0\}}{P\{X=1\}}=\frac{0.08}{0.34}=\frac{4}{17},$$

$$P\{Y=1|X=1\}=\frac{P\{X=1,Y=1\}}{P\{X=1\}}=\frac{0.20}{0.34}=\frac{10}{17},$$

$$P\{Y=2|X=1\}=\frac{P\{X=1,Y=2\}}{P\{X=1\}}=\frac{0.06}{0.34}=\frac{3}{17}.$$

所以,当 $X=1$ 时,Y 的条件分布律如下,

Y	0	1	2
$P\{Y|X=1\}$	$\frac{4}{17}$	$\frac{10}{17}$	$\frac{3}{17}$

3.3.2 二维连续型随机变量的条件概率密度

微课:条件
概率密度

我们先看一个例子.

设二维连续型随机变量 (X,Y) 的概率密度为

$$f(x,y)=\begin{cases}3x, & 0<x<1,0<y<x,\\ 0, & \text{其他}.\end{cases}$$

求概率 $P\left\{Y\leqslant\frac{1}{8}\middle|X=\frac{1}{4}\right\}$.

分析 $P\left\{Y\leqslant\frac{1}{8}\middle|X=\frac{1}{4}\right\}$ 是否等于 $\dfrac{P\left\{X=\frac{1}{4},Y\leqslant\frac{1}{8}\right\}}{P\left\{X=\frac{1}{4}\right\}}$ 呢?

因为 $P\left\{X=\frac{1}{4}\right\}=0$,所以 $P\left\{Y\leqslant\frac{1}{8}\middle|X=\frac{1}{4}\right\}\neq\dfrac{P\left\{X=\frac{1}{4},Y\leqslant\frac{1}{8}\right\}}{P\left\{X=\frac{1}{4}\right\}}$.

本例中,(X,Y) 是二维连续型随机变量,因为 X, Y 在一点处的概率为零,即 $P\{X=x\}=0$,$P\{Y=y\}=0$,所以不能直接代入条件概率公式. 对于这样的问题,如何求解概率呢?通过下面的学习,我们将找到答案.

定义 3.7 设二维连续型随机变量 (X,Y) 的联合概率密度为 $f(x,y)$,其关于 X, Y 的边缘概率密度分别为 $f_X(x)$ 和 $f_Y(y)$,则称 $f_{X|Y}(x|y)=\dfrac{f(x,y)}{f_Y(y)}$ 与 $F_{X|Y}(x|y)=\displaystyle\int_{-\infty}^{x}\dfrac{f(u,y)}{f_Y(y)}\mathrm{d}u$ 为给定 $Y=y$ 条件下,X 的条件概率密度和条件分布函数.

在这里,$F_{X|Y}(x|y)=P\{X\leqslant x|Y=y\}$.

同理,称 $f_{Y|X}(y|x)=\dfrac{f(x,y)}{f_X(x)}$ 与 $F_{Y|X}(y|x)=\displaystyle\int_{-\infty}^{y}\dfrac{f(x,v)}{f_X(x)}\mathrm{d}v$ 为给定 $X=x$ 条件下,Y 的条件概率

密度和条件分布函数.

利用定义 3.7 就可以解答前面提出的问题,如例 3.14 所示.

例3.14 设二维连续型随机变量 (X,Y) 的概率密度为

$$f(x,y)=\begin{cases}3x, & 0<x<1,0<y<x,\\0, & 其他,\end{cases}$$

求概率 $P\left\{Y\leqslant\dfrac{1}{8}\bigg|X=\dfrac{1}{4}\right\}$.

解 先求边缘概率密度.

$$f_X(x)=\int_{-\infty}^{+\infty}f(x,y)\mathrm{d}y$$

$$=\begin{cases}\int_0^x3x\mathrm{d}y, & 0<x<1,\\0, & 其他\end{cases}=\begin{cases}3x^2, & 0<x<1,\\0, & 其他.\end{cases}$$

再求条件概率密度.

当 $0<x<1$ 时,

$$f_{Y|X}(y|x)=\frac{f(x,y)}{f_X(x)}=\begin{cases}\dfrac{1}{x}, & 0<y<x,\\0, & 其他.\end{cases}$$

当 $x=\dfrac{1}{4}$ 时,

$$f_{Y|X}\left(y\bigg|x=\frac{1}{4}\right)=\begin{cases}4, & 0<y<\dfrac{1}{4},\\0, & 其他.\end{cases}$$

所以, $P\left\{Y\leqslant\dfrac{1}{8}\bigg|X=\dfrac{1}{4}\right\}=\int_{-\infty}^{\frac{1}{8}}f_{Y|X}\left(y\bigg|x=\frac{1}{4}\right)\mathrm{d}y=\int_0^{\frac{1}{8}}4\mathrm{d}y=\frac{1}{2}.$

例3.15 设二维随机变量 (X,Y) 服从区域 G 上的均匀分布,其中 G 是由 $x-y=0,x+y=2,y=0$ 所围成的三角形区域(见图3.5).求条件概率密度 $f_{X|Y}(x|y)$.

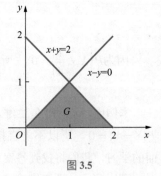

图 3.5

分析 由定义 3.7 可知,求解条件概率密度需要知道联合概率密度和边缘概率密度,在例 3.6 中,已经求出此均匀分布的联合概率密度,这里只需要求出 (X,Y) 关于 Y 的边缘概率密度.

解 (X,Y) 的联合概率密度为

$$f(x,y)=\begin{cases}1, & 0\leqslant y\leqslant x\leqslant 2-y,\\0, & 其他.\end{cases}$$

因此, (X,Y) 关于 Y 的边缘概率密度为

$$f_Y(y)=\int_{-\infty}^{+\infty}f(x,y)\mathrm{d}x=\begin{cases}\int_y^{2-y}\mathrm{d}x, & 0\leqslant y\leqslant 1,\\0, & 其他\end{cases}=\begin{cases}2(1-y), & 0\leqslant y\leqslant 1,\\0, & 其他.\end{cases}$$

当 $Y = y$ 时，X 的条件概率密度为

$$f_{X|Y}(x \mid y) = \frac{f(x,y)}{f_Y(y)} = \begin{cases} \dfrac{1}{2(1-y)}, & 0 \leqslant y \leqslant x \leqslant 2-y, \\ 0, & \text{其他.} \end{cases}$$

同步习题3.3

基础题

1. 设二维随机变量 (X,Y) 的联合分布律为

X \ Y	1	2	3
1	$\dfrac{1}{3}$	0	0
2	$\dfrac{1}{6}$	$\dfrac{1}{6}$	0
3	$\dfrac{1}{9}$	$\dfrac{1}{9}$	$\dfrac{1}{9}$

求：在 $Y=1$ 的条件下，X 的条件分布律.

2. 设某食品公司 5 月和 6 月方便面的订单数分别为 X 和 Y，根据以往的资料得 (X, Y) 的联合分布律如下（单位：亿桶）.

X \ Y	0.64	0.65	0.66	0.67
0.64	0.07	0.08	0.06	0.07
0.65	0.04	0.06	0.09	0.08
0.66	0.05	0.05	0.04	0.06
0.67	0.06	0.07	0.05	0.07

求：5 月的订单数为 0.64 亿桶时，6 月订单数的条件分布律.

3. 设二维随机变量 (X,Y) 的联合概率密度为

$$f(x,y) = \begin{cases} \dfrac{1}{2x^2 y}, & 1 \leqslant x < +\infty, \dfrac{1}{x} < y < x, \\ 0, & \text{其他.} \end{cases}$$

求条件概率密度 $f_{X|Y}(x \mid y)$ 和 $f_{Y|X}(y \mid x)$.

4. 设二维随机变量 (X,Y) 的联合概率密度为

$$f(x,y) = \begin{cases} 1, & |y| < x, 0 < x < 1, \\ 0, & \text{其他.} \end{cases}$$

求条件概率密度 $f_{X|Y}(x \mid y)$.

5. 设条件概率密度为

$$f_{Y|X}(y|x) = \begin{cases} \dfrac{2y}{1-x^2}, & x \leqslant y \leqslant 1, \\ 0, & \text{其他.} \end{cases}$$

求 $P\left\{Y < \dfrac{2}{3} \middle| X = \dfrac{1}{2}\right\}$.

提高题

1. 设随机变量 X 在区间 $(0,1)$ 内服从均匀分布，在 $X = x(0 < x < 1)$ 的条件下，随机变量 Y 在区间 $(0, x)$ 内服从均匀分布. 求：

（1）二维随机变量 (X,Y) 的联合概率密度；

（2）(X,Y) 关于 Y 的边缘概率密度；

（3）概率 $P\{X + Y > 1\}$.

2. 已知随机变量 $X \sim \begin{pmatrix} 0 & 1 \\ 0.5 & 0.5 \end{pmatrix}$，$Y \sim \begin{pmatrix} 0 & 1 \\ 0.4 & 0.6 \end{pmatrix}$，且 $P\{XY \neq 0\} = 0.4$，求：

（1）随机变量 (X,Y) 的联合分布律；

（2）在 $Y = j$ 的条件下，X 的条件分布律.

3. 设二维随机变量 (X,Y) 的概率密度为

$$f(x,y) = \begin{cases} e^{-x}, & 0 < y < x, \\ 0, & \text{其他.} \end{cases}$$

求：（1）边缘概率密度 $f_X(x)$；（2）条件概率密度 $f_{Y|X}(y|x)$.

4. 设二维随机变量 (X,Y) 的概率密度为

$$f(x,y) = \begin{cases} 6x, & 0 < x < y < 1, \\ 0, & \text{其他.} \end{cases}$$

求：（1）Y 的边缘概率密度；（2）当 $X = \dfrac{1}{3}$ 时，Y 的条件概率密度 $f_{Y|X}\left(y \middle| x = \dfrac{1}{3}\right)$.

5. 设二维随机变量 (X,Y) 的联合概率密度为

$$f(x,y) = \begin{cases} \dfrac{21}{4} x^2 y, & x^2 \leqslant y \leqslant 1, \\ 0, & \text{其他.} \end{cases}$$

求条件概率 $P\{Y \geqslant 0.75 | X = 0.5\}$.

3.4 二维随机变量函数的分布

在第 2 章中，我们讨论了一维随机变量函数的分布，在实际生活中，很多变量受到两个或

两个以上随机变量的影响．例如，导体的电阻公式为 $R = \dfrac{\rho L}{S}$，电阻率 ρ 是常数，电阻受到长度 L 和横截面积 S 的影响；直角三角形的斜边长为 $c = \sqrt{a^2 + b^2}$，即斜边长是两个直角边长的函数；某汽车公司生产 3 种型号的汽车，公司总收入是这 3 种汽车产量的函数．这种例子在实际生活中还有很多，因此，研究多维随机变量函数的分布有一定的应用价值．

下面我们分别讨论二维离散型随机变量和连续型随机变量函数的分布．

3.4.1 二维离散型随机变量函数的分布

例 3.16 设二维随机变量 (X,Y) 的分布律如下．

X \ Y	−2	1	3
−1	$\dfrac{1}{25}$	$\dfrac{3}{25}$	$\dfrac{12}{25}$
1	$\dfrac{2}{25}$	$\dfrac{4}{25}$	$\dfrac{3}{25}$

求：（1）$Z = X + Y$ 的分布律；（2）$Z = X^2 + Y$ 的分布律．

解（1）Z 可能的取值为 $-3, -1, 0, 2, 4$．

$$P\{Z = -3\} = P\{X = -1, Y = -2\} = \frac{1}{25},$$

$$P\{Z = -1\} = P\{X = 1, Y = -2\} = \frac{2}{25},$$

$$P\{Z = 0\} = P\{X = -1, Y = 1\} = \frac{3}{25},$$

$$P\{Z = 2\} = P\{X = -1, Y = 3\} + P\{X = 1, Y = 1\} = \frac{16}{25},$$

$$P\{Z = 4\} = P\{X = 1, Y = 3\} = \frac{3}{25},$$

从而得到 $Z = X + Y$ 的分布律如下．

Z	−3	−1	0	2	4
P	$\dfrac{1}{25}$	$\dfrac{2}{25}$	$\dfrac{3}{25}$	$\dfrac{16}{25}$	$\dfrac{3}{25}$

（2）Z 可能的取值为 $-1, 2, 4$．

与（1）类似，可以得到 $Z = X^2 + Y$ 的分布律如下．

Z	−1	2	4
P	$\dfrac{3}{25}$	$\dfrac{7}{25}$	$\dfrac{15}{25}$

从这个例题可以看出，求二维离散型随机变量函数的分布律的方法与求一维离散型随机变量函数的分布律是一样的：首先确定所有可能的取值，然后分别求出所有取值的概率，再进行整理便得到了随机变量函数的分布律．

特别地，对于相互独立的常用离散型随机变量，我们可以得到重要的可加性结论如下．

（1）(0–1) 分布：若随机变量 $X_i(i=1,2,\cdots,n)$ 相互独立，且 $X_i \sim B(1,p)$，则 $X_1 + X_2 + \cdots + X_n \sim B(n,p)$.

（2）二项分布：若随机变量 $X \sim B(n_1, p), Y \sim B(n_2, p)$，且 X 与 Y 相互独立，则 $X + Y \sim B(n_1 + n_2, p)$.

（3）泊松分布：若随机变量 $X \sim P(\lambda_1), Y \sim P(\lambda_2)$，且 X 与 Y 相互独立，则 $X + Y \sim P(\lambda_1 + \lambda_2)$.

以上 3 个结论的推导过程略，读者可以扫描右侧二维码进行了解.

扩展知识：常用离散型随机变量的可加性

3.4.2 二维连续型随机变量函数的分布

设 (X,Y) 是二维连续型随机变量，$g(x,y)$ 是二元函数，则 $Z = g(X,Y)$ 是一维随机变量. 已知 (X,Y) 的联合概率密度 $f(x,y)$，如何求 $Z = g(X,Y)$ 的分布？与第 2 章介绍的一维随机变量情形类似，我们用的一般方法仍然是分布函数法：先求出 Z 的分布函数

$$F_Z(z) = P\{Z \leqslant z\} = P\{g(X,Y) \leqslant z\} = \iint\limits_{g(x,y) \leqslant z} f(x,y)\mathrm{d}x\mathrm{d}y.$$

当 Z 为连续型随机变量时，对分布函数求导可以得到 Z 的概率密度，即有

$$f_Z(z) = F_Z'(z).$$

对于具体的二元函数类型，既可以用分布函数法解决，也可以根据其函数类型推导出相应公式，下面我们针对几种常见的二元函数类型分别进行讨论.

1. 和的分布

定理 3.2 设二维连续型随机变量 (X,Y) 的联合概率密度为 $f(x,y)$，则 $Z = X + Y$ 的概率密度为

$$f_Z(z) = \int_{-\infty}^{+\infty} f(x, z-x)\mathrm{d}x$$

或

$$f_Z(z) = \int_{-\infty}^{+\infty} f(z-y, y)\mathrm{d}y.$$

微课：卷积公式

若 X 与 Y 相互独立，二维连续型随机变量 (X,Y) 关于 X,Y 的边缘概率密度分别为 $f_X(x)$ 和 $f_Y(y)$，则 $Z = X + Y$ 的概率密度为 $f_Z(z) = \int_{-\infty}^{+\infty} f_X(x) f_Y(z-x)\mathrm{d}x$ 或 $f_Z(z) = \int_{-\infty}^{+\infty} f_X(z-y) f_Y(y)\mathrm{d}y$，并称这两个公式为卷积公式，记为 $f_Z = f_X * f_Y$.

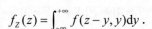 **证明** $Z = X + Y$ 的分布函数为

$$F_Z(z) = P\{X + Y \leqslant z\} = \iint\limits_{x+y \leqslant z} f(x,y)\mathrm{d}x\mathrm{d}y = \int_{-\infty}^{+\infty}\left[\int_{-\infty}^{z-y} f(x,y)\mathrm{d}x\right]\mathrm{d}y.$$

令 $x = t - y$，则

$$\int_{-\infty}^{z-y} f(x,y)\mathrm{d}x = \int_{-\infty}^{z} f(t-y, y)\mathrm{d}t.$$

所以

$$F_Z(z) = \int_{-\infty}^{+\infty}\left[\int_{-\infty}^{z} f(t-y, y)\mathrm{d}t\right]\mathrm{d}y = \int_{-\infty}^{z}\left[\int_{-\infty}^{+\infty} f(t-y, y)\mathrm{d}y\right]\mathrm{d}t.$$

再将 $F_Z(z)$ 关于 z 求导，得到 Z 的概率密度为

$$f_Z(z) = \int_{-\infty}^{+\infty} f(z-y, y) \mathrm{d}y.$$

同理，可以得到概率密度的另一个等价表达式为

$$f_Z(z) = \int_{-\infty}^{+\infty} f(x, z-x) \mathrm{d}x.$$

例 3.17 设二维随机变量 (X, Y) 的概率密度为

$$f(x, y) = \begin{cases} 2-x-y, & 0 < x < 1, 0 < y < 1, \\ 0, & \text{其他}. \end{cases}$$

求 $Z = X + Y$ 的概率密度 $f_Z(z)$．

解 本题既可以利用一般方法，也可以根据公式求解．

解法 1：分布函数法．

设 $F_Z(z)$ 为 $Z = X + Y$ 的分布函数，则

$$F_Z(z) = P\{Z \leq z\} = P\{X+Y \leq z\} = \iint_{x+y \leq z} f(x, y) \mathrm{d}x\mathrm{d}y.$$

当 $z < 0$ 时，$F_Z(z) = 0$；

当 $0 \leq z < 1$ 时，$F_Z(z) = \int_0^z \mathrm{d}x \int_0^{z-x} (2-x-y) \mathrm{d}y = z^2 - \dfrac{z^3}{3}$；

当 $1 \leq z < 2$ 时，$F_Z(z) = 1 - \int_{z-1}^1 \mathrm{d}x \int_{z-x}^1 (2-x-y) \mathrm{d}y = 1 - \dfrac{1}{3}(2-z)^3$；

当 $z \geq 2$ 时，$F_Z(z) = 1$．

从而

$$f_Z(z) = F_Z'(z) = \begin{cases} z(2-z), & 0 < z < 1, \\ (2-z)^2, & 1 \leq z < 2, \\ 0, & \text{其他}. \end{cases}$$

解法 2：公式法．

根据公式 $f_Z(z) = \int_{-\infty}^{+\infty} f(x, z-x) \mathrm{d}x$，其中

$$f(x, z-x) = \begin{cases} 2-z, & 0 < x < 1, 0 < z-x < 1, \\ 0, & \text{其他}. \end{cases}$$

当 $z \leq 0$ 或 $z \geq 2$ 时，$f_Z(z) = 0$；

当 $0 < z < 1$ 时，$f_Z(z) = \int_0^z (2-z) \mathrm{d}x = z(2-z)$；

当 $1 \leq z < 2$ 时，$f_Z(z) = \int_{z-1}^1 (2-z) \mathrm{d}x = (2-z)^2$．

因此，$Z = X+Y$ 的概率密度为

$$f_Z(z) = \begin{cases} z(2-z), & 0 < z < 1, \\ (2-z)^2, & 1 \leq z < 2, \\ 0, & \text{其他}. \end{cases}$$

注意，本题若用公式 $f_Z(z) = \int_{-\infty}^{+\infty} f(z-y, y) \mathrm{d}y$ 计算，也能得到相同的结果．

上述二维连续型随机变量和的分布，其计算公式可以推广到线性组合 $Z = aX + bY (ab \neq 0)$

类型，对此感兴趣的读者可以扫描右侧二维码进行了解．

随机变量和的分布在实际应用中比较常见，尤其是针对常用分布有很多重要结论，下面介绍正态分布的相关结论，我们先看一个例子．

例 3.18 设随机变量 X 与 Y 独立同分布，都服从标准正态分布 $N(0,1)$，求 $Z = X + Y$ 的分布．

 由卷积公式，得

$$f_Z(z) = \int_{-\infty}^{+\infty} f_X(x) f_Y(z-x) \mathrm{d}x$$

$$= \frac{1}{2\pi} \int_{-\infty}^{+\infty} \mathrm{e}^{-\frac{x^2}{2}} \cdot \mathrm{e}^{-\frac{(z-x)^2}{2}} \mathrm{d}x$$

$$= \frac{1}{2\pi} \mathrm{e}^{-\frac{z^2}{4}} \int_{-\infty}^{+\infty} \mathrm{e}^{-\left(x-\frac{z}{2}\right)^2} \mathrm{d}x .$$

令 $\frac{t}{\sqrt{2}} = x - \frac{z}{2}$，得

$$f_Z(z) = \frac{1}{2\sqrt{2\pi}} \mathrm{e}^{-\frac{z^2}{4}} \int_{-\infty}^{+\infty} \mathrm{e}^{-\frac{t^2}{2}} \mathrm{d}t = \frac{1}{2\sqrt{\pi}} \mathrm{e}^{-\frac{z^2}{4}} .$$

上式是 $N(0,2)$ 的概率密度，故 $Z \sim N(0,2)$．

本例也可以用公式 $f_Z(z) = \int_{-\infty}^{+\infty} f_X(z-y) f_Y(y) \mathrm{d}y$ 求解，可以得到相同的结果．

将例 3.18 的结论推广，可以得到正态分布的可加性：若随机变量 X 与 Y 相互独立，且 $X \sim N(\mu_1, \sigma_1^2), Y \sim N(\mu_2, \sigma_2^2)$，则 $X + Y \sim N(\mu_1 + \mu_2, \sigma_1^2 + \sigma_2^2)$；对于不全为零的实数 k_1, k_2，则有 $k_1 X + k_2 Y \sim N(k_1\mu_1 + k_2\mu_2, k_1^2\sigma_1^2 + k_2^2\sigma_2^2)$．

这个结论还可以推广到 n 个随机变量：若 $X_i \sim N(\mu_i, \sigma_i^2)(i = 1, 2, \cdots, n)$，并且 $X_1, X_2, \cdots, X_n$ 相互独立，$k_1, k_2, \cdots, k_n$ 是不全为零的实数，则随机变量 $k_1 X_1 + k_2 X_2 + \cdots + k_n X_n \sim N\left(\sum_{i=1}^{n} k_i\mu_i, \sum_{i=1}^{n} k_i^2\sigma_i^2\right)$．

例 3.19 设生产单位组装某种设备需要经过 3 个阶段，每个阶段所需的时间分别为 X_1, X_2, X_3（单位：h），若 $X_1 \sim N(40,10), X_2 \sim N(50,12), X_3 \sim N(60,14)$，且 X_1, X_2, X_3 相互独立，求 $P\{X_1 + X_2 + X_3 \leqslant 160\}$ 和 $P\{X_1 + X_2 \geqslant 2X_3\}$．

 因为 $X_1 + X_2 + X_3 \sim N(150,36)$，所以

$$P\{X_1 + X_2 + X_3 \leqslant 160\} = \Phi\left(\frac{160-150}{6}\right) \approx \Phi(1.67) = 0.952\,5 .$$

由于 $P\{X_1 + X_2 \geqslant 2X_3\} = P\{X_1 + X_2 - 2X_3 \geqslant 0\}$，而 $X_1 + X_2 - 2X_3 \sim N(-30,78)$，所以

$$P\{X_1 + X_2 \geqslant 2X_3\} = P\{X_1 + X_2 - 2X_3 \geqslant 0\}$$

$$\approx 1 - \Phi\left[\frac{0-(-30)}{8.832}\right] \approx 1 - \Phi(3.40) = 0.000\,3 .$$

*2. 积的分布和商的分布

定理 3.3 设二维连续型随机变量 (X,Y) 的联合概率密度为 $f(x,y)$，则 $Z = XY, Z = \dfrac{Y}{X}$ 的概

率密度分别为

$$f_{XY}(z) = \int_{-\infty}^{+\infty} \frac{1}{|x|} f\left(x, \frac{z}{x}\right) \mathrm{d}x$$

和

$$f_{Y/X}(z) = \int_{-\infty}^{+\infty} |x| f(x, xz) \mathrm{d}x .$$

若 X 与 Y 相互独立，二维连续型随机变量 (X,Y) 关于 X,Y 的边缘概率密度分别为 $f_X(x)$ 和 $f_Y(y)$，则 $Z = XY$，$Z = \dfrac{Y}{X}$ 的概率密度分别为

$$f_{XY}(z) = \int_{-\infty}^{+\infty} \frac{1}{|x|} f_X(x) f_Y\left(\frac{z}{x}\right) \mathrm{d}x ,$$

$$f_{Y/X}(z) = \int_{-\infty}^{+\infty} |x| f_X(x) f_Y(xz) \mathrm{d}x ,$$

称这两个公式为积的分布公式与商的分布公式.

积的分布公式与商的分布公式也可以用分布函数法证明，证明略.

例 3.20 设随机变量 X 与 Y 独立同分布，其概率密度为

$$f(x) = \begin{cases} \mathrm{e}^{-x}, & x > 0, \\ 0, & \text{其他}. \end{cases}$$

求 $Z = \dfrac{Y}{X}$ 的概率密度.

 因为

$$f_X(x) = f_Y(x) = \begin{cases} \mathrm{e}^{-x}, & x > 0, \\ 0, & \text{其他}, \end{cases}$$

所以当满足 $\begin{cases} x > 0, \\ xz > 0, \end{cases}$ 即 $\begin{cases} x > 0, \\ z > 0 \end{cases}$ 时，被积函数取非零值.

由公式 $f_{Y/X}(z) = \int_{-\infty}^{+\infty} |x| f_X(x) f_Y(xz) \mathrm{d}x$，可得如下情况.

当 $z > 0$ 时，$f_Z(z) = \int_0^{+\infty} x\mathrm{e}^{-x}\mathrm{e}^{-xz} \mathrm{d}x = \int_0^{+\infty} x\mathrm{e}^{-x(z+1)} \mathrm{d}x = \dfrac{1}{(z+1)^2}$.

当 $z \leqslant 0$ 时，$f_Z(z) = 0$.

所以，$f_Z(z) = \begin{cases} \dfrac{1}{(z+1)^2}, & z > 0, \\ 0, & \text{其他}. \end{cases}$

微课：最大值和
最小值的分布

3. 最大值和最小值的分布

定理 3.4 设随机变量 X 与 Y 相互独立，其分布函数分别为 $F_X(x)$ 和 $F_Y(y)$，则 $M = \max\{X, Y\}$ 和 $N = \min\{X, Y\}$ 的分布函数分别为 $F_M(z) = F_X(z)F_Y(z)$ 和 $F_N(z) = 1 - [1 - F_X(z)][1 - F_Y(z)]$.

证 明 由于 $\{\max(X, Y) \leqslant z\} = \{X \leqslant z, Y \leqslant z\}$，所以

$$F_M(z) = P\{M \leqslant z\} = P\{\max(X, Y) \leqslant z\} = P\{X \leqslant z, Y \leqslant z\}$$

$$= P\{X \leqslant z\}P\{Y \leqslant z\} = F_X(z)F_Y(z),$$

即

$$F_M(z) = F_X(z)F_Y(z) .$$

而

$$\begin{aligned}
F_N(z) &= P\{N \leqslant z\} = 1 - P\{\min(X,Y) > z\} \\
&= 1 - P\{X > z, Y > z\} = 1 - P\{X > z\}P\{Y > z\} \\
&= 1 - [1 - P\{X \leqslant z\}][1 - P\{Y \leqslant z\}] \\
&= 1 - [1 - F_X(z)][1 - F_Y(z)],
\end{aligned}$$

即

$$F_N(z) = 1 - [1 - F_X(z)][1 - F_Y(z)] .$$

定理 3.4 的结论可以进行如下推广.

设 n 个随机变量 $X_1, X_2, \cdots, X_n$ 相互独立, 其分布函数为 $F_{X_i}(x_i), i = 1, 2, \cdots, n$, 则 $M = \max\{X_1, X_2, \cdots, X_n\}$ 和 $N = \min\{X_1, X_2, \cdots, X_n\}$ 的分布函数分别为 $F_M(z) = F_{X_1}(z)F_{X_2}(z)\cdots F_{X_n}(z)$ 和 $F_N(z) = 1 - [1 - F_{X_1}(z)][1 - F_{X_2}(z)]\cdots[1 - F_{X_n}(z)]$. 特别地, 当 n 个随机变量 $X_1, X_2, \cdots, X_n$ 独立同分布时, 其分布函数均为 $F(x)$, 则 M 和 N 的分布函数分别为 $F_M(z) = [F(z)]^n$ 和 $F_N(z) = 1 - [1 - F(z)]^n$.

对于连续型随机变量, 求出最大值、最小值的分布函数后, 再对分布函数求导, 就可以求出其概率密度.

例 3.21 设系统 L 由 3 个同种型号的半导体元件组成, 元件寿命 $X_i(i = 1, 2, 3)$ 相互独立同分布, X_i 的概率密度为

$$f(x) = \begin{cases} \theta e^{-\theta x}, & x > 0, \\ 0, & \text{其他,} \end{cases}$$

其中 $\theta > 0$. 求在并联与串联两种情况下系统 L 的寿命的概率密度.

解 当系统并联时, L 的寿命是半导体元件 X_1, X_2, X_3 中寿命最大的; 当系统串联时, L 的寿命是半导体元件 X_1, X_2, X_3 中寿命最小的.

由已知条件可以看出, X_1, X_2, X_3 都服从指数分布, 则其分布函数均为

$$F(x) = \begin{cases} 1 - e^{-\theta x}, & x > 0, \\ 0, & \text{其他.} \end{cases}$$

令 $M = \max\{X_1, X_2, X_3\}$, 则 M 为并联时系统的寿命.

$$\begin{aligned}
F_M(z) &= [F(z)]^3 \\
&= \begin{cases} (1 - e^{-\theta z})^3, & z > 0, \\ 0, & \text{其他.} \end{cases}
\end{aligned}$$

于是 M 的概率密度为

$$f_M(z) = F_M'(z) = \begin{cases} 3\theta e^{-\theta z}(1 - e^{-\theta z})^2, & z > 0, \\ 0, & \text{其他.} \end{cases}$$

令 $N = \min\{X_1, X_2, X_3\}$, 则 N 为串联时系统的寿命.

$$F_N(z) = 1 - [1 - F(z)]^3$$

$$= \begin{cases} 1 - \mathrm{e}^{-3\theta z}, & z > 0, \\ 0, & \text{其他}. \end{cases}$$

于是 N 的概率密度为

$$f_N(z) = F_N'(z) = \begin{cases} 3\theta \mathrm{e}^{-3\theta z}, & z > 0, \\ 0, & \text{其他}. \end{cases}$$

以上我们分别介绍了二维离散型随机变量函数的分布和二维连续型随机变量函数的分布，在实际应用中还存在其他类型. 例如，$Z = g(X, Y)$ 是离散型随机变量和连续型随机变量相结合的混合型函数. 又如，由 (X, Y) 的分布求 (U, V) 的分布，其中 $U = u(X, Y), V = v(X, Y)$. 这些特殊类型函数在考研数学中经常出现，有需求的读者可以扫描右侧二维码进行了解.

扩展知识：二维随机变量函数的特殊类型

*3.4.3 n维随机变量

n 维随机变量是二维随机变量的推广，很多二维随机变量的有关概念可以推广至 n 维随机变量.

定义 3.8 设 $X_1, X_2, \cdots, X_n$ 是定义在同一个样本空间 E 上的 n 个随机变量，则称 $(X_1, X_2, \cdots, X_n)$ 为 n 维随机变量或 n 维随机向量.

定义 3.9 设 $(X_1, X_2, \cdots, X_n)$ 为 n 维随机变量，对于任意的 $(x_1, x_2, \cdots, x_n) \in \mathbf{R}^n$，称
$$F(x_1, x_2, \cdots, x_n) = P\{X_1 \leqslant x_1, X_2 \leqslant x_2, \cdots, X_n \leqslant x_n\}$$
为 n 维随机变量 $(X_1, X_2, \cdots, X_n)$ 的联合分布函数.

n 维随机变量也有 n 维离散型和 n 维连续型两种类型，仿照 3.1 节中的方法可以定义相应的联合分布律和联合概率密度.

定义 3.10 若 n 维随机变量 $(X_1, X_2, \cdots, X_n)$ 只取有限个或可列个值 $(x_1, x_2, \cdots, x_n) \in \mathbf{R}^n$，则称 $(X_1, X_2, \cdots, X_n)$ 为 n 维离散型随机变量，称
$$p(x_1, x_2, \cdots, x_n) = P\{X_1 = x_1, X_2 = x_2, \cdots, X_n = x_n\}$$
为 n 维离散型随机变量 $(X_1, X_2, \cdots, X_n)$ 的联合分布律. 若存在非负可积函数 $f(x_1, x_2, \cdots, x_n)$，对于 n 维空间中的任意区域 G，总有
$$P\{(X_1, X_2, \cdots, X_n) \in G\} = \int \cdots \int_G f(x_1, x_2, \cdots, x_n) \mathrm{d}x_1 \cdots \mathrm{d}x_n$$
成立，则称 $(X_1, X_2, \cdots, X_n)$ 为 n 维连续型随机变量，称 $f(x_1, x_2, \cdots, x_n)$ 为 n 维连续型随机变量 $(X_1, X_2, \cdots, X_n)$ 的联合概率密度.

定义 3.11 若 n 维随机变量 $(X_1, X_2, \cdots, X_n)$ 的联合分布函数为 $F(x_1, x_2, \cdots, x_n)$，令 $F_{X_i}(x_i)$ 为 $(X_1, X_2, \cdots, X_n)$ 关于 X_i 的边缘分布函数，如果对任意的 $(x_1, x_2, \cdots, x_n) \in \mathbf{R}^n$，都有
$$F(x_1, x_2, \cdots, x_n) = \prod_{i=1}^{n} F_{X_i}(x_i),$$
则称 $X_1, X_2, \cdots, X_n$ 相互独立.

设 $(X_1, X_2, \cdots, X_n)$ 为离散型随机变量，对于所有可能的取值 $(x_1, x_2, \cdots, x_n)$，$X_1, X_2, \cdots, X_n$ 相互独立等价于

$$P\{X_1 = x_1, X_2 = x_2, \cdots, X_n = x_n\} = \prod_{i=1}^{n} P\{X_i = x_i\} .$$

设 $(X_1, X_2, \cdots, X_n)$ 为连续型随机变量，对于任意的 $(x_1, x_2, \cdots, x_n) \in \mathbf{R}^n$ ，$X_1, X_2, \cdots, X_n$ 相互独立等价于

$$f(x_1, x_2, \cdots, x_n) = \prod_{i=1}^{n} f_{X_i}(x_i) .$$

在后面将要介绍的统计内容中，样本的各个分量相互独立就是指各个随机变量之间相互独立.

同步习题 3.4

1. 设二维随机变量 (X,Y) 的分布律如下.

X＼Y	−1	0	2
0	0.1	0.2	0
1	0.3	0.05	0.1
2	0.15	0	0.1

求 $Z = X^2 + Y^2$ 的分布律.

2. 设随机变量 X 和 Y 相互独立，且 X 和 Y 的分布律分别为

X	0	1
P	0.4	0.6

Y	−1	0	1
P	0.3	0.2	0.5

求下列随机变量 Z 的分布律：（1）$Z = \max\{X, Y\}$ ；（2）$Z = XY$.

3. 设随机变量 (X, Y) 的联合概率密度为

$$f(x, y) = \begin{cases} x + y, & 0 < x < 1, \, 0 < y < 1, \\ 0, & \text{其他.} \end{cases}$$

求 $Z = X + Y$ 的概率密度.

4. 设随机变量 X 与 Y 相互独立，且均服从 $(0,1)$ 上的均匀分布，求 $Z = X + Y$ 的概率密度.

5. 设二维随机变量 (X, Y) 的联合概率密度为

$$f(x, y) = \begin{cases} x \mathrm{e}^{-x(1+y)}, & x > 0, \, y > 0, \\ 0, & \text{其他.} \end{cases}$$

求 $Z = XY$ 的概率密度.

6. 设随机变量 X 与 Y 相互独立，且都服从参数为 λ 的指数分布. 求 $Z = \dfrac{X}{Y}$ 的概率密度.

7. 假设某种商品一周的需求量是 X，其概率密度为

$$f(x) = \begin{cases} x\mathrm{e}^{-x}, & x > 0, \\ 0, & x \leqslant 0. \end{cases}$$

各周对该商品的需求量相互独立.

（1）以 Z 表示两周的需求量，求 Z 的概率密度 $f_z(z)$.

（2）以 Y 表示 3 周中各周需求量的最小值，求 Y 的分布函数 $F_Y(y)$.

提高题

1. 设随机变量 X 与 Y 相互独立，X 的概率分布为 $P\{X = 1\} = P\{X = -1\} = \dfrac{1}{2}$，$Y$ 服从参数为 λ 的泊松分布. 令 $Z = XY$，求 Z 的概率分布.

2. 设随机变量 X 与 Y 相互独立，X 的分布律为 $P\{X = i\} = \dfrac{1}{3}, i = -1, 0, 1$，$Y$ 的概率密度为 $f_Y(y) = \begin{cases} 1, & 0 \leqslant y < 1, \\ 0, & \text{其他}. \end{cases}$ 令 $Z = X + Y$，求 Z 的概率密度 $f_z(z)$.

3. 设随机变量 X 与 Y 相互独立，X 服从参数为 1 的指数分布，Y 的概率分布为 $P\{Y = -1\} = p, P\{Y = 1\} = 1 - p, 0 < p < 1$. 令 $Z = XY$.

（1）求 Z 的概率密度.

（2）判断 X 与 Z 是否相互独立.

微课：第3题

4. 设二维随机变量 (X, Y) 的概率密度为

$$f(x, y) = \begin{cases} 3x, & 0 < y < x < 1, \\ 0, & \text{其他}. \end{cases}$$

求随机变量 $Z = X - Y$ 的概率密度.

5. 设随机变量 X_1, X_2, X_3, X_4 相互独立且同分布，$P\{X_i = 0\} = 0.6$，$P\{X_i = 1\} = 0.4$，$i = 1, 2, 3, 4$. 求行列式 $X = \begin{vmatrix} X_1 & X_2 \\ X_3 & X_4 \end{vmatrix}$ 的概率分布.

6. 从 1, 2, 3 这 3 个数中任取两个数，记第一个数为 X，第二个数为 Y，令 $\xi = \max\{X, Y\}$，$\eta = \min\{X, Y\}$，求：

（1）(X, Y) 的联合分布律及边缘分布律；

（2）(ξ, η) 的联合分布律及边缘分布律.

第 3 章思维导图

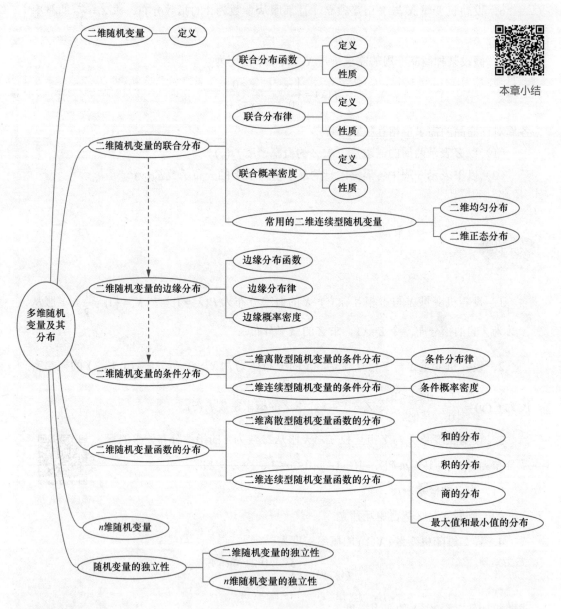

本章小结

中国数学学者

个人成就

数学家，中国科学院院士，曾任山东大学数学研究所所长．潘承洞和潘承彪合著的《哥德巴赫猜想》一书，是"猜想"研究历史上第一部全面、系统的学术专著．潘承洞对 Bombieri 定理的发展作出了重要贡献．为了最终解决哥德巴赫猜想，潘承洞提出了一个新的探索途径，其中的误差项简单明确，便于直接处理．

潘承洞

1. 选择题：（1）～（5）小题，每小题 4 分，共 20 分. 下列每小题给出的 4 个选项中，只有一个选项是符合题目要求的.

（1）设随机变量 (X,Y) 的联合分布函数为 $F(x,y)$，其边缘分布函数为 $F_X(x)$ 和 $F_Y(y)$，则概率 $P\{X>1,Y>1\}=($ $)$.

A. $1-F(1,1)$

B. $1-F_X(1)-F_Y(1)$

C. $F(1,1)-F_X(1)-F_Y(1)+1$

D. $F(1,1)+F_X(1)+F_Y(1)-1$

（2）（2012304）设随机变量 X 和 Y 相互独立，且都服从区间 $(0,1)$ 上的均匀分布，则 $P\{X^2+Y^2\leqslant1\}=($ $)$.

A. $\dfrac{1}{4}$
   B. $\dfrac{1}{2}$
   C. $\dfrac{\pi}{8}$
   D. $\dfrac{\pi}{4}$

（3）（2005104）设二维随机变量 (X,Y) 的分布律为

X \ Y	0	1
0	0.4	a
1	b	0.1

已知随机事件 $\{X=0\}$ 与 $\{X+Y=1\}$ 相互独立，则（   ）.

A. $a=0.2,b=0.3$

B. $a=0.4,b=0.1$

C. $a=0.3,b=0.2$

D. $a=0.1,b=0.4$

（4）（1999103）设随机变量 X 与 Y 相互独立，且 $X\sim N(0,1)$，$Y\sim N(1,1)$，则（   ）.

A. $P\{X+Y\leqslant0\}=\dfrac{1}{2}$

B. $P\{X+Y\leqslant1\}=\dfrac{1}{2}$

C. $P\{X-Y\leqslant0\}=\dfrac{1}{2}$

D. $P\{X-Y\leqslant1\}=\dfrac{1}{2}$

（5）（2007104）设随机变量 (X,Y) 服从二维正态分布，且 $\rho=0$，$f_X(x),f_Y(y)$ 分别表示 X,Y 的概率密度，则在 $Y=y$ 的条件下，X 的条件概率密度 $f_{X|Y}(x\,|\,y)=($ $)$.

A. $f_X(x)$
   B. $f_Y(y)$
   C. $f_X(x)f_Y(y)$
   D. $\dfrac{f_X(x)}{f_Y(y)}$

2. 填空题：（6）～（10）小题，每小题 4 分，共 20 分.

（6）设相互独立的两个随机变量 X,Y 具有同一分布律，且 X 的分布律为

X	0	1
P	$\dfrac{1}{2}$	$\dfrac{1}{2}$

则随机变量 $Z=\max\{X,Y\}$ 的分布律为_____.

（7）（2013304）设随机变量 X 和 Y 相互独立，且 X 和 Y 的分布律分别为

X	0	1	2	3
P	$\dfrac{1}{2}$	$\dfrac{1}{4}$	$\dfrac{1}{8}$	$\dfrac{1}{8}$

Y	-1	0	1
P	$\dfrac{1}{3}$	$\dfrac{1}{3}$	$\dfrac{1}{3}$

则 $P\{X+Y=2\}=$ _____.

（8）设二维随机变量 (X,Y) 的分布律为

X \ Y	1	2	3
0	0.20	0.10	0.15
1	0.30	0.15	0.10

则 $F(1,2)=$ _____.

（9）（2006104）设随机变量 X 与 Y 相互独立，且均服从区间 $(0,3)$ 上的均匀分布，则 $P\{\max(X,Y)\leqslant 1\}=$ _____.

（10）（2003104）设随机变量 (X,Y) 的概率密度为 $f(x,y)=\begin{cases}6x, & 0\leqslant x\leqslant y\leqslant 1,\\ 0, & 其他,\end{cases}$ 则 $P\{X+Y\leqslant 1\}=$ _____.

3. 解答题：（11）～（16）小题，每小题 10 分，共 60 分.

（11）设二维随机变量 (X,Y) 在 xOy 平面上由直线 $y=x$ 与曲线 $y=x^2$ 所围成的区域内服从均匀分布，求 $P\left\{0<X<\dfrac{1}{2},0<Y<\dfrac{1}{2}\right\}$.

（12）（2009107）袋中有 1 个红球、2 个黑球与 3 个白球. 现有放回地从袋中取两次，每次取一个球. 以 X,Y,Z 分别表示两次取球所取得的红球、黑球与白球的个数.

① 求 $P\{X=1\mid Z=0\}$.

② 求二维随机变量 (X,Y) 的联合分布律.

（13）（2005109）设二维随机变量 (X,Y) 的联合概率密度为

$$f(x,y)=\begin{cases}1, & 0<x<1,0<y<2x,\\ 0, & 其他.\end{cases}$$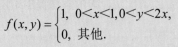

微课：第（13）题

求：① 边缘概率密度 $f_X(x)$ 和 $f_Y(y)$；② $Z=2X-Y$ 的概率密度 $f_Z(z)$.

（14）（2011107）设随机变量 X,Y 的分布律分别为

X	0	1
P	$\dfrac{1}{3}$	$\dfrac{2}{3}$

Y	-1	0	1
P	$\dfrac{1}{3}$	$\dfrac{1}{3}$	$\dfrac{1}{3}$

且 $P\{X^2=Y^2\}=1$ ，求：

① 二维随机变量 (X,Y) 的联合分布律；

② $Z = XY$ 的分布律.

（15）设随机变量 X 与 Y 相互独立，X 服从 $(0,1)$ 上的均匀分布，Y 服从 $\lambda=1$ 的指数分布，求：

① $P\{Y \leqslant X\}$；

② 随机变量 $Z = X + Y$ 的概率密度.

（16）（2016106）设随机变量 X_1, X_2, X_3 独立同分布，且概率密度为

$$f(x) = \begin{cases} \dfrac{3x^2}{\theta^3}, & 0 < x < \theta, \\ 0, & \text{其他,} \end{cases}$$

其中 $0 < \theta < +\infty$. 令 $T = \max\{X_1, X_2, X_3\}$，求 T 的概率密度.

本章同步习题答案　　　本章总复习题答案

04

第 4 章
数字特征与极限定理

随机变量的分布函数、分布律或概率密度虽然能完整地描述随机变量的统计规律，但在实际问题中，随机变量的分布往往不容易确定，而且有些问题并不需要知道随机变量分布规律的全貌，只需要知道它的某些特征就够了. 例如，考察 LED 灯管的质量时，常常关注的是 LED 灯管的平均寿命，这说明随机变量的平均值是一个重要的数量特征. 又如，比较两台机床生产精度的高低，不仅要看它们生产的零件的平均尺寸，还必须考察每个零件尺寸与平均尺寸的偏离程度，只有偏离程度较小的才是精度高的，这说明随机变量与其平均值偏离的程度也是一个重要的数量特征. 这些刻画随机变量某种特征的数量指标称为随机变量的**数字特征**，它们在理论和实践上都具有重要的意义. 本章将介绍常用的随机变量数字特征——**数学期望**、**方差**、**协方差和相关系数**，以及它们的实际应用. 除此之外，还将介绍大数定律与中心极限定理.

本章导学

■ 4.1 数学期望

如何定义随机变量的平均值？我们先从一个实际例子入手.

例 4.1 甲、乙两人用相同的设备生产同一种产品，设甲、乙两人各生产 10 组产品，每组中出现的废品件数分别记为 X, Y，废品件数与相应的组数记录分别如表 4.1 和表 4.2 所示.

表 4.1

废品件数 X	0	1	2	3
组数	4	3	2	1

表 4.2

废品件数 Y	0	1	2
组数	3	5	2

问：甲、乙两人谁的技术好些？

解 从上面的统计表很难立即看出结果，我们可以从两人的每组平均废品数来评定其技术水平. 甲的每组平均废品数为

$$\frac{0\times4+1\times3+2\times2+3\times1}{10}=0\times0.4+1\times0.3+2\times0.2+3\times0.1=1 \text{（件）},$$

乙的每组平均废品数为

$$\frac{0\times3+1\times5+2\times2}{10}=0\times0.3+1\times0.5+2\times0.2=0.9\text{（件），}$$

故从每组的平均废品数看，乙的技术优于甲.

以甲的计算为例，$0.4,0.3,0.2,0.1$ 是事件 $\{X=k\},k=0,1,2,3$ 在 10 次试验中发生的频率，当试验次数相当大时，这些频率接近于事件 $\{X=k\},k=0,1,2,3$ 在一次试验中发生的概率 p_k，则上述平均废品数可表示为 $\sum_{k=0}^{3}kp_k$. 由此我们引入随机变量平均值的一般概念——数学期望.

4.1.1 随机变量的数学期望

定义 4.1　设离散型随机变量 X 的分布律为

$$P\{X=x_k\}=p_k,\ \ k=1,2,\cdots,$$

若级数 $\sum_{k=1}^{+\infty}x_kp_k$ 绝对收敛，则称其和为随机变量 X 的数学期望，简称期望或均值，记为 $E(X)$ 或 μ_X，即

微课：随机变量
的数学期望

$$E(X)=\sum_{k=1}^{+\infty}x_kp_k.$$

随机变量 X 的数学期望 $E(X)$ 完全是由 X 的分布律确定的，而不应受 X 的可能取值的排列次序的影响，因此要求级数 $\sum_{k=1}^{+\infty}x_kp_k$ 绝对收敛，以保证数学期望的唯一性.

上述内容可以推广到连续型随机变量，有以下定义.

定义 4.2　设连续型随机变量 X 的概率密度为 $f(x)$，若积分 $\int_{-\infty}^{+\infty}xf(x)\mathrm{d}x$ 绝对收敛，则称该积分值为随机变量 X 的数学期望，简称期望或均值，记为 $E(X)$ 或 μ_X，即

$$E(X)=\int_{-\infty}^{+\infty}xf(x)\mathrm{d}x.$$

例 4.2　求下列离散型随机变量的数学期望：

（1）(0-1) 分布；（2）泊松分布.

解　（1）设随机变量 X 服从 (0-1) 分布，其分布律如下.

X	0	1
P	$1-p$	p

可得

$$E(X)=0\times(1-p)+1\times p=p.$$

（2）设随机变量 X 服从参数为 λ 的泊松分布，即 $X\sim P(\lambda)$，其分布律为

$$P\{X=k\}=\frac{\lambda^k}{k!}\mathrm{e}^{-\lambda},\ \ k=0,1,2,\cdots,\ \ \lambda>0,$$

则

$$E(X)=\sum_{k=0}^{+\infty}kp_k=\sum_{k=0}^{+\infty}k\cdot\frac{\lambda^k}{k!}\mathrm{e}^{-\lambda}$$

$$= \lambda e^{-\lambda} \sum_{k=1}^{+\infty} \frac{\lambda^{k-1}}{(k-1)!} = \lambda e^{-\lambda} \sum_{k=0}^{+\infty} \frac{\lambda^k}{k!} = \lambda e^{-\lambda} \cdot e^{\lambda} = \lambda.$$

例 4.3 求下列连续型随机变量的数学期望：

（1）指数分布；（2）正态分布.

解 （1）设随机变量 X 服从参数为 λ 的指数分布，即 $X \sim E(\lambda)$，其概率密度为

$$f(x) = \begin{cases} \lambda e^{-\lambda x}, & x > 0, \\ 0, & x \leq 0, \end{cases}$$

则

$$E(X) = \int_{-\infty}^{+\infty} x f(x) \mathrm{d}x = \int_0^{+\infty} x \cdot \lambda e^{-\lambda x} \mathrm{d}x$$

$$= (-x e^{-\lambda x}) \big|_0^{+\infty} + \int_0^{+\infty} e^{-\lambda x} \mathrm{d}x = -\frac{1}{\lambda} e^{-\lambda x} \big|_0^{+\infty} = \frac{1}{\lambda}.$$

（2）设随机变量 X 服从正态分布，即 $X \sim N(\mu, \sigma^2)$，其概率密度为

$$f(x) = \frac{1}{\sqrt{2\pi}\sigma} e^{-\frac{(x-\mu)^2}{2\sigma^2}}, \quad -\infty < x < +\infty,$$

则

$$E(X) = \int_{-\infty}^{+\infty} x \cdot \frac{1}{\sqrt{2\pi}\sigma} e^{-\frac{(x-\mu)^2}{2\sigma^2}} \mathrm{d}x$$

$$= \frac{1}{\sqrt{2\pi}\sigma} \int_{-\infty}^{+\infty} (x-\mu) e^{-\frac{(x-\mu)^2}{2\sigma^2}} \mathrm{d}x + \frac{1}{\sqrt{2\pi}\sigma} \int_{-\infty}^{+\infty} \mu e^{-\frac{(x-\mu)^2}{2\sigma^2}} \mathrm{d}x$$

$$= \frac{1}{\sqrt{2\pi}\sigma} \int_{-\infty}^{+\infty} t e^{-\frac{t^2}{2\sigma^2}} \mathrm{d}t + \mu \int_{-\infty}^{+\infty} \frac{1}{\sqrt{2\pi}\sigma} e^{-\frac{(x-\mu)^2}{2\sigma^2}} \mathrm{d}x = \mu.$$

例 4.4 设某品牌的汽车蓄电池寿命为 X（单位：年），其概率密度为

$$f(x) = \begin{cases} \dfrac{1}{4} e^{-\frac{1}{4}x}, & x > 0, \\ 0, & x \leq 0. \end{cases}$$

厂方可提供的质量保障为：该种蓄电池若在售出后一年内损坏可予以免费更换．若厂方出售一个蓄电池盈利 100 元，厂方更换一个蓄电池需要花费 300 元．求厂方出售一个蓄电池净盈利的数学期望.

解 由已知条件，X 服从以 $\dfrac{1}{4}$ 为参数的指数分布，其分布函数为

$$F(x) = \begin{cases} 1 - e^{-\frac{1}{4}x}, & x > 0, \\ 0, & x \leq 0, \end{cases}$$

则一个蓄电池在售出后一年内损坏的概率为 $P\{X < 1\} = F(1) = 1 - e^{-\frac{1}{4}}$，售出后一年内不损坏的概率为 $P\{X \geq 1\} = 1 - P\{X < 1\} = 1 - (1 - e^{-\frac{1}{4}}) = e^{-\frac{1}{4}}.$

设 Y 表示出售一个蓄电池的净盈利，则其分布律为

Y	-200	100
P	$1-\mathrm{e}^{-\frac{1}{4}}$	$\mathrm{e}^{-\frac{1}{4}}$

故

$$E(Y) = (-200) \times (1 - \mathrm{e}^{-\frac{1}{4}}) + 100 \times \mathrm{e}^{-\frac{1}{4}} = 300\mathrm{e}^{-\frac{1}{4}} - 200 \approx 33.64 \text{（元）.}$$

例 4.5　设随机变量 X 表示每个家庭在一年的时间里使用微波炉的时长（单位：100h），其概率密度为

$$f(x) = \begin{cases} x, & 0 \leqslant x < 1, \\ 2-x, & 1 \leqslant x < 2, \\ 0, & \text{其他,} \end{cases}$$

求每个家庭每年使用微波炉的平均时长.

解　每个家庭每年使用微波炉的平均时长即 X 的数学期望，由公式得

$$E(X) = \int_{-\infty}^{+\infty} x f(x)\mathrm{d}x = \int_0^1 x \cdot x \mathrm{d}x + \int_1^2 x \cdot (2-x)\mathrm{d}x$$

$$= \left.\frac{x^3}{3}\right|_0^1 + \left(x^2 - \frac{x^3}{3}\right)\bigg|_1^2 = 1(100\mathrm{h}).$$

由定义 4.1 和定义 4.2 可以看出，不是任何随机变量都有数学期望，有些随机变量的数学期望不存在，对此感兴趣的读者可以扫描右侧二维码进行了解.

扩展知识：数学期望不存在的例子

4.1.2　随机变量函数的数学期望

在实际问题中，常常需要求出随机变量函数的数学期望，例如，飞机某部位受到的压力 $F = kV^2$（其中 V 是风速，$k>0$ 且为常数），如何利用 V 的分布求出 F 的期望？一种方法是先求出 F 的分布，再根据期望定义求出 $E(F)$，但一般情况下 F 的分布不容易得到. 那么，是否可以不求 F 的分布，而直接由 V 的分布得到 $E(F)$？下面的定理可解决此类问题.

微课：随机变量函数的数学期望

定理 4.1　设有随机变量 X 的函数 $Y = g(X)$，且 $E[g(X)]$ 存在.

（1）若 X 为离散型随机变量，其分布律为 $P\{X = x_k\} = p_k$，$k = 1,2,\cdots$，则

$$E(Y) = E[g(X)] = \sum_{k=1}^{+\infty} g(x_k) p_k.$$

（2）若 X 为连续型随机变量，其概率密度为 $f(x)$，则

$$E(Y) = E[g(X)] = \int_{-\infty}^{+\infty} g(x) f(x)\mathrm{d}x.$$

该定理说明，在求 $Y = g(X)$ 的数学期望时，不必知道 Y 的分布，而只需知道 X 的分布即可. 该定理还可以推广到两个或多个随机变量的函数的情况.

定理 4.2　设有随机变量 (X,Y) 的函数 $Z = g(X,Y)$，且 $E[g(X,Y)]$ 存在.

（1）若 (X,Y) 为离散型随机变量，其联合分布律为

$$P\{X = x_i, Y = y_j\} = p_{ij}, \quad i,j = 1,2,\cdots,$$

则

$$E(Z) = E[g(X,Y)] = \sum_{i=1}^{+\infty} \sum_{j=1}^{+\infty} g(x_i, y_j) p_{ij}.$$

（2）若 (X,Y) 为连续型随机变量，其联合概率密度为 $f(x,y)$，则

$$E(Z) = E[g(X,Y)] = \int_{-\infty}^{+\infty} \int_{-\infty}^{+\infty} g(x,y) f(x,y) \mathrm{d}x \mathrm{d}y.$$

例 4.6 一家商店以每台 500 元的价格购买了 3 台型号相同的手写板，准备以每台 1 000 元的价格出售．对于指定期限内未售出的手写板，制造商同意以每台 200 元的价格回购．设 X 表示售出的手写板数量，其分布律为

X	0	1	2	3
P	0.1	0.2	0.3	0.4

求商店的平均利润．

解 设商店的利润为 Y，则

$$Y = g(X) = 1\,000X + 200(3-X) - 1\,500 = 800X - 900,$$

故商店的平均利润 $E(Y) = E[g(X)] = \sum_k (800x_k - 900) p_k$

$$= (-900) \times 0.1 + (-100) \times 0.2 + 700 \times 0.3 + 1\,500 \times 0.4 = 700 \text{（元）}.$$

例 4.7 设风速 V 是一个随机变量，它服从 $(0, a)$ 上的均匀分布，而飞机某部位受到的压力 F 是风速 V 的函数：$F = kV^2$（常数 $k > 0$）．求 F 的数学期望．

解 因为 V 服从 $(0, a)$ 上的均匀分布，则其概率密度为

$$f(v) = \begin{cases} \dfrac{1}{a}, & 0 < v < a, \\ 0, & \text{其他}. \end{cases}$$

$$E(F) = E(kV^2) = \int_{-\infty}^{+\infty} kv^2 f(v) \mathrm{d}v = \int_0^a kv^2 \frac{1}{a} \mathrm{d}v = \frac{1}{3} ka^2.$$

例 4.8 设二维随机变量 (X,Y) 的分布律如下．

X \ Y	1	2
1	0.25	0.32
2	0.08	0.35

求 $E(X^2 + Y)$．

解 $E(X^2 + Y) = \sum_i \sum_j (x_i^2 + y_j) p_{ij}$

$$= (1^2+1) \times 0.25 + (1^2+2) \times 0.32 + (2^2+1) \times 0.08 + (2^2+2) \times 0.35 = 3.96.$$

例 4.9 设二维随机变量 (X,Y) 的联合概率密度为

$$f(x,y) = \begin{cases} x+y, & 0 \leqslant x \leqslant 1, 0 \leqslant y \leqslant 1, \\ 0, & \text{其他}. \end{cases}$$

求 $E(X), E(Y), E(XY)$．

解

$$E(X) = \int_{-\infty}^{+\infty} \int_{-\infty}^{+\infty} x f(x,y) \mathrm{d}x \mathrm{d}y = \int_0^1 \mathrm{d}x \int_0^1 x(x+y) \mathrm{d}y = \frac{7}{12},$$

$$E(Y) = \int_{-\infty}^{+\infty} \int_{-\infty}^{+\infty} yf(x,y)\mathrm{d}x\mathrm{d}y = \int_0^1 \mathrm{d}y \int_0^1 y(x+y)\mathrm{d}x = \frac{7}{12},$$

$$E(XY) = \int_{-\infty}^{+\infty} \int_{-\infty}^{+\infty} xyf(x,y)\mathrm{d}x\mathrm{d}y = \int_0^1 \mathrm{d}x \int_0^1 xy(x+y)\mathrm{d}y = \frac{1}{3}.$$

例 4.10 某工厂每天从电力公司得到的电能 X（单位：kW）服从 $[10, 30]$ 上的均匀分布，该工厂每天对电能的需求量 Y（单位：kW）服从 $[10, 20]$ 上的均匀分布，其中 X 与 Y 相互独立．设该工厂从电力公司得到的每千瓦电能可取得 300 元利润，如该工厂用电量超过电力公司所提供的数量，就要使用自备发电机提供的附加电能来补充，使用附加电能时每千瓦电能只能取得 100 元利润．问：该工厂一天获得利润的数学期望是多少？

微课：例4.10

 解 设 Z 为一天中该工厂获得的利润，由题意得

$$Z = g(X,Y) = \begin{cases} 300Y, & Y \leqslant X, \\ 300X + 100(Y-X), & Y > X, \end{cases}$$

即

$$g(X,Y) = \begin{cases} 300Y, & Y \leqslant X, \\ 200X + 100Y, & Y > X. \end{cases}$$

而 (X,Y) 的联合概率密度为

$$f(x,y) = \begin{cases} \dfrac{1}{200}, & 10 \leqslant x \leqslant 30, 10 \leqslant y \leqslant 20, \\ 0, & \text{其他}, \end{cases}$$

故

$$E(Z) = E[g(X,Y)] = \int_{-\infty}^{+\infty} \int_{-\infty}^{+\infty} g(x,y)f(x,y)\mathrm{d}x\mathrm{d}y$$

$$= \frac{1}{200}\left[\int_{10}^{20} \mathrm{d}y \int_{10}^{y} (200x + 100y)\mathrm{d}x + \int_{10}^{20} \mathrm{d}y \int_{y}^{30} 300y\mathrm{d}x \right] \approx 4\,333 \quad (\text{元}),$$

即该工厂一天获得利润的数学期望大约是 4 333 元.

4.1.3 数学期望的性质

由数学期望的定义和随机变量函数的数学期望，很容易得到数学期望的下列性质.

（1）设 C 为常数，则 $E(C)=C$.

（2）设 C 为常数，X 为随机变量，则 $E(CX)=CE(X)$.

（3）设 X,Y 为任意两个随机变量，则 $E(X+Y)=E(X)+E(Y)$.

这一性质可以推广到任意有限多个随机变量之和的情形，即

$$E(X_1 + X_2 + \cdots + X_n) = E(X_1) + E(X_2) + \cdots + E(X_n).$$

（4）设 X,Y 为相互独立的随机变量，则 $E(XY) = E(X)E(Y)$.

这一性质可以推广到任意有限多个相互独立的随机变量之积的情形，即若 $X_1, X_2, \cdots, X_n$ 为相互独立的随机变量，则有

$$E(X_1 X_2 \cdots X_n) = E(X_1)E(X_2) \cdots E(X_n).$$

数学期望的计算过程往往可以利用性质来简化，比如前面的例 4.6 也可以计算如下：

因为 $Y = 800X - 900$，而

$$E(X) = 0 \times 0.1 + 1 \times 0.2 + 2 \times 0.3 + 3 \times 0.4 = 2，$$

所以根据数学期望的性质，有

$$E(Y) = 800E(X) - 900 = 700 \ （元）.$$

例 4.11 已知随机变量 $X \sim N(5, 10^2)$，求 $Y = 3X + 5$ 的数学期望 $E(Y)$.

解 由于 X 服从正态分布 $N(5, 10^2)$，则 $E(X) = 5$. 由数学期望的性质得

$$E(Y) = E(3X + 5) = 3E(X) + 5 = 20.$$

例 4.12 已知某电路中，电流为随机变量 I（单位：A），电阻为随机变量 R（单位：Ω），其概率密度分别为

$$f_I(x) = \begin{cases} 2x, & 0 \leqslant x \leqslant 1, \\ 0, & \text{其他,} \end{cases} \qquad f_R(y) = \begin{cases} \dfrac{y^2}{9}, & 0 \leqslant y \leqslant 3, \\ 0, & \text{其他.} \end{cases}$$

电压 $U = IR$，若 I 与 R 相互独立，求 U 的数学期望.

解 因为 I 与 R 相互独立，所以根据数学期望的性质，有

$$E(U) = E(IR) = E(I) \cdot E(R) = \int_{-\infty}^{+\infty} x f_I(x) \mathrm{d}x \cdot \int_{-\infty}^{+\infty} y f_R(y) \mathrm{d}y$$

$$= \int_0^1 2x^2 \mathrm{d}x \cdot \int_0^3 \frac{y^3}{9} \mathrm{d}y = \frac{3}{2} \text{(V)}.$$

扩展知识：
利用分解法
求数学期望

对于某些特殊的随机变量，可以尝试将其分解为若干个随机变量的和，然后利用前述性质（3）求出其数学期望. 这种方法在实际应用中具有一定的普遍意义，使用得当可使复杂问题简单化. 对此感兴趣的读者可以扫描右侧二维码进行了解.

同步习题 4.1

基础题

1. 设随机变量 X 的分布律如下.

X	-2	0	2
P	0.4	0.3	0.3

求 $E(X), E(X^2), E(3X^2 + 5)$.

2. 设轮船横向摇摆的随机振幅 X 的概率密度为

$$f(x) = \begin{cases} \dfrac{1}{\sigma^2} \mathrm{e}^{-\frac{x^2}{2\sigma^2}}, & x > 0, \\ 0, & \text{其他.} \end{cases}$$

求 $E(X)$.

3. 设随机变量 X 服从参数为 2 的泊松分布，求随机变量 $Y = 3X - 2$ 的数学期望.

4. 设随机变量 X 服从参数为 1 的指数分布，求 $Y = X + e^{-2X}$ 的数学期望.

5. 设二维随机变量 (X,Y) 的分布律如下.

X＼Y	0	1
0	$\dfrac{1}{3}$	0
1	$\dfrac{1}{2}$	$\dfrac{1}{6}$

求 $E(2X + 3Y)$ 和 $E(XY)$.

6. 设随机变量 (X,Y) 在区域 A 上服从均匀分布，其中 A 为由 x 轴和 y 轴及直线 $x+y+1=0$ 所围成的区域. 求 $E(X), E(-3X+2Y), E(XY)$.

7. 设随机变量 X, Y 相互独立，它们的概率密度分别为

$$f_X(x) = \begin{cases} 2x, & 0 \leq x \leq 1, \\ 0, & \text{其他}, \end{cases} \qquad f_Y(y) = \begin{cases} e^{-(y-5)}, & y > 5, \\ 0, & \text{其他}. \end{cases}$$

求 $E(XY)$.

提高题

1. 已知甲、乙两箱中装有同种产品，其中甲箱中装有 3 件合格品和 3 件次品，乙箱中仅装有 3 件合格品. 从甲箱中任取 3 件产品放入乙箱后，求：

（1）乙箱中次品件数的数学期望；

（2）从乙箱中任取一件产品是次品的概率.

2. 游客乘电梯从底层到电视塔顶层观光，电梯于每个正点的第 5 分钟、第 25 分钟和第 55 分钟从底层起行，假设一游客在早上 8 点的第 X 分钟到底层候电梯处，且 X 在 $[0, 60]$ 上服从均匀分布，求游客等候时间的数学期望.

3. 设某种商品每周的需求量 X 服从区间 $[10, 30]$ 上的均匀分布，而商店进货数量为区间 $[10, 30]$ 中的某一整数，商店每销售一单位商品可获利 500 元. 若供大于求，则降价处理，每处理一单位商品亏损 100 元；若供不应求，则可从外部调剂供应，此时每一单位商品仅获利 300 元. 为使商店所获利润的期望值不少于 9 280 元，试确定最少进货量.

4. 设随机变量 X 与 Y 相互独立，且都服从参数为 1 的指数分布，记

$$U = \max\{X,Y\}, V = \min\{X,Y\}.$$

（1）求 V 的概率密度 $f_V(v)$.

（2）求 $E(U + V)$.

5. 设随机变量 X 的概率密度为

$$f(x) = \begin{cases} 2^{-x} \ln 2, & x > 0, \\ 0, & x \leq 0. \end{cases}$$

微课：第5题

对 X 进行独立重复的观测,直到第 2 个大于 3 的观测值出现时停止,记 Y 为观测次数,求 $E(Y)$.

4.2 方差

数学期望体现了随机变量取值的平均水平,它是随机变量的重要数字特征. 但仅仅知道数学期望是不够的,还需要知道随机变量取值的波动程度,即随机变量所取的值与它的数学期望的偏离程度. 例如,有一批电子管,其平均寿命 $E(X)=10\ 000$h,但仅由这一指标还不能判断这批电子管质量的好坏,还需要考察电子管寿命 X 与 $E(X)$ 的偏离程度,若偏离程度较小,则电子管质量比较稳定. 因此,研究随机变量与其平均值的偏离程度是十分重要的. 那么用什么量去表示这种偏离程度呢? 显然,可用随机变量 $|X - E(X)|$ 的平均值 $E[|X - E(X)|]$ 来表示,但为了运算方便,通常用 $E\{[X - E(X)]^2\}$ 来表示 X 与 $E(X)$ 的偏离程度.

4.2.1 随机变量的方差

定义 4.3 设 X 为随机变量,若 $E\{[X - E(X)]^2\}$ 存在,则称之为 X 的方差,记为 $D(X)$ 或 σ_X^2,即

$$D(X) = E\{[X - E(X)]^2\} .$$

称 $\sqrt{D(X)}$ 为 X 的标准差或均方差,记为 σ_X.

由定义可知,随机变量 X 的方差反映了 X 的取值与其数学期望的偏离程度. 若 $D(X)$ 较小,则 X 取值比较集中;反之,则 X 取值比较分散. 因此,方差 $D(X)$ 是刻画 X 取值分散程度的一个数字特征.

微课:方差的定义及计算公式

因为方差是随机变量 X 的函数的数学期望,所以,若 X 为离散型随机变量,其分布律为

$$P\{X = x_k\} = p_k, k = 1, 2, \cdots,$$

则

$$D(X) = \sum_{k=1}^{+\infty} [x_k - E(X)]^2 p_k ;$$

若 X 为连续型随机变量,其概率密度为 $f(x)$,则

$$D(X) = \int_{-\infty}^{+\infty} [x - E(X)]^2 f(x)\mathrm{d}x .$$

在计算方差时,用下面的公式更为简便:

$$D(X) = E(X^2) - [E(X)]^2 .$$

实际上,

$$
\begin{aligned}
D(X) &= E\{[X - E(X)]^2\} \\
&= E\{X^2 - 2XE(X) + [E(X)]^2\} \\
&= E(X^2) - 2E(X)E(X) + [E(X)]^2 \\
&= E(X^2) - [E(X)]^2 .
\end{aligned}
$$

例 4.13 求下列离散型随机变量的方差:

(1) (0–1) 分布;(2) 泊松分布.

解 (1) $X \sim (0\text{--}1)$ 分布,上一节已求出 $E(X) = p$,而

$$E(X^2) = 1^2 \times p + 0^2 \times q = p,$$

所以

$$D(X) = E(X^2) - [E(X)]^2 = p - p^2 = p(1-p) = pq.$$

(2) $X \sim P(\lambda)$,上一节已求出 $E(X) = \lambda$,而

$$E(X^2) = \sum_{k=0}^{+\infty} (k^2 p_k) = \sum_{k=0}^{+\infty} \left(k^2 \cdot \frac{\lambda^k}{k!} e^{-\lambda} \right) = \sum_{k=1}^{+\infty} \left[k(k-1) \frac{\lambda^k}{k!} e^{-\lambda} \right] + \sum_{k=1}^{+\infty} \left(k \frac{\lambda^k}{k!} e^{-\lambda} \right)$$

$$= \lambda^2 e^{-\lambda} \sum_{k=2}^{+\infty} \frac{\lambda^{k-2}}{(k-2)!} + \lambda = \lambda^2 + \lambda,$$

所以

$$D(X) = E(X^2) - [E(X)]^2 = \lambda^2 + \lambda - \lambda^2 = \lambda.$$

例 4.14 求下列连续型随机变量的方差:

(1) 均匀分布;(2) 指数分布.

解 (1) 设随机变量 X 在 $[a, b]$ 上服从均匀分布,即 $X \sim U[a, b]$,其概率密度为

$$f(x) = \begin{cases} \dfrac{1}{b-a}, & a \leqslant x \leqslant b, \\ 0, & \text{其他}. \end{cases}$$

$$E(X) = \int_a^b x \cdot \frac{1}{b-a} \mathrm{d}x = \frac{a+b}{2},$$

$$D(X) = E(X^2) - [E(X)]^2 = \int_a^b x^2 \cdot \frac{1}{b-a} \mathrm{d}x - \left(\frac{a+b}{2} \right)^2 = \frac{(b-a)^2}{12}.$$

(2) 设 $X \sim E(\lambda)$,上一节已求出 $E(X) = \dfrac{1}{\lambda}$,则

$$D(X) = E(X^2) - [E(X)]^2 = \int_0^{+\infty} x^2 \cdot \lambda e^{-\lambda x} \mathrm{d}x - \left(\frac{1}{\lambda} \right)^2 = \frac{2}{\lambda^2} - \frac{1}{\lambda^2} = \frac{1}{\lambda^2}.$$

例 4.15 甲、乙两台机床同时加工某种零件,它们每生产 1 000 件产品所出现的次品数分别用 X_1, X_2 表示,其分布律如下,问:哪一台机床的加工质量较好?

X_1, X_2	0	1	2	3
$P(X_1)$	0.7	0.2	0.06	0.04
$P(X_2)$	0.8	0.06	0.04	0.1

解 因为

$$E(X_1) = 0 \times 0.7 + 1 \times 0.2 + 2 \times 0.06 + 3 \times 0.04 = 0.44,$$

$$E(X_2) = 0 \times 0.8 + 1 \times 0.06 + 2 \times 0.04 + 3 \times 0.1 = 0.44,$$

所以甲、乙两台机床加工的平均水平不相上下.而

$$D(X_1) = E(X_1^2) - [E(X_1)]^2 = 0.606\,4,$$

$$D(X_2) = E(X_2^2) - [E(X_2)]^2 = 0.926\,4,$$

由 $D(X_1) < D(X_2)$ 可以看出，甲机床的加工质量较好.

例 4.16 设一供应商每周对某种新型材料的进货量为连续型随机变量 X（单位：t），其概率密度为

$$f(x) = \begin{cases} 2(x-1), & 1 < x < 2, \\ 0, & \text{其他}. \end{cases}$$

（1）求 X 的标准差.

（2）若客户每周对该种材料的需求量 $Y = X^2 + X - 2$（单位：t），求 Y 的数学期望.

解（1）由期望和方差的计算公式可得

$$E(X) = \int_1^2 x \cdot 2(x-1)\mathrm{d}x = \frac{5}{3}, E(X^2) = \int_1^2 x^2 \cdot 2(x-1)\mathrm{d}x = \frac{17}{6},$$

$$D(X) = E(X^2) - [E(X^2)]^2 = \frac{17}{6} - \left(\frac{5}{3}\right)^2 = \frac{1}{18}.$$

故 X 的标准差为 $\sqrt{D(X)} \approx 0.235\,7$.

（2）由数学期望的性质可得

$$E(Y) = E(X^2 + X - 2) = E(X^2) + E(X) - 2 = \frac{5}{2}.$$

或者由计算公式

$$E(Y) = E[g(X)] = \int_{-\infty}^{+\infty} g(x)f(x)\mathrm{d}x$$

也可以得到相同结论.

4.2.2 方差的性质

由方差的定义和公式，很容易得到方差的下列性质.

（1）设 C 为常数，则 $D(C) = 0$.

（2）设 X 为随机变量，C 为常数，则有 $D(CX) = C^2 D(X)$.

（3）设随机变量 X 与 Y 相互独立，则有 $D(X+Y)=D(X)+D(Y)$.

性质（3）可推广到有限多个相互独立的随机变量之和的情形，即若 $X_1, X_2, \cdots, X_n$ 相互独立，则有

$$D(X_1 + X_2 + \cdots + X_n) = D(X_1) + D(X_2) + \cdots + D(X_n).$$

例 4.17 设随机变量 X 和 Y 相互独立，且 X 服从参数为 $\frac{1}{2}$ 的指数分布，Y 服从参数为 9 的泊松分布，求 $D(X - 2Y + 1)$.

解 因为 X 服从参数为 $\frac{1}{2}$ 的指数分布，Y 服从参数为 9 的泊松分布，故 $D(X) = 4, D(Y) = 9$. 根据方差的性质，可得

$$D(X - 2Y + 1) = D(X) + 4D(Y) = 40.$$

数学期望和方差的性质可以简化数字特征的计算过程，尤其是对于某些特殊的随机变量，

可以尝试将随机变量 X 分解为若干个随机变量的和，然后利用性质求出 X 的数学期望和方差，这样可使复杂问题简单化. 下面以二项分布的数学期望和方差为例进行说明.

微课：二项分布的数学期望和方差

设随机变量 X 服从参数为 n, p 的二项分布，即 $X \sim B(n, p)$，其分布律为

$$P\{X = k\} = C_n^k p^k q^{n-k}, k = 0, 1, 2, \cdots, n, \text{ 其中 } 0 < p < 1, p+q = 1.$$

如果利用公式求 $E(X)$ 与 $D(X)$，计算起来比较麻烦，利用性质则简单多了.

在 n 重伯努利试验中，每次试验事件 A 发生的概率为 p，不发生的概率为 $q=1-p$，若引入随机变量

$$X_i = \begin{cases} 1, & \text{第}i\text{次试验}A\text{发生,} \\ 0, & \text{第}i\text{次试验}A\text{不发生,} \end{cases} i = 1, 2, \cdots, n,$$

则 A 发生的次数为 $X = X_1 + X_2 + \cdots + X_n$.

其中 $X \sim B(n, p)$，$X_i \sim (0-1)$ 分布，且 $X_1, X_2, \cdots, X_n$ 是相互独立的. 而

$$E(X_i) = p, \quad D(X_i) = pq,$$

于是由数学期望和方差的性质可得

$$E(X) = E(X_1 + X_2 + \cdots + X_n) = E(X_1) + E(X_2) + \cdots + E(X_n) = nE(X_i) = np,$$

$$D(X) = D(X_1 + X_2 + \cdots + X_n) = D(X_1) + D(X_2) + \cdots + D(X_n) = nD(X_i) = npq.$$

对于一些重要分布，其数字特征往往与分布中的参数有关，在实际问题中经常用到. 表 4.3 列出了常见分布的数字特征，大家要尽量掌握.

表 4.3

分布	分布律或概率密度	数学期望	方差
(0-1)分布	$P\{X = 1\} = p, P\{X = 0\} = q,$ $0 < p < 1, p + q = 1$	p	pq
二项分布	$P\{X = k\} = C_n^k p^k q^{n-k}, k = 0, 1, 2, \cdots, n,$ $0 < p < 1, p + q = 1$	np	npq
泊松分布	$P\{X = k\} = \dfrac{\lambda^k}{k!} e^{-\lambda}, k = 0, 1, 2, \cdots; \lambda > 0$	λ	λ
几何分布	$P\{X = k\} = pq^{k-1}, k = 1, 2, \cdots,$ $p + q = 1$	$\dfrac{1}{p}$	$\dfrac{q}{p^2}$
超几何分布	$P\{X = k\} = \dfrac{C_M^k C_{N-M}^{n-k}}{C_N^n}, k = 0, 1, 2, \cdots, r; r = \min\{M, n\}$	$\dfrac{nM}{N}$	$\dfrac{nM(N-n)(N-M)}{N^2(N-1)}$
均匀分布	$f(x) = \begin{cases} \dfrac{1}{b-a}, & a < x < b, \\ 0, & \text{其他} \end{cases}$	$\dfrac{a+b}{2}$	$\dfrac{(b-a)^2}{12}$
指数分布	$f(x) = \begin{cases} \lambda e^{-\lambda x}, & x > 0, \quad \lambda > 0 \\ 0, & x \leqslant 0, \end{cases}$	$\dfrac{1}{\lambda}$	$\dfrac{1}{\lambda^2}$
正态分布	$f(x) = \dfrac{1}{\sqrt{2\pi}\sigma} e^{-\frac{(x-\mu)^2}{2\sigma^2}}, -\infty < x < +\infty$	μ	σ^2

同步习题 4.2

1．设随机变量 X 的分布律如下.

X	-2	0	2
P	0.4	0.3	0.3

求 $D(X)$ 和 $D(\sqrt{10}X - 5)$.

2．在相同条件下，用甲、乙两种仪器检测某种成分的含量，检测结果分别用 X_1, X_2 表示，由以往大量检测结果得知，X_1, X_2 的分布律如下，问：哪一种仪器的检测精度较高？

X_1, X_2	48	49	50	51	52
$P(X_1)$	0.1	0.1	0.6	0.1	0.1
$P(X_2)$	0.2	0.2	0.2	0.2	0.2

3．已知随机变量 X 的分布函数为

$$F(x) = \begin{cases} 0, & x \leqslant 0, \\ \dfrac{x}{4}, & 0 < x \leqslant 4, \\ 1, & x > 4. \end{cases}$$

求 $E(X), D(X)$.

4．设随机变量 X 与 Y 相互独立，且 $X \sim N(1,2)$，$Y \sim N(1,4)$，求 $D(XY)$.

5．设随机变量 X 服从参数为 λ 的指数分布，求 $P\{X > \sqrt{D(X)}\}$.

6．设随机变量 $X_1, X_2, \cdots, X_n$ 独立同分布，其数学期望 $E(X_i) = \mu$，方差 $D(X_i) = \sigma^2$，$i = 1, 2, \cdots, n.$ 令 $\overline{X} = \dfrac{1}{n} \sum_{i=1}^{n} X_i$，求 $E(\overline{X}), D(\overline{X})$.

7．设某公司每周的砾石销售量为连续型随机变量 X（单位：t），其概率密度为

$$f(x) = \begin{cases} \dfrac{3}{2}(1 - x^2), & 0 \leqslant x \leqslant 1, \\ 0, & \text{其他.} \end{cases}$$

（1）求该公司每周砾石销售量的数学期望和标准差.

（2）若销售价格 Y 是 X 的函数：$Y = 50X^2$（万元/t），求 Y 的数学期望.

提高题

1. 某流水生产线上每个产品不合格的概率为 $p(0<p<1)$，各产品合格与否相互独立. 当出现一个不合格品时，即停机检修. 设开机后第一次停机时已生产了的产品个数为 X，求 X 的数学期望 $E(X)$ 和方差 $D(X)$.

2. 某工厂生产的零件的横截面是圆，经过对横截面直径进行测量知，横截面直径服从区间 $(0,2)$ 上的均匀分布，求横截面面积的数学期望和方差.

3. 设 X,Y 是两个相互独立且服从正态分布 $N\left(0,\dfrac{1}{2}\right)$ 的随机变量，求 $E(|X-Y|)$ 和 $D(|X-Y|)$.

4. 设随机变量 X 的概率密度为

$$f(x)=\begin{cases}\dfrac{1}{2}\cos\dfrac{x}{2}, & 0\leqslant x\leqslant\pi,\\ 0, & \text{其他.}\end{cases}$$

对 X 进行4次独立重复观测，用 Y 表示观测值大于 $\dfrac{\pi}{3}$ 的次数，求 $E(Y^2)$.

5. 设 X 为随机变量，C 为常数，证明：$D(X)\leqslant E[(X-C)^2]$.

4.3 协方差与相关系数

在 4.1 节和 4.2 节中，我们介绍了一维随机变量的数字特征. 对于二维随机变量 (X,Y)，除了讨论随机变量 X 和 Y 各自的数学期望和方差，还需要研究描述 X 与 Y 之间相互关系的数字特征. 例如，假设某企业的广告支出 X 和销售收入 Y 都为随机变量，X 和 Y 往往是不独立的，需要分析 X 与 Y 之间的依赖关系，即相关性. 本节将介绍协方差和相关系数，用来描述 X 与 Y 之间相互关系的数字特征.

4.3.1 协方差与相关系数的概念

定义 4.4 设二维随机变量 (X,Y)，若 $E\{[X-E(X)][Y-E(Y)]\}$ 存在，则称它为随机变量 X 与 Y 的协方差，记为 $\mathrm{cov}(X,Y)$，或 σ_{XY}，即

$$\mathrm{cov}(X,Y)=E\{[X-E(X)][Y-E(Y)]\}.$$

当 $D(X)>0$, $D(Y)>0$ 时，

$$\rho_{XY}=\frac{\mathrm{cov}(X,Y)}{\sqrt{D(X)}\sqrt{D(Y)}}$$

称为随机变量 X 与 Y 的相关系数.

当 $\rho_{XY}=0$ 时，称随机变量 X 与 Y 不相关或线性无关.

将随机变量 X 与 Y 标准化，得

$$X^* = \frac{X - E(X)}{\sqrt{D(X)}}, Y^* = \frac{Y - E(Y)}{\sqrt{D(Y)}}.$$

由相关系数的定义，显然有 $\rho_{XY} = \text{cov}(X^*, Y^*)$.

在实际应用当中，协方差和相关系数是用来描述随机变量 X 与 Y 之间线性相关方向和依赖程度的数字特征.

由协方差定义及数学期望的性质，可得协方差的计算公式

$$\text{cov}(X, Y) = E(XY) - E(X)E(Y).$$

例 4.18 设保险公司对投保人的汽车保险和财产保险分别设定了免赔额（单位：元），现任选一位同时投保汽车保险和财产保险的客户，X 表示其汽车保单的免赔额，Y 表示其财产保单的免赔额，随机变量 (X, Y) 的联合分布律如下.

X \ Y	0	100	200
100	0.2	0.1	0.2
250	0.05	0.15	0.3

求 $\text{cov}(X, Y)$ 和 ρ_{XY}.

解 由联合分布律，可得随机变量 X, Y 的分布律如下.

X	100	250
P	0.5	0.5

Y	0	100	200
P	0.25	0.25	0.5

从而可得

$$E(X) = 100 \times 0.5 + 250 \times 0.5 = 175,$$

$$E(X^2) = 100^2 \times 0.5 + 250^2 \times 0.5 = 36\,250,$$

$$D(X) = E(X^2) - [E(X)]^2 = 5\,625 .$$

同理可得

$$E(Y) = 125, D(Y) = 6\,875.$$

又

$$E(XY) = \sum_i \sum_j (x_i y_j) p_{ij} = 23\,750,$$

故

$$\text{cov}(X, Y) = E(XY) - E(X)E(Y) = 1\,875,$$

$$\rho_{XY} = \frac{\text{cov}(X, Y)}{\sqrt{D(X)}\sqrt{D(Y)}} \approx 0.302.$$

例 4.19 某品牌计算机使用的内存条由多个厂家供货，假设其中 A 厂的供货比例为随机

变量 X，B 厂的供货比例为随机变量 Y，若 (X,Y) 在区域 $D = \{(x,y) \mid x \geqslant 0, y \geqslant 0, x+y \leqslant 1\}$ 上服从均匀分布．求 $\mathrm{cov}(X,Y)$ 和 ρ_{XY}．

解 因为区域 D 的面积为 $\dfrac{1}{2}$，所以 (X,Y) 的概率密度为

$$f(x,y) = \begin{cases} 2, & (x,y) \in D, \\ 0, & (x,y) \notin D. \end{cases}$$

$$E(XY) = \int_{-\infty}^{+\infty} \int_{-\infty}^{+\infty} xy f(x,y)\mathrm{d}x\mathrm{d}y = \int_0^1 \mathrm{d}x \int_0^{1-x} 2xy\mathrm{d}y = \frac{1}{12},$$

$$E(X) = \int_{-\infty}^{+\infty} \int_{-\infty}^{+\infty} x f(x,y)\mathrm{d}x\mathrm{d}y = \int_0^1 \mathrm{d}x \int_0^{1-x} 2x\mathrm{d}y = \frac{1}{3},$$

$$E(X^2) = \int_{-\infty}^{+\infty} \int_{-\infty}^{+\infty} x^2 f(x,y)\mathrm{d}x\mathrm{d}y = \int_0^1 \mathrm{d}x \int_0^{1-x} 2x^2\mathrm{d}y = \frac{1}{6},$$

$$D(X) = E(X^2) - [E(X)]^2 = \frac{1}{18}.$$

同理可得

$$E(Y) = \frac{1}{3}, \ D(Y) = \frac{1}{18}.$$

故

$$\mathrm{cov}(X,Y) = E(XY) - E(X)E(Y) = -\frac{1}{36},$$

$$\rho_{XY} = \frac{\mathrm{cov}(X,Y)}{\sqrt{D(X)}\sqrt{D(Y)}} = -\frac{1}{2}.$$

4.3.2 协方差与相关系数的性质

由协方差和相关系数的定义，以及数学期望和方差的性质，可得下列性质．

（1）$\mathrm{cov}(X,Y) = \mathrm{cov}(Y,X)$．

（2）$\mathrm{cov}(aX,bY) = ab\,\mathrm{cov}(X,Y)$，其中 a,b 为常数．

（3）$\mathrm{cov}(X+Y,Z) = \mathrm{cov}(X,Z) + \mathrm{cov}(Y,Z)$．

（4）$D(X \pm Y) = D(X) + D(Y) \pm 2\mathrm{cov}(X,Y)$．

（5）$|\rho_{XY}| \leqslant 1$．

（6）$|\rho_{XY}| = 1$ 的充分必要条件是 X 与 Y 以概率 1 具有确定的线性关系，即 $P\{Y = aX + b\} = 1$，其中 $a \neq 0$，a,b 为常数．

由性质（5）、性质（6），可以进一步说明相关系数反映了随机变量之间的一种相互关系的本质：$|\rho_{XY}|$ 越大，这时 Y 与 X 的线性关系就越密切，当 $|\rho_{XY}| = 1$ 时，Y 与 X 就有确定的线性关系；反之，$|\rho_{XY}|$ 越小，说明 Y 与 X 的线性关系就越弱，若 $|\rho_{XY}| = 0$，则表明 Y 与 X 之间无线性关系，故称 X 与 Y 是不相关的．可见，$|\rho_{XY}|$ 的大小确实是 X 与 Y 间线性关系强弱的一种度量．

设随机变量 X 与 Y 的相关系数 ρ_{XY} 存在，若 X 与 Y 相互独立，则有

计算机可视化

$\mathrm{cov}(X,Y) = 0$，从而 $\rho_{XY} = 0$，即若 X 与 Y 相互独立，则 X 与 Y 不相关. 反之，若 X 与 Y 不相关，则 X 与 Y 不一定是相互独立的. 这说明"不相关"与"相互独立"是两个不同的概念，其含义是不同的，不相关只是就线性关系而言的，而相互独立是就一般关系而言的.

例 4.20 若 $X \sim N(0,1)$，且 $Y = X^2$，问：X 与 Y 是否不相关？是否相互独立？

微课：独立
与不相关

解 因为 $X \sim N(0,1)$，概率密度 $\varphi(x) = \dfrac{1}{\sqrt{2\pi}}\mathrm{e}^{-\frac{x^2}{2}}$ 为偶函数，所以

$$E(X) = E(X^3) = 0.$$

于是由

$$\mathrm{cov}(X,Y) = E(XY) - E(X)E(Y) = E(X^3) - E(X)E(X^2) = 0$$

得

$$\rho_{XY} = \frac{\mathrm{cov}(X,Y)}{\sqrt{D(X)}\sqrt{D(Y)}} = 0.$$

这说明 X 与 Y 是不相关的，但 $Y = X^2$，显然，X 与 Y 是不相互独立的.

设 (X,Y) 服从二维正态分布，即 $(X,Y) \sim N(\mu_1, \mu_2, \sigma_1^2, \sigma_2^2, \rho)$，可以证明：$E(X) = \mu_1, D(X) = \sigma_1^2, E(Y) = \mu_2, D(Y) = \sigma_2^2, \mathrm{cov}(X,Y) = \rho\sigma_1\sigma_2, \rho_{XY} = \rho$.

在第 3 章我们已经知道，对二维正态随机变量 (X,Y) 来说，X 与 Y 相互独立的充要条件为 $\rho = 0$，现在又知 $\rho_{XY} = \rho$，故对二维正态随机变量 (X,Y) 来说，X 与 Y 不相关等价于 X 与 Y 相互独立.

例 4.21 已知 $D(X) = 4, D(Y) = 1, \rho_{XY} = 0.5$，求 $D(3X - 2Y)$.

解 由方差、协方差的性质及相关系数的定义可得

$$D(3X - 2Y) = D(3X) + D(2Y) - 2\mathrm{cov}(3X, 2Y) = 9D(X) + 4D(Y) - 12\mathrm{cov}(X,Y)$$

$$= 9D(X) + 4D(Y) - 12\rho_{XY}\sqrt{D(X)}\sqrt{D(Y)} = 9 \times 4 + 4 \times 1 - 12 \times 0.5 \times 2 \times 1 = 28.$$

例 4.22 设随机变量 X 和 Y 相互独立且都服从正态分布 $N(0, \sigma^2)$，已知

$$U = aX + bY, V = aX - bY,$$

微课：二维正
态随机变量的
数字特征

其中 a, b 为常数. 求 U 和 V 的相关系数 ρ_{UV}.

解 因为 X 与 Y 相互独立，所以 $\mathrm{cov}(X,Y) = 0$. 由协方差的性质得

$$\mathrm{cov}(U,V) = \mathrm{cov}(aX + bY, aX - bY) = a^2\mathrm{cov}(X,X) - b^2\mathrm{cov}(Y,Y)$$

$$= a^2 D(X) - b^2 D(Y) = (a^2 - b^2)\sigma^2.$$

由方差的性质得

$$D(U) = D(V) = a^2 D(X) + b^2 D(Y) = (a^2 + b^2)\sigma^2.$$

故

$$\rho_{UV} = \frac{\mathrm{cov}(U,V)}{\sqrt{D(U)}\sqrt{D(V)}} = \frac{a^2 - b^2}{a^2 + b^2}.$$

4.3.3 随机变量的矩

数学期望、方差、协方差和相关系数都是随机变量常用的数字特征，实际上它们都是某种

矩，下面给出矩的一般定义.

定义 4.5 设 X 和 Y 是随机变量，若

$$E(X^k), \quad k=1,2,\cdots$$

存在，则称它为 X 的 k 阶原点矩.

若

$$E\{[X-E(X)]^k\}, \quad k=1,2,\cdots$$

存在，则称它为 X 的 k 阶中心矩.

若

$$E(X^k Y^l), \quad k,l=1,2,\cdots$$

存在，则称它为 X 和 Y 的 $k+l$ 阶混合矩.

若

$$E\{[X-E(X)]^k [Y-E(Y)]^l\}, \quad k,l=1,2,\cdots$$

存在，则称它为 X 和 Y 的 $k+l$ 阶混合中心矩.

由该定义可知，随机变量 X 的数学期望 $E(X)$ 是 X 的一阶原点矩，方差 $D(X)$ 是 X 的二阶中心矩，协方差 $\text{cov}(X,Y)$ 是 X 与 Y 的 1+1 阶混合中心矩.

同步习题 4.3

基础题

1. 设 (X,Y) 的联合概率分布如下.

X＼Y	−1	0	1
0	0.07	0.18	0.15
1	0.08	0.32	0.20

求 ρ_{XY}, $\text{cov}(X^2, Y^2)$.

2. 设随机变量 (X,Y) 的联合概率分布如下.

X＼Y	0	1	2
0	$\frac{1}{4}$	0	$\frac{1}{4}$
1	0	$\frac{1}{3}$	0
2	$\frac{1}{12}$	0	$\frac{1}{12}$

求 $\text{cov}(X-Y, Y)$.

3. 设二维随机变量 (X,Y) 的联合概率密度为

$$f(x,y) = \begin{cases} 8xy, & 0 \leqslant x \leqslant 1, 0 \leqslant y \leqslant x, \\ 0, & \text{其他.} \end{cases}$$

求 $\text{cov}(X, Y), \rho_{XY}$.

4. 设二维随机变量 (X,Y) 服从 $N\left(1,1,4,9,\dfrac{1}{2}\right)$，求 $\text{cov}(X, Y)$.

5. 设 $E(X) = E(Y) = 1, E(Z) = -1, D(X) = D(Y) = D(Z) = 1, \rho_{XY} = 0, \rho_{XZ} = \dfrac{1}{2}, \rho_{YZ} = -\dfrac{1}{2}$.
求：（1）$E(X + Y + Z)$；（2）$D(X + Y + Z)$.

6. 设随机变量 $\xi = aX + b, \eta = cY + d$，且 a, c 同号，证明：$\rho_{\xi\eta} = \rho_{XY}$.

7. 设二维随机变量 (X,Y) 的概率分布为

X \ Y	0	1	2
−1	0.1	0.1	b
1	a	0.1	0.1

已知事件 $\{\max\{X,Y\} = 2\}$ 与事件 $\{\min\{X,Y\} = 1\}$ 相互独立，求：（1）常数 a, b；
（2）$\text{cov}(X,Y)$.

8. 设随机变量 $X \sim N(0,4)$，随机变量 $Y \sim B\left(3, \dfrac{1}{3}\right)$，且 X, Y 不相关，求 $D(X - 3Y + 1)$.

提高题

1. 随机试验 E 有 3 种两两不相容的结果 A_1, A_2, A_3，且 3 种结果发生的概率均为 $\dfrac{1}{3}$，将试验 E 独立重复做 2 次，X 表示 2 次试验中结果 A_1 发生的次数，Y 表示 2 次试验中结果 A_2 发生的次数，求 X 与 Y 的相关系数.

2. 设随机变量 $X_1, X_2, \cdots, X_n (n > 1)$ 独立同分布，且其方差为 $\sigma^2 > 0$. 令 $Y = \dfrac{1}{n}\sum_{i=1}^{n} X_i$，求：（1）$\text{cov}(X_1, Y)$；（2）$D(X_1 + Y)$.

3. 设随机变量 X 与 Y 相互独立，X 的概率分布为 $P\{X = 1\} = P\{X = -1\} = \dfrac{1}{2}$，$Y$ 服从参数为 λ 的泊松分布. 令 $Z = XY$，求 $\text{cov}(X, Z)$.

4. 假设二维随机变量 (X,Y) 在矩形 $G = \{(x,y) | 0 \leqslant x \leqslant 2, 0 \leqslant y \leqslant 1\}$ 上服从均匀分布，记

$$U = \begin{cases} 0, & \text{若 } X \leqslant Y, \\ 1, & \text{若 } X > Y, \end{cases} \qquad V = \begin{cases} 0, & \text{若 } X \leqslant 2Y, \\ 1, & \text{若 } X > 2Y. \end{cases}$$

（1）求 U 和 V 的联合概率分布.

（2）求 U 和 V 的相关系数 ρ_{UV}.

5．设随机变量 $X \sim N(0,1)$，在 $X=x$ 的条件下，随机变量 $Y \sim N(x,1)$，求 X 与 Y 的相关系数.

6．设 A,B 为两个随机事件，令随机变量

$$X = \begin{cases} 1, & A\text{发生,} \\ -1, & A\text{不发生,} \end{cases} \qquad Y = \begin{cases} 1, & B\text{发生,} \\ -1, & B\text{不发生.} \end{cases}$$

证明：随机变量 X 与 Y 不相关的充要条件是 A 与 B 相互独立.

■ 4.4 大数定律与中心极限定理

概率论与数理统计的研究内容是随机现象的统计规律性，而随机现象的规律是通过大量的重复试验呈现出来的. 为了精确地描述这种规律性，本节将引入极限定理，其中最主要的是大数定律与中心极限定理. 它们在概率论与数理统计的理论研究和实际应用中具有重要的意义.

4.4.1 切比雪夫不等式

定理 4.3（切比雪夫不等式） 设随机变量 X 的数学期望 $E(X)$ 和方差 $D(X)$ 都存在，则对于任意的 $\varepsilon > 0$，有

$$P\{|X - E(X)| \geqslant \varepsilon\} \leqslant \frac{D(X)}{\varepsilon^2}$$

或

$$P\{|X - E(X)| < \varepsilon\} \geqslant 1 - \frac{D(X)}{\varepsilon^2}.$$

由切比雪夫不等式可看出：当误差 ε 取定时，随着方差 $D(X)$ 的减小，X 围绕 $E(X)$ 取值的概率增大. 反之，随着方差 $D(X)$ 的增大，X 围绕 $E(X)$ 取值的概率减小. 这进一步说明：方差 $D(X)$ 能描述 X 对其均值 $E(X)$ 的偏离程度.

切比雪夫不等式对理论研究和实际应用都具有重要的价值，它在理论上是证明大数定律的工具，在实际应用中可以估计某些不便计算的概率.

例 4.23 设电站供电网有 10 000 个电灯，夜晚时每个电灯开灯的概率均为 0.7，假定所有电灯的开或关是相互独立的，试用切比雪夫不等式估计夜晚同时开着的电灯在 6 800 ～ 7 200 个的概率.

解 令 X 表示在夜晚同时开着的电灯数，则 X 服从 $n=10\,000, p=0.7$ 的二项分布，这时 $E(X) = np = 7\,000, D(X) = npq = 2\,100$，由切比雪夫不等式可得

$$P\{6\,800 < X < 7\,200\} = P\{|X - 7\,000| < 200\} \geqslant 1 - \frac{2\,100}{200^2} \approx 0.95.$$

这个概率的近似值表明，在 10 000 个电灯中，开着的电灯在 6 800 ～ 7 200 个的概率大于 0.95. 而实际上，此概率可由二项分布求得精确值为 0.999 99. 由此可知，切比雪夫不等式虽可用来估计概率，但精度不够高.

4.4.2　大数定律

我们已经知道，在一定条件下多次重复进行某一试验，随机事件发生的频率随着次数的增多逐渐稳定在某一个常数附近，这一数值也就是随机事件的概率．但到目前为止，我们还没有在理论上对这种稳定性给以说明．另外，直观的经验表明，大量观测值的算术平均值也具有稳定性，即在相同条件下随着观测次数的增多，观测值的算术平均值逐渐稳定于某一常数附近，这一数值就是观测值（看作随机变量）的数学期望．概率论中用来阐述大量随机现象平均结果的稳定性的定理统称为大数定律．

定理 4.4（伯努利大数定律）　设 μ_n 是 n 次独立重复试验中事件 A 出现的次数，p 是事件 A 在每次试验中发生的概率，则 $\dfrac{\mu_n}{n}$ 当 $n \to +\infty$ 时依概率收敛于 p．即对任意的 $\varepsilon>0$，都有

$$\lim_{n\to+\infty} P\left\{\left|\frac{\mu_n}{n} - p\right| < \varepsilon\right\} = 1,$$

或

$$\lim_{n\to+\infty} P\left\{\left|\frac{\mu_n}{n} - p\right| \geqslant \varepsilon\right\} = 0.$$

计算机可视化

伯努利大数定律从理论上说明了在大量重复试验时，随机事件的频率在它的概率附近摆动，即任一随机事件的频率具有稳定性，这就为概率的统计定义提供了理论依据，因此在实际问题中，当试验次数很大时，可以用事件 A 发生的频率作为概率 p 的近似值．

伯努利大数定律在后面的数理统计中有重要的作用：既然频率 $\dfrac{\mu_n}{n}$ 与概率 p 有较大偏差的可能性很小，那么我们就可以通过做大量的试验确定某事件发生的频率并把它作为相应概率的估计值，这种方法在第 6 章参数估计中会有所体现．

定理 4.5（辛钦大数定律）　设随机变量 $X_1, X_2, \cdots, X_n, \cdots$ 独立同分布，并且有数学期望 $E(X_i) = \mu$，则 $\overline{X}_n = \dfrac{1}{n}\sum_{i=1}^{n} X_i$ 在 $n \to +\infty$ 时依概率收敛于 μ，即对任意的 $\varepsilon>0$，都有

微课：大数定律

$$\lim_{n\to+\infty} P\left\{\left|\frac{1}{n}\sum_{k=1}^{n} X_i - \mu\right| < \varepsilon\right\} = 1,$$

或

$$\lim_{n\to+\infty} P\left\{\left|\frac{1}{n}\sum_{k=1}^{n} X_i - \mu\right| \geqslant \varepsilon\right\} = 0.$$

辛钦大数定律表明：在试验次数无限增多的情况下，算术平均值与数学期望有较大偏差的可能性很小，故可以用算术平均值来估计数学期望．这就为第 6 章参数估计中的矩估计提供了重要的理论依据．

4.4.3　中心极限定理

在实际问题中，有许多随机现象可以看作由大量相互独立的因素综合影响

延伸微课

的结果，即使每一个因素对该现象的影响都很微小，但是作为因素总和的随机变量，往往服从或近似服从正态分布．概率论中有关阐述大量独立随机变量和的极限分布是正态分布的定理称为中心极限定理，这里只介绍其中两个常用的定理．

定理 4.6（列维−林德伯格定理） 设随机变量 $X_1, X_2, \cdots, X_n, \cdots$ 独立同分布，且数学期望和方差为

$$E(X_i) = \mu, D(X_i) = \sigma^2, i = 1, 2, \cdots,$$

计算机可视化

则对任意的 x 都有

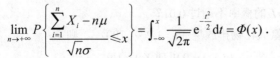

$$\lim_{n \to +\infty} P\left\{ \frac{\sum\limits_{i=1}^{n} X_i - n\mu}{\sqrt{n}\sigma} \leqslant x \right\} = \int_{-\infty}^{x} \frac{1}{\sqrt{2\pi}} e^{-\frac{t^2}{2}} dt = \Phi(x).$$

该定理表明以下结论：

当 n 充分大时，$Z_n = \dfrac{\sum\limits_{i=1}^{n} X_i - n\mu}{\sqrt{n}\sigma}$ 近似服从标准正态分布 $N(0,1)$，即独立同分布的随机变量之和 $\sum\limits_{i=1}^{n} X_i$ 近似服从正态分布 $N(n\mu, n\sigma^2)$．

又因为 $Z_n = \dfrac{\sum\limits_{i=1}^{n} X_i - n\mu}{\sqrt{n}\sigma} = \dfrac{\dfrac{1}{n}\sum\limits_{i=1}^{n} X_i - \mu}{\sigma/\sqrt{n}} = \dfrac{\bar{X} - \mu}{\sigma/\sqrt{n}}$，故上述结论可写成如下形式．

当 n 充分大时，$\dfrac{\bar{X} - \mu}{\sigma/\sqrt{n}}$ 近似服从标准正态分布 $N(0,1)$，即独立同分布的随机变量之算术平均值 $\bar{X}$ 近似服从正态分布 $N\left(\mu, \dfrac{\sigma^2}{n}\right)$．这是中心极限定理的另一表达形式，这一结论在数理统计中有重要应用．

如果在定理 4.6 中令 X_i 服从 $(0-1)$ 分布，则二项分布 $Y_n = \sum\limits_{i=1}^{n} X_i$ 近似服从正态分布，由此可得到以下定理．

定理 4.7（棣莫弗−拉普拉斯定理） 设随机变量 Y_n 服从二项分布 $B(n,p)$，则对于任意的 x，有

$$\lim_{n \to \infty} P\left\{ \frac{Y_n - np}{\sqrt{np(1-p)}} \leqslant x \right\} = \int_{-\infty}^{x} \frac{1}{\sqrt{2\pi}} e^{-\frac{t^2}{2}} dt = \Phi(x).$$

计算机可视化

该定理表明，正态分布是二项分布的极限分布，当 n 充分大时，Y_n 近似服从 $N(np, np(1-p))$．

例 4.24 一台仪器同时收到 50 个信号 $W_i (i = 1, 2, \cdots, 50)$，设它们相互独立且都在区间 $(0,10)$ 上服从均匀分布，记 $W = \sum\limits_{i=1}^{50} W_i$，求 $P\{W > 260\}$．

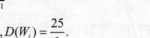

解 因为 $W_i \sim U(0,10)$，所以 $E(W_i) = 5, D(W_i) = \dfrac{25}{3}$．

由列维−林德伯格定理知，$W = \sum\limits_{i=1}^{50} W_i$ 近似服从正态分布 $N\left(250, \dfrac{1250}{3}\right)$．从

微课：列维−林德伯格定理及例4.24

而可得

$$P\{W>260\} = 1 - P\{W\leq260\}$$

$$\approx 1 - \Phi\left(\frac{260-250}{\sqrt{1\,250/3}}\right) \approx 1 - \Phi(0.489\,9)$$

$$\approx 1 - 0.687\,9 = 0.312\,1.$$

例 4.25 设某品牌汽车的尾气中氮氧化物排放量的数学期望为 0.9g/km，标准差为 1.9g/km，某出租车公司拥有这种车 100 辆，以 $\bar{X}$ 表示这些车辆的氮氧化物排放量的算术平均值，问：当 L 为何值时，$\bar{X}>L$ 的概率不超过 0.01？

解 设 X_i 表示第 i 辆车的氮氧化物排放量（$i=1,2,\cdots,100$），则

$$E(X_i) = 0.9, D(X_i) = 1.9^2.$$

由列维 - 林德伯格定理知，$\bar{X} = \dfrac{1}{n}\sum_{i=1}^{n}X_i$ 近似服从 $N\left(\mu, \dfrac{\sigma^2}{n}\right)$，即 $\bar{X}$ 近似服从 $N\left(0.9, \dfrac{1.9^2}{100}\right)$.

$$P\{\bar{X}>L\} = 1 - P\{\bar{X}\leq L\} \approx 1 - \Phi\left(\frac{L-0.9}{0.19}\right) \leq 0.01,$$

得

$$\Phi\left(\frac{L-0.9}{0.19}\right) \geq 0.99, \quad \frac{L-0.9}{0.19} \geq 2.33,$$

从而得 $L \geq 1.342\,7$（g/km）.

例 4.26 某个计算机系统有 120 个终端，每个终端有 10% 的时间要与主机交换数据，如果同一时刻有超过 20 台的终端要与主机交换数据，系统将发生数据传送堵塞．假定各终端工作是相互独立的，问：系统发生堵塞现象的概率是多少？

解 设 X 为同时与主机交换数据的终端数，则 $X\sim B(120, 0.1)$.

由棣莫弗 - 拉普拉斯定理知，X 近似服从 $N(np, np(1-p))$，即 X 近似服从 $N(12,10.8)$.

$$P\{X>20\} = 1 - P\{X\leq20\} \approx 1 - \Phi\left(\frac{20-12}{\sqrt{10.8}}\right)$$

$$\approx 1 - \Phi(2.43) = 0.007\,5.$$

微课：棣莫弗-拉普拉斯定理及例**4.26**

同步习题 4.4

基础题

1. 设随机变量 X 的方差为 2，试用切比雪夫不等式估计 $P\{|X-E(X)|\geq2\}$.

2. 设 $X_1, X_2, \cdots, X_n, \cdots$ 独立同分布且均服从参数为 2 的指数分布，则当 $n\to+\infty$ 时，

$Y_n = \dfrac{1}{n} \sum\limits_{i=1}^{n} X_i^2$ 依概率收敛于什么值？

3．某车间生产一种电子器件，月平均产量为 9 500 个，标准差为 100 个，试估计车间月产量为 9 000 ～ 10 000 个的概率．

4．设有 50 台接收机，每台接收机收到的呼叫次数服从泊松分布 $P(0.05)$，求 50 台接收机收到的呼叫次数总和大于 3 次的概率．

5．设某特殊设备由 100 个同类型的电子模块组成，当设备运行时，各电子模块之间工作相互独立，只要有不少于 85 个电子模块正常工作，该设备就能正常运行．若每个电子模块失灵的概率为 0.1，求该设备正常运行的概率．

6．设 $X_1, X_2, \cdots, X_n$ 独立同分布，已知 $E(X^k) = a_k (k = 1, 2, 3, 4)$，证明：当 n 充分大时，随机变量 $Z_n = \dfrac{1}{n} \sum\limits_{i=1}^{n} X_i^2$ 近似服从正态分布，并指出其参数．

提高题

1．设随机变量 X 和 Y 的数学期望分别为 –2 和 2，方差分别为 1 和 4，而相关系数为 –0.5，试用切比雪夫不等式估计 $P\{|X+Y| \geqslant 6\}$．

2．某保险公司有 10 000 人参加某项保险，每人一年付 18 元保险费．设在一年内投保人出意外的概率为 0.006，出意外时保险公司要赔付 2 500 元．问：保险公司亏本的概率是多少？

3．某工厂有 200 台机器人，各台机器人之间相互独立，若机器人出故障则需要维修工调试维护，设每台机器人出故障的概率为 0.05．问：该工厂至少需要安排多少名维修工，才能以 90% 以上的概率保证全部机器人得到及时维护？

4．假设一大批种子中良种占 $\dfrac{1}{6}$，在其中任选 600 粒，求这 600 粒种子中，良种所占比例与 $\dfrac{1}{6}$ 的差距小于 0.02 的概率．

5．一生产线生产的产品成箱包装，每箱的质量是随机的，每箱之间相互独立，假设每箱平均重 50kg，标准差为 5kg，若用最大载重量为 5t 的汽车承运，问：每辆车最多可以装多少箱，才能保障不超载的概率大于 0.977？

6．设随机变量序列 $X_1, X_2, \cdots, X_n, \cdots$ 独立同分布，且 X_i 的概率密度为

$$f(x) = \begin{cases} 1 - |x|, & |x| < 1, \\ 0, & \text{其他}, \end{cases}$$

问：当 $n \to +\infty$ 时，$\dfrac{1}{n} \sum\limits_{i=1}^{n} X_i^2$ 依概率收敛于什么值？

第 4 章思维导图

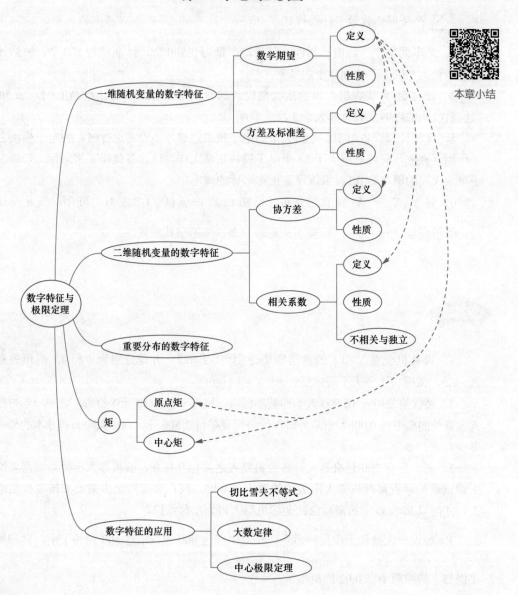

本章小结

中国数学学者

个人成就

数学家，中国科学院院士，山东大学数学研究所所长．彭实戈在控制论和概率论方面作出了突出贡献．他将 Feynman-Kac 路径积分理论推广到非线性情况并建立了动态非线性数学期望理论．

彭实戈

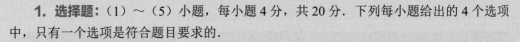

1. 选择题：（1）～（5）小题，每小题 4 分，共 20 分．下列每小题给出的 4 个选项中，只有一个选项是符合题目要求的．

（1）已知连续型随机变量 X 的概率密度为 $f(x) = \dfrac{1}{\sqrt{\pi}} e^{-x^2 + 2x - 1}$，则 $E(X), D(X)$ 分别为（ ）．

A. $0, \dfrac{1}{2}$ 　　　　 B. $1, \dfrac{1}{\sqrt{2}}$ 　　　　 C. $1, \dfrac{1}{2}$ 　　　　 D. $1, \dfrac{1}{4}$

（2）（2015104）设随机变量 X, Y 不相关，$E(X)=2, E(Y)=1, D(X)=3$，则 $E[X(X+Y-2)]$ 的值为（ ）．

A. 3 　　　　 B. 4 　　　　 C. 5 　　　　 D. 2

（3）（2022105）设随机变量 $X \sim U(0,3)$，随机变量 Y 服从参数为 2 的泊松分布，且 X 与 Y 的协方差为 -1，则 $D(2X-Y+1) = $（ ）．

A. 1 　　　　 B. 5 　　　　 C. 9 　　　　 D. 12

（4）（2012104）将长度为 1m 的木棒随机地截成两段，两段长度的相关系数为（ ）．

A. 1 　　　　 B. $\dfrac{1}{2}$ 　　　　 C. $-\dfrac{1}{2}$ 　　　　 D. -1

微课：
第（4）题

（5）设 X_1, X_2, Y 均为随机变量，已知 $\mathrm{cov}(X_1, Y) = -1$，$\mathrm{cov}(X_2, Y) = 3$，则 $\mathrm{cov}(X_1 + 2X_2, Y) = $（ ）．

A. 2 　　　　 B. 1 　　　　 C. 4 　　　　 D. 5

2. 填空题：（6）～（10）小题，每小题 4 分，共 20 分．

（6）（2011104）设二维随机变量 (X,Y) 服从 $N(\mu, \mu, \sigma^2, \sigma^2, 0)$，则 $E(XY^2) = $ _____．

（7）设 X 为随机变量，且 $E(X) = -1, D(X) = 3$，则 $E(2X^2 - 3) = $ _____．

（8）（2003404）设随机变量 X 和 Y 的相关系数为 0.5，$E(X)=E(Y)=0$，$E(X^2) = E(Y^2) = 2$，则 $E[(X+Y)^2] = $ _____．

（9）设随机变量 X 服从参数为 λ 的泊松分布，且 $E[(X-1)(X-2)] = 1$，则 $\lambda = $ _____．

（10）（2003304）设随机变量 X 和 Y 的相关系数为 0.9，若 $Z = X - 0.4$，则 Y 与 Z 的相关系数为 _____．

3. 解答题：（11）～（16）小题，每小题 10 分，共 60 分．

（11）设随机变量 X 的概率密度为

$$f(x) = \begin{cases} a + bx^2, & 0 < x < 1, \\ 0, & \text{其他}. \end{cases}$$

已知 $E(X) = \dfrac{3}{5}$，求 $D(X)$．

（12）一批零件中有 9 个合格品和 3 个次品，从这批零件中任取一个，如果每次取出的次品不再放回去，求在取得合格品之前已取出的次品数的数学期望、方差和标准差.

（13）设随机变量 (X, Y) 的联合概率分布如下.

Y \ X	0	1	2
0	$\frac{1}{8}$	a	$\frac{1}{4}$
1	$\frac{1}{8}$	$\frac{1}{4}$	b

已知 $E(Y) = \frac{1}{2}$. 求：① 常数 a, b；② ρ_{XY}.

（14）设随机变量 (X, Y) 的联合概率密度为

$$f(x, y) = \begin{cases} \frac{1}{8}(x + y), & 0 \leqslant x \leqslant 2, 0 \leqslant y \leqslant 2, \\ 0, & \text{其他}. \end{cases}$$

求 $E(X), E(Y), \rho_{XY}$.

（15）已知随机变量 X 和 Y 分别服从正态分布 $N(1, 3^2)$ 和 $N(0, 4^2)$，且 X 与 Y 的相关系数 $\rho_{XY} = -\frac{1}{2}$，设 $Z = \frac{X}{3} + \frac{Y}{2}$.

① 求 Z 的数学期望 $E(Z)$ 和方差 $D(Z)$.

② 求 X 与 Z 的相关系数 ρ_{XZ}.

（16）假设某种化学产品在任一批次中所含特定杂质的量为随机变量 X，其数学期望为 4g，标准差为 1.5g，各批次之间相互独立.

① 随机检查 50 批次，求杂质的平均值 $\bar{X}$ 在 3.5 ～ 3.8g 的概率.

② 随机检查 100 批次，求杂质的总量 T 不超过 425g 的概率.

本章同步习题答案　　本章总复习题答案

05

第 5 章
统计量及其分布

前面 4 章介绍了概率论的基本内容. 在概率论中, 随机变量及其概率分布完全刻画了随机现象的统计规律性, 而且概率分布通常被假定为已知的, 一切计算推理均基于这个分布进行, 但在实际应用中情况往往并非全部如此, 看下面这样一个例子.

本章导学

引例 某公司要采购一批产品, 设这批产品的次品率为 p (一般是未知的), 为了解产品质量, 从该批产品中随机抽取 n 件产品. 显然 p 的大小决定了该批产品的质量, 它直接影响采购行为的经济成本, 但这里 p 往往是未知的. 因此, 人们会对 p 提出一些问题, 示例如下.

（1）p 的大小如何?

（2）能否认为 p 满足要求, 比如 $p \leqslant 5\%$?

这些问题超出了概率论的范畴, 需要用数理统计的方法去解决. 数理统计以概率论为理论基础, 根据试验或观测得到的数据, 对所研究的随机现象的统计规律性做出合理的推断, 进而为采取某种决策和行动提供依据和建议.

数理统计的内容非常丰富, 本书只介绍参数估计、假设检验两部分内容, 主要研究如何利用样本数据来估计、检验总体分布或其中的参数. 例如, 某厂商声称其产品能效等级达到一级, 那么其产品的能效等级究竟为多少? 厂商声称的一级能效等级是否可信呢? 这就需要通过对该厂商生产的产品进行抽样, 然后利用数理统计的知识结合抽样数据进行估计和检验.

本章我们介绍总体、样本及统计量等基本概念, 并讨论一些常用的统计量及抽样分布, 为学习统计推断 (参数估计和假设检验) 建立基础.

■ 5.1 总体、样本及统计量

5.1.1 总体与样本

在一个统计问题中, 把研究对象的全体称为总体, 构成总体的每个成员称为个体. 对于实际问题, 总体中的个体是一些实在的人或物. 比如, 我们要研究某学校的学生身高情况, 则该学校的全体学生构成问题的总体, 而每个学生即是一个个体. 事实上, 每个学生有许多特征, 如性别、年龄、身高、体重等, 而在该问题中, 我们关心的只是该校学生的身高, 对其他特征暂不考虑. 这样, 每个学生 (个体) 所具有的数量指标——身高就是个体, 而所有身高全体看成总体.

抛开实际背景，总体就是一堆数，这堆数有大有小，有的出现机会多，有的出现机会小，每个数可以看作某一随机变量 X 的值，因此，可以用一个概率分布去描述和归纳总体的统计规律性. 从这个意义上说，一个总体对应于一个随机变量 X，我们对总体的研究就是对随机变量 X 的研究. 今后我们不再区分总体与其对应的随机变量，统称为总体 X.

微课：样本的
定义和性质

我们将个体记为 X_i，个体在被观察之前也是一个随机变量，而且在总体的范围内取值，因此，个体 X_i 与总体 X 具有相同的分布. 比如，某学校所有学生的身高记为总体 X（单位：cm），且有 $P\{165<X\leqslant170\}=0.47$，从该学校任意抽取一名学生，那么他的身高在区间 $[165,170]$ 的概率也是 0.47. 同理，若一批产品的合格率为 0.97，那么任意抽取一件产品，其合格的概率也是 0.97. 因此，个体是与总体同分布的随机变量.

例 5.1 考察某厂的产品质量，将其产品分为合格品和不合格品，并以 0 表示合格品，以 1 表示不合格品. 若以 p 表示不合格品率，那么总体是由一些"0"和一些"1"组成的，该总体可用一个参数为 p 的 (0–1) 分布表示，分布律如下.

X	0	1
P	$1-p$	p

不同的 p 反映了总体间的差异. 从该总体中任意抽取一个个体，那么它是不合格品的概率也是 p，它和总体是同分布的.

若总体中的个体数是有限的，则此总体称为**有限总体**；否则称为**无限总体**. 在实际应用中，总体中的个体数大多是有限的，当个体数充分大时，将有限总体看作无限总体是一种合理抽象.

为了解总体的分布，在相同的条件下从总体中随机地抽取 n 个个体，记为 $X_1,X_2,\cdots,X_n$，我们将 $X_1,X_2,\cdots,X_n$ 称为来自总体 X 的一个**样本**，n 称为**样本容量**. 样本在抽取以后经观测就有确定的观测值，用小写字母 $x_1,x_2,\cdots,x_n$ 表示，称为**样本值**. 在这里 $X_1,X_2,\cdots,X_n$ 也可以看作对总体 X 的 n 次重复、独立的观察，因此有理由认为 $X_1,X_2,\cdots,X_n$ 是相互独立的. 综上所述，我们给出以下定义.

定义 5.1 若样本 $X_1,X_2,\cdots,X_n$ 与所考察的总体具有相同的分布，且 $X_1,X_2,\cdots,X_n$ 相互独立，则称 $X_1,X_2,\cdots,X_n$ 为来自总体 X 的**容量为 n 的简单随机样本**，简称样本.

说明 对于有限总体，一般来说只有不放回抽样才能得到简单随机样本，但当总体的数量 N 比样本容量大得多时，亦可将不放回抽样近似看作简单随机样本.

由定义 5.1 可得：若 $X_1,X_2,\cdots,X_n$ 为来自总体 X 的一个样本，则 $X_1,X_2,\cdots,X_n$ 的分布函数为

$$F^*(x_1,x_2,\cdots,x_n)=\prod_{i=1}^{n}F(x_i).$$

特别地，若总体 X 为离散型随机变量，其分布律为 $P\{X=x_i\}=p(x_i)$，x_i 取遍 X 所有可能取值，则样本的概率分布为

$$P\{X_1=x_1,X_2=x_2,\cdots,X_n=x_n\}=\prod_{i=1}^{n}p(x_i).$$

若总体 X 为连续型随机变量，其概率密度为 $f(x)$，则样本的概率密度为

$$f^*(x_1, x_2, \cdots, x_n) = \prod_{i=1}^{n} f(x_i).$$

例 5.2（续例 5.1） 考察某厂的产品质量，将其产品分为合格品和不合格品，并以 0 表示合格品，以 1 表示不合格品，显然 $X \sim B(1, p), 0 < p < 1$．设 $X_1, X_2, \cdots, X_n$ 为来自总体 X 的样本，求该样本的概率分布．

解 总体 X 的分布律为 $P\{X = i\} = p^i(1-p)^{1-i}, i = 0, 1$．

因为样本 $X_1, X_2, \cdots, X_n$ 相互独立，且与总体 X 同分布，所以样本的概率分布为

$$P\{X_1 = x_1, X_2 = x_2, \cdots, X_n = x_n\}$$

$$= P\{X_1 = x_1\} \cdot P\{X_2 = x_2\} \cdot \cdots \cdot P\{X_n = x_n\}$$

$$= \prod_{i=1}^{n} p^{x_i}(1-p)^{1-x_i}$$

$$= p^{\sum_{i=1}^{n} x_i}(1-p)^{n-\sum_{i=1}^{n} x_i}, \quad x_i \in \{0, 1\}, \quad i = 1, 2, \cdots, n.$$

5.1.2 统计量

数理统计的一个主要任务就是利用样本推断总体，那么如何利用样本呢？

在例 5.2 中，总体 $X \sim B(1, p)$，p 是一个未知参数，$X_1, X_2, \cdots, X_n$ 为取自总体 X 的样本，由于样本来自总体，所以样本自然含有总体各方面的信息，那么我们应该如何利用这一样本对 p 进行估计呢？这就需要对样本进行加工，常用的加工方法是构造样本的函数，即统计量．

微课：统计量的定义

定义 5.2 设 $X_1, X_2, \cdots, X_n$ 为取自某总体的样本，若样本函数 $T = T(X_1, \cdots, X_n)$ 中不含有任何未知参数，则称 T 为统计量．统计量的分布称为抽样分布．

例如，设总体 X 服从正态分布，$E(X) = \mu$ 已知，$D(X) = \sigma^2$ 未知，X_1, X_2, X_3, X_4 是取自总体 X 的一个样本，则 $\dfrac{1}{4}\sum_{i=1}^{4} X_i$，$X_1^2 + X_2^2$，$\sum_{i=1}^{4}(X_i - \mu)^2$ 均为样本 X_1, X_2, X_3, X_4 的统计量，但 $\dfrac{\sum\limits_{i=1}^{4} X_i - 4\mu}{\sigma}$ 不是该样本的统计量，因其含有未知参数 σ．

由于 $X_1, X_2, \cdots, X_n$ 都是随机变量，而统计量 $T = T(X_1, \cdots, X_n)$ 是随机变量的函数，因此统计量也是一个随机变量．设 $x_1, x_2, \cdots, x_n$ 是样本 $X_1, X_2, \cdots, X_n$ 的样本值，则称 $T(x_1, \cdots, x_n)$ 是 $T(X_1, \cdots, X_n)$ 的观测值或统计值．

通常情况下，不同的问题需要构造不同的统计量，下面介绍一些常见的统计量．

定义 5.3 设 $(X_1, X_2, \cdots, X_n)$ 是总体 X 的样本，常用的统计量如下．

（1）样本均值：$\bar{X} = \dfrac{1}{n}\sum_{i=1}^{n} X_i$．

（2）样本方差：$S^2 = \dfrac{1}{n-1}\sum_{i=1}^{n}(X_i - \bar{X})^2$．

样本标准差：$S = \sqrt{\dfrac{1}{n-1}\sum_{i=1}^{n}(X_i - \bar{X})^2}$．

（3）样本 k 阶（原点）矩：$A_k = \dfrac{1}{n}\sum_{i=1}^{n} X_i^k, k = 1, 2, \cdots$.

（4）样本 k 阶中心矩：$B_k = \dfrac{1}{n}\sum_{i=1}^{n}(X_i - \bar{X})^k, k = 1, 2, \cdots$.

注（1）$Q = \sum_{i=1}^{n}(X_i - \bar{X})^2 = \sum_{i=1}^{n} X_i^2 - n\bar{X}^2$ 称为样本的偏差平方和.

（2）$\bar{X} = A_1$，而 $S^2 = \dfrac{n}{n-1}B_2$，当 n 不大时，S^2 与 B_2 相差较大.

（3）针对不同的问题，通常需要构造不同的统计量，除了定义 5.3 提到的统计量，还有次序统计量、偏度、峰度等各种统计量，这里不再一一介绍.

例 5.3 在针对某组装车间生产量的考察中，随机抽取了 10 名工人一天之内组装的产品，数量分别为：100, 85, 70, 65, 90, 95, 63, 50, 77, 86. 求样本均值、样本方差及样本二阶矩.

解
$$\bar{x} = \frac{1}{10}\sum_{i=1}^{10} x_i = \frac{1}{10}(100 + 85 + \cdots + 86) = 78.1,$$

$$S^2 = \frac{1}{n-1}\sum_{i=1}^{n}(x_i - \bar{x})^2 = \frac{1}{9}(21.9^2 + 6.9^2 + \cdots + 7.9^2) = 252.5,$$

$$a_2 = \frac{1}{n}\sum_{i=1}^{n} x_i^2 = \frac{1}{10}\sum_{i=1}^{10} x_i^2 = \frac{1}{10}(100^2 + 85^2 + 70^2 + \cdots + 86^2) = 6\,326.9.$$

样本均值 $\bar{X}$ 与样本方差 S^2 这两个统计量在数理统计中具有重要作用，且容易得出它们有以下重要性质.

性质 5.1 设总体 X 具有二阶矩，即 $E(X) = \mu, D(X) = \sigma^2 < +\infty$，$X_1, X_2, \cdots, X_n$ 为来自总体 X 的样本，$\bar{X}$ 和 S^2 分别是样本均值与样本方差，则

（1）$E(\bar{X}) = E(X) = \mu$；

（2）$D(\bar{X}) = \dfrac{1}{n}D(X) = \dfrac{\sigma^2}{n}$；

（3）$E(S^2) = D(X) = \sigma^2$.

证明（1）$E(\bar{X}) = E\left(\dfrac{1}{n}\sum_{i=1}^{n} X_i\right) = \dfrac{1}{n}\sum_{i=1}^{n} E(X_i) = \dfrac{n\mu}{n} = \mu$.

（2）$D(\bar{X}) = D\left(\dfrac{1}{n}\sum_{i=1}^{n} X_i\right) = \dfrac{1}{n^2}\sum_{i=1}^{n} D(X_i) = \dfrac{n\sigma^2}{n^2} = \dfrac{\sigma^2}{n}$.

（3）因为 $E(X_i^2) = D(X_i) + E^2(X_i) = \sigma^2 + \mu^2$，且 $E(\bar{X}^2) = D(\bar{X}) + E^2(\bar{X}) = \dfrac{\sigma^2}{n} + \mu^2$，所以

$$E(S^2) = \frac{1}{n-1}E\left[\sum_{i=1}^{n}(X_i - \bar{X})^2\right] = \frac{1}{n-1}E\left(\sum_{i=1}^{n} X_i^2 - n\bar{X}^2\right)$$

$$= \frac{1}{n-1}\left[n\mu^2 + n\sigma^2 - n\left(\mu^2 + \frac{\sigma^2}{n}\right)\right] = \sigma^2.$$

例 5.4 设总体 $X \sim B(m, \theta)$，$X_1, X_2, \cdots, X_n$ 为来自该总体的简单随机样本，$\overline{X}$ 为样本均值，求 $E\left[\sum\limits_{i=1}^{n}(X_i - X)^2\right]$.

解 由性质 5.1 可得 $E(S^2) = D(X) = m\theta(1 - \theta)$，从而

$$E\left[\sum_{i=1}^{n}(X_i - X)^2\right] = E[(n-1)S^2] = m(n-1)\theta(1 - \theta).$$

同步习题5.1

基础题

1．为了解数学系本科毕业生的就业情况，调查了 100 名 2018 年毕业的数学系本科毕业生实习期满后的月薪情况，请问：研究的总体是什么？样本是什么？样本容量是多少？

2．设 $X_1, X_2, \cdots, X_n$ 是取自正态总体 $N(\mu, \sigma^2)$ 的样本，其中 μ 已知，σ^2 未知，判断下列量中哪些是统计量.

$$\overline{X} = \frac{1}{n}\sum_{i=1}^{n}X_i, \quad \frac{1}{n-1}\sum_{i=1}^{n}(X_i - \overline{X})^2, \quad \frac{1}{\sigma^2}\sum_{i=1}^{n}X_i^2, \quad \frac{1}{n}\sum_{i=1}^{n}(X_i - \mu)^2, \quad \frac{1}{\sigma^2}\sum_{i=1}^{n}(X_i - \mu)^2.$$

3．在一本书上随机地检查了 10 页，发现各页上的错误数如下.

$$4 \quad 5 \quad 6 \quad 0 \quad 3 \quad 1 \quad 4 \quad 2 \quad 1 \quad 4$$

试计算样本均值、样本方差和样本标准差.

4．设 $X_1, X_2, \cdots, X_n$ 是来自参数为 λ 的指数分布的样本，试求 $E(\overline{X})$ 和 $D(\overline{X})$.

提高题

1．设总体 X 服从参数为 λ 的指数分布，$X_1, X_2, \cdots, X_n$ 为来自 X 的样本，求该样本的概率密度.

2．设 $X_1, X_2, \cdots, X_n$ 为来自总体 $N(\mu, \sigma^2)$ 的样本，记统计量 $T = \frac{1}{n}\sum\limits_{i=1}^{n}X_i^2$，求 $E(T)$.

3．设 $X_1, X_2, \cdots, X_n$ 为来自总体 $B(n, p)$ 的样本，$\overline{X}$ 和 S^2 分别是样本均值与样本方差，记统计量 $T = \overline{X} - S^2$，求 $E(T)$.

4．设总体 X 的概率密度为

$$f(x; \theta) = \begin{cases} \dfrac{2x}{3\theta^2}, & \theta < x < 2\theta, \\ 0, & \text{其他,} \end{cases}$$

其中 θ 是未知参数，$X_1, X_2, \cdots, X_n$ 为来自总体 X 的样本，若 $E\left(c\sum_{i=1}^{n} X_i^2\right) = \theta^2$，求 c.

5. 设总体 X 的概率密度 $f(x) = \dfrac{1}{2}\mathrm{e}^{-|x|}$（$-\infty < x < +\infty$），$X_1, X_2, \cdots, X_n$ 为来自总体 X 的样本，其方差为 S^2，求 $E(S^2)$.

■ 5.2　抽样分布

统计推断的主要内容是利用样本构造统计量，然后对关心的问题进行估计和检验，而这就要考虑统计量的分布，比如下面这样一个问题.

引例　某公司生产瓶装洗洁精，规定每瓶装 500mL 洗洁精，但是在实际罐装的过程中，总会出现一定的误差，误差要求控制在一定范围内. 假定灌装量的方差 $\sigma^2 = 1$，如果每箱装 25 瓶这样的洗洁精，请问：25 瓶洗洁精的平均灌装量和标准值 500mL 相差不超过 0.3mL 的概率是多少？

要解决该问题显然要用到统计量 $\overline{X}$ 的分布. 统计量的分布称为抽样分布，由于很多统计推断是基于正态总体的假设的，因此以标准正态变量为基础而构造的 3 个著名统计量在实际中具有广泛的应用，它们连同正态分布被称为"四大抽样分布". 正态分布在概率论部分已经进行了详细阐述，接下来对另外三大抽样分布进行详细介绍.

5.2.1　抽样分布及上侧 α 分位数（点）

1. χ^2 分布（卡方分布）

定义 5.4　设 $X_1, X_2, \cdots, X_n$ 是来自标准正态总体 $N(0,1)$ 的样本，则称统计量
$$\chi^2 = X_1^2 + X_2^2 + \cdots + X_n^2$$

计算机可视化

服从自由度为 n 的 χ^2 分布，记为 $\chi^2 \sim \chi^2(n)$.

*利用随机变量函数的分布计算方法，可以证明：$\chi^2(n)$ 分布的概率密度为

$$f(x) = \begin{cases} \dfrac{1}{2^{\frac{n}{2}}\Gamma\left(\dfrac{n}{2}\right)} x^{\frac{n}{2}-1} \mathrm{e}^{-\frac{x}{2}}, & x \geqslant 0, \\ 0, & x < 0. \end{cases}$$

其中，$\Gamma\left(\dfrac{n}{2}\right)$ 是 Γ 函数 $\Gamma(x) = \int_0^{+\infty} t^{x-1}\mathrm{e}^{-t}\mathrm{d}t$ 在 $x = \dfrac{n}{2}$ 处的值.

$f(x)$ 的图形如图 5.1 所示.

设 $X \sim \chi^2(n)$，则有 $E(X) = n$，$D(X) = 2n$. 可以证明：若 $X \sim \chi^2(n_1)$，$Y \sim \chi^2(n_2)$，且 X 与 Y 相互独立，则 $X + Y \sim \chi^2(n_1 + n_2)$.

2. t 分布

定义 5.5　设 $X \sim N(0,1)$，$Y \sim \chi^2(n)$，且 X 与 Y 相互独立，则称随机变量

$$T = \frac{X}{\sqrt{Y/n}}$$

服从自由度为 n 的 t 分布，记为 $T \sim t(n)$. t 分布又称为学生（Student）分布.

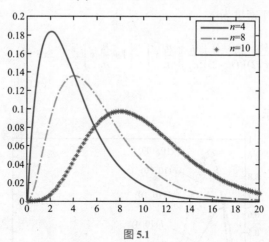

计算机可视化

图 5.1

*t 分布的概率密度为

$$f(x) = \frac{\Gamma[(n+1)/2]}{\sqrt{n\pi}\,\Gamma(n/2)} \left(1 + \frac{x^2}{n}\right)^{-(n+1)/2}, \quad -\infty < x < +\infty.$$

$f(x)$ 的图形如图 5.2 所示.

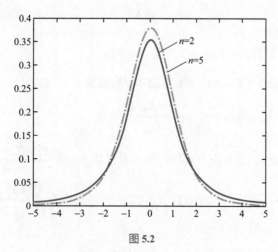

图 5.2

显然，t 分布的概率密度 $f(x)$ 是偶函数，其图形关于 $x = 0$ 对称. 利用 Γ 函数的性质可得

$$\lim_{n \to +\infty} f(x) = \frac{1}{\sqrt{2\pi}} e^{-\frac{x^2}{2}}.$$

故当 n 充分大时，t 分布近似于 $N(0,1)$ 分布.

3. F 分布

定义 5.6 设 $U \sim \chi^2(n_1), V \sim \chi^2(n_2)$，且 U 和 V 相互独立，则称随机变量

$$F = \frac{U / n_1}{V / n_2}$$

服从自由度为 (n_1, n_2) 的 F 分布, 记为 $F \sim F(n_1, n_2)$.

$*F(n_1, n_2)$ 分布的概率密度为

$$f(x) = \begin{cases} \dfrac{\Gamma[(n_1 + n_2)/2]}{\Gamma(n_1/2)\Gamma(n_2/2)} \left(\dfrac{n_1}{n_2}\right) \left(\dfrac{n_1}{n_2} x\right)^{\frac{n_1}{2}-1} \left(1 + \dfrac{n_1}{n_2} x\right)^{-\frac{n_1+n_2}{2}}, & x \geqslant 0, \\ 0, & x < 0. \end{cases}$$

$f(x)$ 的图形如图 5.3 所示.

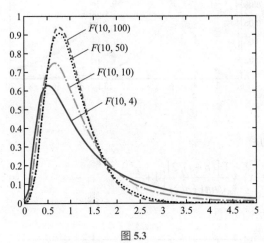

图 5.3

由 F 分布的定义知, 若 $F \sim F(n_1, n_2)$, 则 $\dfrac{1}{F} \sim F(n_2, n_1)$.

例 5.5 设 $X \sim N(0, 3^2), Y \sim N(0, 3^2)$, 且 X 和 Y 相互独立, $X_1, \cdots, X_9$ 和 $Y_1, \cdots, Y_9$ 分别为来自 X 与 Y 的样本, 求 $U = \dfrac{X_1 + \cdots + X_9}{\sqrt{Y_1^2 + \cdots + Y_9^2}}$ 的分布.

微课: 例5.5

解 因为 $X \sim N(0, 3^2)$, 由正态分布的可加性及性质 5.1 有 $\dfrac{X_1 + X_2 + \cdots + X_9}{9} \sim N(0, 1)$.

又因为 $Y \sim N(0, 3^2)$, 所以 $\dfrac{Y_i}{3} \sim N(0, 1), i = 1, 2, \cdots, 9$, 进而有 $\dfrac{Y_1^2 + Y_2^2 + \cdots + Y_9^2}{9} \sim \chi^2(9)$.

故

$$U = \frac{X_1 + \cdots + X_9}{\sqrt{Y_1^2 + \cdots + Y_9^2}} = \frac{\dfrac{X_1 + \cdots + X_9}{9}}{\sqrt{\dfrac{Y_1^2 + \cdots + Y_9^2}{9^2}}} \sim t(9).$$

例 5.6 设 $X_1, X_2, \cdots, X_{15}$ 是来自总体 $N(0, 2^2)$ 的样本, 求统计量 $Y = \dfrac{X_1^2 + X_2^2 + \cdots + X_{10}^2}{2(X_{11}^2 + X_{12}^2 + \cdots + X_{15}^2)}$ 的分布.

解 由 $X_i \sim N(0, 2^2)$ 知 $\dfrac{X_i}{2} \sim N(0, 1)(i = 1, 2, \cdots, 15)$.

由 χ^2 分布的定义知

$$\frac{X_1^2 + X_2^2 + \cdots + X_{10}^2}{2^2} \sim \chi^2(10),$$

$$\frac{X_{11}^2 + X_{12}^2 + \cdots + X_{15}^2}{2^2} \sim \chi^2(5).$$

进而有

$$Y = \frac{X_1^2 + X_2^2 + \cdots + X_{10}^2}{2(X_{11}^2 + X_{12}^2 + \cdots + X_{15}^2)}$$

$$= \frac{\dfrac{X_1^2 + X_2^2 + \cdots + X_{10}^2}{2^2} \div 10}{\dfrac{X_{11}^2 + X_{12}^2 + \cdots + X_{15}^2}{2^2} \div 5} \sim F(10,5).$$

4. 上侧 α 分位数（点）

在数理统计中，经常会遇到临界值的求解问题，目前大部分采用上侧 α 分位数（点）作为临界值. 四大抽样分布都会涉及上侧 α 分位数的概念，我们首先借助标准正态分布对这一概念进行介绍，看下面这样一个例子.

计算机可视化

例 5.7 人们乘坐飞机或高铁时都需要通过金属探测安检门，那么安检门的高度是如何确定的呢？

解 设计安检门的高度时，需要尽可能使乘客不用低头通过，同时为控制成本，又不能设计得过高. 不妨设乘客身高 $X \sim N(171.3, 5.6^2)$（单位：cm）. 设安检门高度为 h，乘客低头通过的概率不超过 0.01，有

$$P\{X > h\} \leqslant 0.01.$$

由于 $P\{X > h\}$ 为 h 的单调函数，为此只要求出满足 $P\{X > h\} = 0.01$ 的 h 即可. 记 $U = \dfrac{X - 171.3}{5.6} \sim N(0,1)$，$u_{0.01} = \dfrac{h - 171.3}{5.6}$，则该式等价于

$$P\{U > u_{0.01}\} = 0.01.$$

查标准正态分布表（见附表 2）可知 $u_{0.01} \approx 2.33$，得 $h \approx 184.3$，因此应将安检门的高度设计为 184.3cm.

在数理统计中，经常需要用到满足 $P\{X > x_\alpha\} = \alpha$ 的临界值 x_α，我们称该临界值为上侧 α 分位数（点），定义如下.

定义 5.7 设有随机变量 X，对给定的 $\alpha(0 < \alpha < 1)$，若存在实数 x_α 满足

$$P\{X > x_\alpha\} = \alpha,$$

则称 x_α 为 X 的上侧 α 分位数（点）.

微课：上侧 α 分位数的定义和性质

标准正态分布、自由度为 n 的卡方分布、自由度为 n 的 t 分布、自由度为 n_1, n_2 的 F 分布的上侧 α 分位数分别记为 u_α, $\chi_\alpha^2(n)$, $t_\alpha(n)$, $F_\alpha(n_1, n_2)$，图形如图 5.4 所示. 即有

（1）$X \sim N(0,1)$，则 $P\{X > u_\alpha\} = \alpha$；

（2）$\chi^2 \sim \chi^2(n)$，则 $P\{\chi^2 > \chi_\alpha^2(n)\} = \alpha$；

（3）$T \sim t(n)$，则 $P\{T > t_\alpha(n)\} = \alpha$；

（4）$F \sim F(n_1, n_2)$，则 $P\{F > F_\alpha(n_1, n_2)\} = \alpha$.

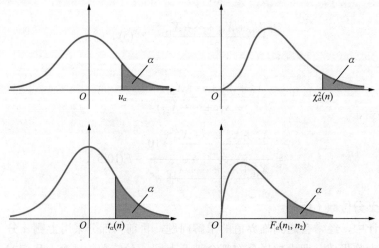

图 5.4

性质 5.2 （1）由标准正态分布和 t 分布的对称性有

$$u_{1-\alpha} = -u_\alpha,$$

$$t_{1-\alpha} = -t_\alpha.$$

（2）由 F 分布的定义可以得到

$$F_{1-\alpha}(n_1, n_2) = \frac{1}{F_\alpha(n_2, n_1)}.$$

（3）由于当 n 比较大时 t 分布近似于 $N(0,1)$，一般地，当 $n > 45$ 时，有 $t_\alpha(n) \approx u_\alpha$.

各分布的分位数都可以通过本书后面的附表查询，示例如下.

由附表 3 可得

$$\chi^2_{0.01}(10) = 23.209, \quad \chi^2_{0.005}(6) = 18.548.$$

由附表 4 可得

$$t_{0.95}(9) = -t_{0.05}(9) = -1.8331.$$

由附表 5 有

$$F_{0.95}(12,9) = \frac{1}{F_{0.05}(9,12)} = \frac{1}{2.80} \approx 0.357.$$

结合上侧 α 分位数（点）的概念，对于标准正态分布有

$$\Phi(u_\alpha) = 1 - \alpha.$$

例如，$\Phi(1.96) = 0.975$，即 $u_{0.025} = 1.96$.

5.2.2 正态总体的抽样分布

统计量所服从的分布称为抽样分布，由于统计推断就是基于统计量及其抽样分布建立的，因此研究抽样分布是数理统计的重要内容之一. 由于正态分布的常见

延伸微课

性，来自正态总体的样本均值和样本方差的抽样分布是应用十分广泛的抽样分布，下面进行详细介绍.

1. 来自单一正态总体 $N(\mu, \sigma^2)$ 的统计量的分布

定理 5.1 设 $X_1, X_2, \cdots, X_n$ 是来自正态总体 $N(\mu, \sigma^2)$ 的一个样本，$\bar{X}, S^2$ 分别是样本均值和样本方差，则有

微课：来自单一正态总体 $N(\mu, \sigma^2)$ 的统计量的分布

（1）$\bar{X} \sim N\left(\mu, \dfrac{\sigma^2}{n}\right)$，即 $\dfrac{\bar{X} - \mu}{\sigma / \sqrt{n}} \sim N(0, 1)$；

（2）$\dfrac{(n-1)S^2}{\sigma^2} \sim \chi^2(n-1)$；

（3）$\dfrac{\bar{X} - \mu}{S / \sqrt{n}} \sim t(n-1)$.

2. 来自两个正态总体 $N(\mu_1, \sigma_1^2)$, $N(\mu_2, \sigma_2^2)$ 的统计量的分布

定理 5.2 设 $X_1, X_2, \cdots, X_{n_1}$ 与 $Y_1, Y_2, \cdots, Y_{n_2}$ 分别是来自两个相互独立的正态总体 $N(\mu_1, \sigma_1^2)$ 和 $N(\mu_2, \sigma_2^2)$ 的样本，其样本均值分别记为 $\bar{X}, \bar{Y}$，样本方差分别记为 S_1^2, S_2^2，则

（1）$\dfrac{(\bar{X} - \bar{Y}) - (\mu_1 - \mu_2)}{\sqrt{\dfrac{\sigma_1^2}{n_1} + \dfrac{\sigma_2^2}{n_2}}} \sim N(0, 1)$；

（2）$\dfrac{S_1^2 / S_2^2}{\sigma_1^2 / \sigma_2^2} \sim F(n_1 - 1, n_2 - 1)$；

（3）当 $\sigma_1^2 = \sigma_2^2$ 时，$\dfrac{(\bar{X} - \bar{Y}) - (\mu_1 - \mu_2)}{S_w \sqrt{\dfrac{1}{n_1} + \dfrac{1}{n_2}}} \sim t(n_1 + n_2 - 2)$，

且

$$S_w^2 = \frac{(n_1 - 1)S_1^2 + (n_2 - 1)S_2^2}{n_1 + n_2 - 2}.$$

例 5.8 某公司生产瓶装洗洁精，规定每瓶装 500mL 洗洁精，但是在实际罐装的过程中，总会出现一定的误差，误差要求控制在一定范围内. 假定灌装量的方差 $\sigma^2 = 1$，如果每箱装 25 瓶这样的洗洁精，问：25 瓶洗洁精的平均灌装量和标准值 500mL 相差不超过 0.3mL 的概率是多少？

解 设瓶装洗洁精灌装容量服从正态分布，均值为 μ，方差为 1，则 25 瓶洗洁精的灌装量 $X_1, X_2, \cdots, X_{25}$ 是来自总体 $N(\mu, 1)$ 的样本.

根据定理 5.1 有 $\bar{X} \sim N\left(\mu, \dfrac{1}{25}\right)$，进而有

$$P\{|\bar{X} - \mu| \leqslant 0.3\} = P\left\{\frac{-0.3}{1/\sqrt{25}} < \frac{\bar{X} - \mu}{1/\sqrt{25}} \leqslant \frac{0.3}{1/\sqrt{25}}\right\}$$

$$= \Phi(1.5) - \Phi(-1.5) = 2\Phi(1.5) - 1 = 0.8664.$$

另外，当样本容量 $n = 50$ 时，可算出

$$P\{|\bar{X} - \mu| \leqslant 0.3\} \approx 0.966.$$

结论：当每箱装 25 瓶洗洁精时，平均每瓶灌装量与标准值相差不超过 0.3mL 的概率近似为 86.64%，而每箱装 50 瓶洗洁精时该概率约为 96.6%，所以当每箱增加到 50 瓶时，能更大程度地保证平均误差减小，更能保证厂家和商家的利益．

例 5.9 设总体 X 服从正态分布 $N(72,100)$，为使样本均值大于 70 的概率不小于 90%，则样本容量应取多少？

解 设所需样本容量为 n，根据定理 5.1 有

$$\frac{\overline{X}-\mu}{\sigma/\sqrt{n}} \sim N(0,1).$$

由题意有

$$P\{\overline{X}>70\} = P\left\{\frac{\overline{X}-72}{10/\sqrt{n}} > \frac{70-72}{10/\sqrt{n}}\right\} \geq 0.9,$$

即有

$$1-\Phi\left(-0.2\sqrt{n}\right)=\Phi\left(0.2\sqrt{n}\right) \geq 0.9.$$

查标准正态分布表（见附表 2）得 $\Phi(1.29) = 0.9015 > 0.9$，因此

$$0.2\sqrt{n} \geq 1.29,$$

即 $n \geq 41.6025$．故样本容量至少应取 42．

例 5.10 设计导弹发射装置时需要研究弹着点偏离目标中心的距离的方差．已知某类导弹发射装置的弹着点偏离目标中心的距离服从正态分布 $N(\mu,\sigma^2)$，这里 $\sigma^2 = 100\text{m}^2$，现在进行了 21 次发射试验，用 S^2 表示这 21 次试验中弹着点偏离目标中心的距离的样本方差，试估计 S^2 不超过 170.85m^2 的概率．

解 根据定理 5.1 有 $\dfrac{(n-1)S^2}{\sigma^2} \sim \chi^2(n-1)$，因此

$$P\{S^2 \leq 170.85\} = P\left\{\frac{20S^2}{\sigma^2} \leq \frac{170.85 \times 20}{\sigma^2}\right\} = P\left\{\frac{20S^2}{\sigma^2} \leq 34.17\right\}$$

$$= 1-P\left\{\frac{20S^2}{\sigma^2} > 34.17\right\} = 1-0.025 = 0.975.$$

同步习题 5.2

基础题

1. 设 $X \sim N(0,1)$，X_1, X_2, X_3, X_4, X_5 为其样本，求 $\dfrac{2X_5}{\sqrt{\displaystyle\sum_{i=1}^{4} X_i^2}}$ 的分布．

2. 设 $X \sim N(\mu, \sigma^2)$，$X_1, X_2, \cdots, X_n$ 为其样本，求 $\sum\limits_{i=1}^{n}\left(\dfrac{X_i - \mu}{\sigma}\right)^2$ 的分布.

3. 从总体 $X \sim N(\mu, \sigma^2)$ 中抽取一容量为 16 的样本，求 $P\left\{\dfrac{S^2}{\sigma^2} \leqslant 2.041\right\}$.

4. 设 $X_1, X_2, \cdots, X_n$ 是来自 $N(\mu, 16)$ 的样本，问：n 为多大时才能使 $P\{|\bar{X} - \mu| < 1\} \geqslant 0.95$ 成立？

提高题

1. 设随机变量 $X \sim t(n), Y \sim F(1, n)$，给定 $\alpha(0 < \alpha < 0.5)$，常数 c 满足 $P\{X > c\} = \alpha$，求 $P\{Y > c^2\}$.

2. 设 X_1, X_2, X_3 为来自总体 $X \sim N(0, \sigma^2)$ 的样本，求统计量 $S = \dfrac{X_1 - X_2}{\sqrt{2}|X_3|}$ 的分布.

微课：第2题

3. 设正态总体 $X \sim N(\mu_1, \sigma^2)$，$Y \sim N(\mu_2, \sigma^2)$，且 X 和 Y 相互独立，$X_1, X_2, \cdots, X_5$ 及 $Y_1, Y_2, \cdots, Y_9$ 分别是来自 X, Y 的样本，而 S_1^2 和 S_2^2 分别是两个样本的方差.

（1）$\dfrac{S_1^2}{S_2^2}$ 服从什么分布？（2）若 $P\left\{\dfrac{S_1^2}{S_2^2} > \lambda\right\} = 0.90$，求 λ.

4. 设总体 $X \sim N(20, 3)$，从 X 中分别抽取容量为 10,15 的两个相互独立的样本，求两样本均值之差的绝对值大于 0.3 的概率.

第 5 章思维导图

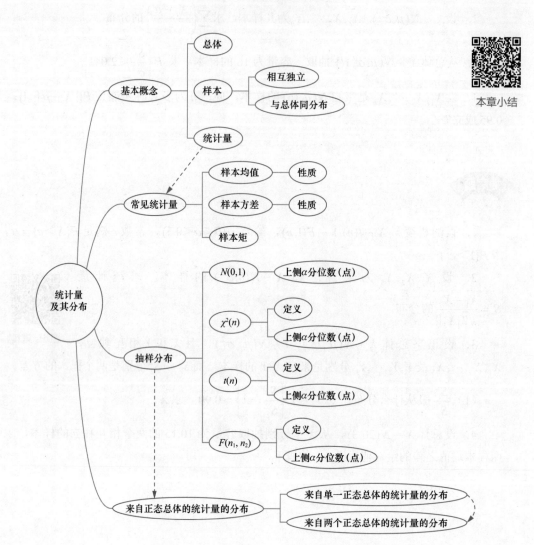

本章小结

中国数学学者

个人成就

西安交通大学教授，西安数学与数学技术研究院院长，中国科学院院士．徐宗本主要从事智能信息处理、机器学习、数据建模基础理论研究，以及 Banach 空间几何理论与智能信息处理的数学基础方面的教学与研究工作．

徐宗本

第 5 章总复习题

1. 选择题:（1）～（5）小题，每小题 4 分，共 20 分. 下列每小题给出的 4 个选项中，只有一个是符合题目要求的.

（1）设 u_α 是标准正态分布的上侧 α 分位数，则下列结论中正确的是（　　）.

A. $u_\alpha = u_{1-\alpha}$　　　　B. $u_\alpha = -u_{-\alpha}$　　　　C. $u_{0.5} = 0$　　　　D. $u_0 = 0$

（2）设总体 $X \sim N(1,36)$，则容量为 6 的样本的样本均值 $\bar{X}$ 服从的分布是（　　）.

A. $N(0,1)$　　　　B. $N(1,1)$　　　　C. $N(1,36)$　　　　D. $N(1,6)$

（3）（2011304）设 $X_1, X_2, \cdots, X_n$ 为来自参数为 $\lambda(\lambda > 0)$ 的泊松分布的样本，则对于统计量 $T_1 = \dfrac{1}{n}\sum_{i=1}^{n} X_i$ 和 $T_2 = \dfrac{1}{n-1}\sum_{i=1}^{n-1} X_i + \dfrac{1}{n}X_n$，下列结论中正确的是（　　）.

A. $E(T_1) > E(T_2), D(T_1) > D(T_2)$　　　　B. $E(T)_1 > E(T_2), D(T_1) < D(T_2)$

C. $E(T_1) < E(T_2), D(T_1) > D(T_2)$　　　　D. $E(T_1) < E(T_2), D(T_1) < D(T_2)$

（4）（2017104）设 $X_1, X_2, \cdots, X_n (n \geq 2)$ 为来自总体 $N(\mu,1)$ 的样本，记 $\bar{X} = \dfrac{1}{n}\sum_{i=1}^{n} X_i$，则下列结论中不正确的是（　　）.

A. $\sum_{i=1}^{n}(X_i - \mu)^2$ 服从 χ^2 分布　　　　B. $2(X_n - X_1)^2$ 服从 χ^2 分布

C. $\sum_{i=1}^{n}(X_i - \bar{X})^2$ 服从 χ^2 分布　　　　D. $n(\bar{X} - \mu)^2$ 服从 χ^2 分布

（5）（2005104）设 $X_1, X_2, \cdots, X_n (n \geq 2)$ 为来自总体 $N(0,1)$ 的样本，$\bar{X}$ 为样本均值，S^2 为样本方差，则（　　）.

A. $n\bar{X} \sim N(0,1)$　　　　B. $nS^2 \sim \chi^2(n)$

C. $\dfrac{(n-1)\bar{X}}{S} \sim t(n-1)$　　　　D. $\dfrac{(n-1)X_1^2}{\sum_{i=2}^{n} X_i^2} \sim F(1, n-1)$

2. 填空题:（6）～（10）小题，每小题 4 分，共 20 分.

（6）设 $X_1, X_2, \cdots, X_n$ 是来自 (0–1) 分布 $[P\{X=1\} = p, P\{X=0\} = 1-p]$ 的样本，则 $E(\bar{X}) = $ _____，$D(\bar{X}) = $ _____.

（7）（2012304）设 X_1, X_2, X_3, X_4 为来自总体 $X \sim N(1, \sigma^2)$ 的样本，则统计量 $\dfrac{X_1 - X_2}{|X_3 + X_4 - 2|}$ 的分布为 _____.

（8）（2004304）设总体 X 服从正态分布 $N(\mu_1, \sigma^2)$，总体 Y 服从正态分布 $N(\mu_2, \sigma^2)$，$X_1, X_2, \cdots, X_{n_1}$ 和 $Y_1, Y_2, \cdots, Y_{n_2}$ 分别是来自总体 X 和 Y 的样本，则

$$E\left[\frac{\sum\limits_{i=1}^{n_1}(X_i-\bar{X})^2+\sum\limits_{j=1}^{n_2}(Y_j-\bar{Y})^2}{n_1+n_2-2}\right]=\underline{\hspace{2cm}}.$$

（9）设 $X_1,X_2,\cdots,X_{17}$ 是总体 $N(\mu,4)$ 的样本， S^2 是样本方差，若 $P\{S^2>a\}=0.01$ ，则 $a=\underline{\hspace{2cm}}$.

（10）已知 $T\sim t(n)$ ，则 $T^2\sim\underline{\hspace{2cm}}$.

3. 解答题：（11）～（14）小题，每小题 15 分，共 60 分.

（11）设简单随机样本 $X_1,X_2,\cdots,X_5$ 来自正态总体 $N(0,1)$ ，求常数 C ，使统计量 $Y=\dfrac{C(X_1+X_2)}{\sqrt{X_3^2+X_4^2+X_5^2}}$ 服从 t 分布.

（12）在总体 $N(7.6,4)$ 中抽取容量为 n 的样本，如果要求样本均值落在 $(5.6,9.6)$ 内的概率不小于 0.95 ，则 n 至少为多少？

（13）从总体 $X\sim N(80,20^2)$ 中抽取容量为 100 的样本，求样本均值与总体均值之差的绝对值大于 3 的概率.

（14）设 $X_1,X_2,\cdots,X_{16}$ 是总体 $N(\mu,\sigma^2)$ 的样本， $\bar{X}$ 是样本均值， S^2 是样本方差，若 $P\{\bar{X}>\mu+aS\}=0.95$ ，求 a 的值.

本章同步习题答案　　　　　本章总复习题答案

06

第6章
参数估计

从本章开始，我们将讨论数理统计的基本问题——统计推断，我们的任务就是依据样本对总体进行各种推断. 统计推断主要分为两类：参数估计和假设检验. 本章介绍参数估计.

本章导学

所谓参数估计，通常是指从样本出发去估计总体分布中的未知参数. 例如，某工厂生产某种型号的钢筋，为了解此种钢筋的强度，我们从中抽取 50 根进行检测. 如何从抽查的 50 根钢筋的强度数据中去估计此种钢筋的平均强度 μ 呢？这就是参数估计要解决的问题. 其中又分为两种情形：是找一个数值去估计 μ，还是找一个范围去估计 μ？前者属于点估计问题，后者属于区间估计问题.

■ 6.1 点估计

若总体 X 的分布已知，但它的一个或多个参数未知，则由总体 X 的样本去估计未知参数的值，此类问题就属于参数的点估计.

例如，设总体 X 的分布函数为 $F(x;\theta)$，其中 θ 为未知参数，由样本 $X_1, X_2, \cdots, X_n$ 构造一个统计量

$$\hat{\theta}(X_1, X_2, \cdots, X_n)$$

去估计未知参数 θ，这种方法称为点估计，$\hat{\theta}(X_1, X_2, \cdots, X_n)$ 称为参数 θ 的估计量. 若 $x_1, x_2, \cdots, x_n$ 是样本观测值，则 $\hat{\theta}(x_1, x_2, \cdots, x_n)$ 称为参数 θ 的估计值.

点估计的方法很多，下面介绍两种常用的方法——矩估计法和最大似然估计法.

6.1.1 矩估计法

在前面估计钢筋强度的例子中，如果 50 根钢筋的强度数据已经检测完毕，我们可以用这 50 根钢筋的平均强度去估计此种钢筋的平均强度 μ，即

$$\hat{\mu} = \bar{x} = \frac{1}{50} \sum_{i=1}^{50} x_i.$$

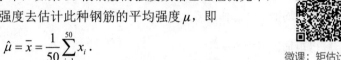

微课：矩估计法

在实际问题中，我们常常以统计量

$$\bar{X} = \frac{1}{n} \sum_{i=1}^{n} X_i$$

作为总体 X 的期望值 μ 的估计量，这里用的就是矩估计法.

矩估计法的基本思想是替换原理，即用样本矩去替换相应的总体矩，这里的矩可以是原点矩，也可以是中心矩. 我们知道，矩是由随机变量的分布唯一确定的，而样本来源于总体，由大数定律可知，样本矩在一定程度上反映总体矩的特征.

用样本矩来估计总体矩的估计方法称为矩估计法，具体步骤如下.

设总体 X 的分布中包含 m 个未知参数 $\theta_1, \theta_2, \cdots, \theta_m$，$X_1, X_2, \cdots, X_n$ 为来自总体 X 的样本，如果总体的 k 阶原点矩 $E(X^k)$ 存在，并设

$$E(X^k) = \mu_k(\theta_1, \theta_2, \cdots, \theta_m),$$

相应的 k 阶样本原点矩为

$$A_k = \frac{1}{n}\sum_{i=1}^{n} X_i^k,$$

以 A_k 替代 $E(X^k)$，即可得到关于 $\theta_1, \theta_2, \cdots, \theta_m$ 的方程组

$$\mu_k(\theta_1, \theta_2, \cdots, \theta_m) = \frac{1}{n}\sum_{i=1}^{n} X_i^k, k = 1, 2, \cdots, m,$$

方程组的解

$$\hat{\theta}_k(X_1, X_2, \cdots, X_n)(k = 1, 2, \cdots, m)$$

称为参数 $\theta_k(k = 1, 2, \cdots, m)$ 的矩估计量.

若代入样本观测值 $x_1, x_2, \cdots, x_n$，则 $\hat{\theta}_k(x_1, x_2, \cdots, x_n)$ 称为参数 $\theta_k(k = 1, 2, \cdots, m)$ 的矩估计值.

在做矩估计时，既可用原点矩也可用中心矩建立关于未知参数的方程组，而且矩的阶数有多种选择，因而矩估计是不唯一的. 为了计算方便，在矩估计中应该尽量采用低阶矩给出未知参数的矩估计.

例 6.1 设 X 为某零配件供应商每周的发货批次，其分布律如下.

X	0	1	2	3
P	θ^2	$2\theta(1-\theta)$	θ^2	$1-2\theta$

其中 θ 是未知参数. 假设收集了该供应商 8 周的发货批次如下.

$$3, \ 1, \ 3, \ 0, \ 3, \ 1, \ 2, \ 3.$$

求 θ 的矩估计值.

解 总体期望 $E(X) = 0 \times \theta^2 + 1 \times 2\theta(1-\theta) + 2 \times \theta^2 + 3 \times (1-2\theta) = 3 - 4\theta$.

样本均值 $\bar{X} = \frac{1}{n}\sum_{i=1}^{n} X_i = \frac{1}{8} \times (3+1+3+0+3+1+2+3) = 2$.

用样本均值估计总体期望，有 $E(X) = \bar{X}$，即 $3 - 4\theta = 2$.

解得矩估计值为 $\hat{\theta} = \frac{1}{4}$.

例 6.2 设某种钛金属制品的技术指标为 X，其概率密度为

$$f(x) = \begin{cases} \dfrac{\beta}{x^{\beta+1}}, & x > 1, \\ 0, & x \leqslant 1, \end{cases}$$

其中未知参数 $\beta>1$. $X_1, X_2, \cdots, X_n$ 为来自总体 X 的样本，求 β 的矩估计量.

解 由于 $E(X) = \int_{-\infty}^{+\infty} xf(x)\mathrm{d}x = \int_1^{+\infty} x \cdot \dfrac{\beta}{x^{\beta+1}}\mathrm{d}x = \dfrac{\beta}{\beta-1}$，令 $\dfrac{\beta}{\beta-1} = \overline{X}$，解得 $\beta = \dfrac{\overline{X}}{\overline{X}-1}$，所以参数 β 的矩估计量为 $\hat{\beta} = \dfrac{\overline{X}}{\overline{X}-1}$.

例 6.3 已知某种金属板的厚度 X 在 (a,b) 上服从均匀分布，其中 a,b 未知. 设抽查了 n 片金属板，厚度分别为 $X_1, X_2, \cdots, X_n$. 试用矩估计法估计 a, b.

解 由于 X 在 (a,b) 上服从均匀分布，故 $E(X) = \dfrac{a+b}{2}, D(X) = \dfrac{(b-a)^2}{12}$.

总体 X 的二阶矩 $E(X^2) = D(X) + E^2(X) = \dfrac{(b-a)^2}{12} + \left(\dfrac{a+b}{2}\right)^2$，令

$$\begin{cases} E(X) = \dfrac{a+b}{2} = \overline{X}, \\ E(X^2) = \dfrac{(b-a)^2}{12} + \left(\dfrac{a+b}{2}\right)^2 = \dfrac{1}{n}\sum_{i=1}^n X_i^2, \end{cases}$$

解此方程组，得到 a, b 的矩估计量分别为

$$\hat{a} = \overline{X} - \sqrt{\dfrac{3}{n}\sum_{i=1}^n (X_i - \overline{X})^2} = \overline{X} - \sqrt{3B_2}$$

$$\hat{b} = \overline{X} + \sqrt{\dfrac{3}{n}\sum_{i=1}^n (X_i - \overline{X})^2} = \overline{X} + \sqrt{3B_2}.$$

矩估计法是一种古老的估计方法，其优点是简单易行，并不需要知道总体的分布类型，因而它在实际问题中应用广泛. 但是矩估计法也有缺点：一是当总体分布类型已知时，没有充分利用分布提供的信息，且矩估计量不具有唯一性；二是若总体矩不存在，则矩估计法失效.

6.1.2 最大似然估计法

在总体的分布类型已知的情况下，最大似然估计法是求未知参数点估计的一种重要方法，它的基本思想很直观，例如：为了估计某种产品的次品率 p，我们抽取了 100 件产品，发现其中有 2 件次品，根据这一结果，可以推断次品率 p 最有可能是 2%；为了比较甲、乙两个品牌手机金属壳的耐磨强度，分别抽取了 5 个样品进行划痕测试，

微课：最大　　　　延伸微课
似然估计法

结果甲有 4 个样品通过测试，乙有 2 个样品通过测试，我们自然断定甲品牌手机的金属壳更耐磨. 以上推断我们用的都是最大似然估计法，它的基本原理如下：如果通过试验，某个结果 A 发生了，那么所做出的参数估计应该有利于 A 的发生.

下面通过一个例子引出求最大似然估计的方法和步骤.

例 6.4 设袋中放有很多白球和黑球，已知两种球的比例为 1：9，但不知道哪种颜色的球多，现从中有放回地抽取 3 次，每次一球，发现前两次为黑球，第三次为白球，试判断哪种颜色的球多.

解 根据抽取结果，我们的直观感觉是黑球多，下面给出理论依据.

设 θ 表示黑球所占比例，由题意知 θ 的值为 0.9 或 0.1. 设 X 表示每次抽球中黑球出现的次数，则 X 服从 (0–1) 分布，其分布律如下.

X	0	1
P	$1-\theta$	θ

有放回地抽取 3 次，前两次为黑球，第三次为白球，相当于在总体 X 中抽取了一个样本 X_1, X_2, X_3，样本观测值为 $X_1=1, X_2=1, X_3=0$. 判断哪种颜色的球多，相当于在事件 $A=\{X_1=1, X_2=1, X_3=0\}$ 发生的前提下，判断 θ 的值是 0.9 还是 0.1.

$$P(A)=P\{X_1=1, X_2=1, X_3=0\}=P\{X_1=1\}P\{X_2=1\}P\{X_3=0\}=\theta^2(1-\theta).$$

当 $\theta=0.9$ 时，$P(A)=0.9^2\times 0.1=0.081$；当 $\theta=0.1$ 时，$P(A)=0.1^2\times 0.9=0.009$. 根据最大似然估计法的基本原理，$\theta=0.9$ 应该有利于 $A=\{X_1=1, X_2=1, X_3=0\}$ 的发生，即黑球多.

上例的讨论可以推广到一般的离散型或连续型总体，具体步骤如下.

（1）构造似然函数

若总体 X 为离散型，其分布律为

$$P\{X=x_i\}=p(x_i;\theta), \theta\in\Theta,$$

这里 θ 为待估参数，Θ 是 θ 可能取值的范围，对给定的样本观测值 $x_1, x_2, \cdots, x_n$，令

$$L(\theta)=L(x_1, x_2, \cdots, x_n;\theta)=\prod_{i=1}^{n}p(x_i;\theta).$$

若总体 X 为连续型，其概率密度为

$$f(x;\theta), \theta\in\Theta,$$

这里 θ 为待估参数，Θ 是 θ 可能取值的范围，对给定的样本观测值 $x_1, x_2, \cdots, x_n$，令

$$L(\theta)=L(x_1, x_2, \cdots, x_n;\theta)=\prod_{i=1}^{n}f(x_i;\theta).$$

$L(\theta)$ 随 θ 的取值而变化，它是 θ 的函数，我们称 $L(\theta)$ 为样本的似然函数.

似然函数实质上就是样本的联合分布，由上面的讨论可知，求待估参数的最大似然估计，实际上就是求似然函数的最大值点.

（2）求似然函数的最大值点

若有 $\hat{\theta}(x_1, x_2, \cdots, x_n)$，使

$$L(\hat{\theta})=\max_{\theta\in\Theta}\{L(\theta)\},$$

则称 $\hat{\theta}=\hat{\theta}(x_1, x_2, \cdots, x_n)$ 为参数 θ 的最大似然估计值，相应地，称 $\hat{\theta}=\hat{\theta}(X_1, X_2, \cdots, X_n)$ 为 θ 的最大似然估计量.

若似然函数可微，则似然函数的最大值点可以利用微积分方法求得，具体方法如下.

解似然方程

$$\frac{\mathrm{d}L}{\mathrm{d}\theta}=0,$$

得到参数 θ 的最大似然估计.

又因为 $\ln L(\theta)$ 与 $L(\theta)$ 在同一点处取得极值，故可用对 $\ln L(\theta)$ 求最大值的方法得到参数 θ 的最大似然估计，即先对似然函数 $L(\theta)$ 取对数，然后解对数似然方程

$$\frac{\mathrm{d}\ln L}{\mathrm{d}\theta} = 0 .$$

当然，方程的解是否为最大值点，有时需要进一步验证.

一般地，若总体 X 的分布中含有 k 个未知待估参数 $\theta_1, \theta_2, \cdots, \theta_k$，则似然函数为

$$L(\theta_1, \theta_2, \cdots, \theta_k) = \prod_{i=1}^{n} f(x_i; \theta_1, \theta_2, \cdots, \theta_k).$$

此时只需要解似然方程组

$$\frac{\partial L}{\partial \theta_i} = 0 (i = 1, 2, \cdots, k)$$

或对数似然方程组

$$\frac{\partial \ln L}{\partial \theta_i} = 0 (i = 1, 2, \cdots, k) ,$$

即可得到参数的最大似然估计 $\hat{\theta}_1, \hat{\theta}_2, \cdots, \hat{\theta}_k$.

例 6.5 求出例 6.2 中未知参数 β 的最大似然估计量.

解 对于样本观测值 $x_1, x_2, \cdots, x_n$，似然函数为

$$L(\beta) = \prod_{i=1}^{n} f(x_i) = \begin{cases} \dfrac{\beta^n}{(x_1 x_2 \cdots x_n)^{\beta+1}}, & x_i > 1 (i = 1, 2, \cdots, n), \\ 0, & \text{其他.} \end{cases}$$

当 $x_i > 1 (i = 1, 2, \cdots, n)$ 时，$L(\beta) > 0$，取对数得

$$\ln L(\beta) = n \ln \beta - (\beta + 1) \sum_{i=1}^{n} \ln x_i ,$$

两边对 β 求导，得

$$\frac{\mathrm{d}\ln L(\beta)}{\mathrm{d}\beta} = \frac{n}{\beta} - \sum_{i=1}^{n} \ln x_i .$$

令

$$\frac{\mathrm{d}\ln L(\beta)}{\mathrm{d}\beta} = 0 ,$$

可得

$$\beta = \frac{n}{\displaystyle\sum_{i=1}^{n} \ln x_i} .$$

故 β 的最大似然估计量为

$$\hat{\beta} = \frac{n}{\displaystyle\sum_{i=1}^{n} \ln X_i} .$$

例 6.6 设某种元件的使用寿命 X 的概率密度为

$$f(x) = \begin{cases} 2\mathrm{e}^{-2(x-\theta)}, & x \geqslant \theta, \\ 0, & \text{其他,} \end{cases}$$

微课：例6.6

其中 $\theta > 0$，且 θ 是未知参数．设 $x_1, x_2, \cdots, x_n$ 是样本观测值，求 θ 的最大似然估计值．

解 似然函数为

$$L(\theta) = \prod_{i=1}^{n} f(x_i) = \prod_{i=1}^{n} [2e^{-2(x_i-\theta)}] = 2^n e^{-2\sum_{i=1}^{n}(x_i-\theta)}, x_i \geqslant \theta,$$

取对数得

$$\ln L(\theta) = n\ln 2 - 2\sum_{i=1}^{n}(x_i-\theta).$$

因为 $\dfrac{\mathrm{d}\ln L(\theta)}{\mathrm{d}\theta} = 2n > 0$，所以 $L(\theta)$ 单调增加．而

$$\theta \leqslant x_i \ (i = 1, 2, \cdots, n),$$

故 θ 的最大似然估计值为

$$\hat{\theta} = \min\{x_1, x_2, \cdots, x_n\}.$$

例 6.7 设某工厂生产的手机屏幕分为不同的等级，其中一级品率为 p，如果从生产线上抽取了 20 件产品，发现其中有 3 件为一级品，求：

（1）p 的最大似然估计值；

（2）接着再抽取 5 件产品都不是一级品的概率的最大似然估计值．

解 （1）因为每件产品的等级有两种可能，即要么是一级品，要么不是一级品，所以总体 X 服从 (0–1) 分布，其分布律为

$$p(x) = P\{X = x\} = p^x(1-p)^{1-x}, x = 0, 1.$$

20 件产品中有 3 件为一级品，相当于样本观测值 $x_1, x_2, \cdots, x_{20}$ 中有 3 个为 1，有 17 个为 0，故似然函数为

$$L(p) = \prod_{i=1}^{n} p(x_i) = p^3(1-p)^{17}.$$

取对数得

$$\ln L(p) = 3\ln p + 17\ln(1-p),$$

对 p 求导得

$$\frac{\mathrm{d}\ln L(p)}{\mathrm{d}p} = \frac{3}{p} - \frac{17}{1-p},$$

令

$$\frac{\mathrm{d}\ln L(p)}{\mathrm{d}p} = 0,$$

可得 $p = \dfrac{3}{20}$．故 p 的最大似然估计值为 $\hat{p} = \dfrac{3}{20}$．

（2）因为一级品率为 p，所以再抽取 5 件产品都不是一级品的概率为 $(1-p)^5$．

既然 20 件产品中有 3 件为一级品，此时得到的 p 的最大似然估计值为 $\hat{p} = \dfrac{3}{20}$，那么

$(1-p)^5$ 的最大似然估计值为 $(1-\hat{p})^5 = \left(1 - \dfrac{3}{20}\right)^5 \approx 0.443\,7$.

注意，这里我们用到了"最大似然估计不变性"，即以下定理.

定理 6.1 若 $\hat{\theta}$ 为参数 θ 的最大似然估计，$g(\theta)$ 为参数 θ 的函数，则 $g(\hat{\theta})$ 是 $g(\theta)$ 的最大似然估计.

有了最大似然估计不变性，求某些复杂结构的参数的最大似然估计就变得容易了.

例 6.8 设针对某种轴承直径的测量误差 $X \sim N(\mu, \sigma^2)$，其中 μ, σ^2 未知，从中抽取一个样本 $X_1, X_2, \cdots, X_n$，求 μ 和 σ^2 的最大似然估计.

解 设 $(x_1, x_2, \cdots, x_n)$ 为对应的样本观测值，则关于 μ, σ^2 的似然函数为

$$L(\mu, \sigma^2) = \prod_{i=1}^{n} f(x_i) = \prod_{i=1}^{n} \frac{1}{\sqrt{2\pi}\sigma} \mathrm{e}^{-\frac{(x_i-\mu)^2}{2\sigma^2}} = (2\pi\sigma^2)^{-\frac{n}{2}} \mathrm{e}^{-\frac{1}{2\sigma^2}\sum_{i=1}^{n}(x_i-\mu)^2},$$

于是

$$\ln L(\mu, \sigma^2) = -\frac{n}{2}\ln 2\pi - \frac{n}{2}\ln \sigma^2 - \frac{1}{2\sigma^2}\sum_{i=1}^{n}(x_i - \mu)^2,$$

$$\begin{cases} \dfrac{\partial \ln L}{\partial \mu} = \dfrac{1}{\sigma^2}\displaystyle\sum_{i=1}^{n}(x_i - \mu) = 0, \\[3mm] \dfrac{\partial \ln L}{\partial \sigma^2} = -\dfrac{n}{2\sigma^2} + \dfrac{1}{2\sigma^4}\displaystyle\sum_{i=1}^{n}(x_i - \mu)^2 = 0, \end{cases}$$

解得

$$\mu = \frac{1}{n}\sum_{i=1}^{n} x_i, \quad \sigma^2 = \frac{1}{n}\sum_{i=1}^{n}(x_i - \bar{x})^2.$$

因此，μ 和 σ^2 的最大似然估计量为

$$\hat{\mu} = \frac{1}{n}\sum_{i=1}^{n} X_i = \bar{X}, \quad \hat{\sigma}^2 = \frac{1}{n}\sum_{i=1}^{n}(X_i - \bar{X})^2 = B_2.$$

注意，若参数 μ 已知，则 σ^2 的最大似然估计量为

$$\hat{\sigma}^2 = \frac{1}{n}\sum_{i=1}^{n}(X_i - \mu)^2.$$

具体过程请读者自己思考.

6.1.3 点估计的评价标准

由上述讨论可以看出，点估计具有不唯一性，对同一个未知参数，可以用多种方法进行估计，即使用同一种方法，有时也可得到多个估计量. 在前面的例子中，要利用抽查的 50 根钢筋的强度数据去估计这种钢筋的平均强度 μ，我们可以用这 50 根钢筋的强度数据样本均值去估计 μ，即 $\hat{\mu} = \bar{x} = \dfrac{1}{50}\displaystyle\sum_{i=1}^{50} x_i$. 除此以外，还可以用样本中位数、最大值和最小值的平均数、截尾均值等作为 μ 的点估计. 我们希望得到的估计量能体现总体的真实参数，那么在同一参数的多个估计量当中，哪一个是最好的估计量呢？我们自然需要给出评价估计量优劣的标准，下面介绍 3 个常用的评价标准.

1. 无偏性

微课：无偏性
与有效性

估计量 $\hat{\theta}(X_1, X_2, \cdots, X_n)$ 是一个随机变量，对一次具体的观测结果来说，$\hat{\theta}$ 的取值与真实的参数值 θ 一般会有偏差，我们希望 $\hat{\theta}$ 的取值能在 θ 附近波动，而且在多次观测中，$\hat{\theta}$ 的平均值 $E(\hat{\theta})$ 应与 θ 吻合，由此引出了无偏性的概念.

定义 6.1 设 $\hat{\theta} = \hat{\theta}(X_1, X_2, \cdots, X_n)$ 是未知参数 θ 的估计量，若

$$E(\hat{\theta}) = \theta,$$

则称 $\hat{\theta}$ 为 θ 的无偏估计量.

在实际应用中，要求估计量具有无偏性是有实际意义的. 例如，在大批商品的交易中，买卖双方一般通过抽样去估计产品的次品率. 若估计值高于实际值，将给卖家带来损失. 反之，若估计值低于实际值，就会给买家带来损失. 但只要采用的估计量是无偏估计量，而且双方的买卖是长期的，则总的来说是互不吃亏的.

例 6.9 设总体 X 的 k 阶矩 $\mu_k = E(X^k)$ 存在，证明：不论 X 服从什么分布，样本的 k 阶矩 $A_k = \dfrac{1}{n}\sum\limits_{i=1}^{n} X_i^k$ 是 μ_k 的无偏估计量.

 因为

$$E(A_k) = E\left(\frac{1}{n}\sum_{i=1}^{n} X_i^k\right) = \frac{1}{n}\sum_{i=1}^{n} E(X_i^k) = \frac{1}{n}\sum_{i=1}^{n} E(X^k) = E(X^k) = \mu_k,$$

所以 A_k 是 μ_k 的无偏估计量.

例 6.10 已知 $B_2 = \dfrac{1}{n}\sum\limits_{i=1}^{n}(X_i - \bar{X})^2$ 和 $S^2 = \dfrac{1}{n-1}\sum\limits_{i=1}^{n}(X_i - \bar{X})^2$ 都是总体方差 σ^2 的估计量，问：哪个估计量更好？

 由于

$$E(S^2) = D(X) = \sigma^2,$$

故样本方差 $S^2 = \dfrac{1}{n-1}\sum\limits_{i=1}^{n}(X_i - \bar{X})^2$ 是 σ^2 的无偏估计量. 而

$$E(B_2) = E\left(\frac{n-1}{n}S^2\right) = \frac{n-1}{n}\sigma^2 \neq \sigma^2,$$

所以 $B_2 = \dfrac{1}{n}\sum\limits_{i=1}^{n}(X_i - \bar{X})^2$ 不是 σ^2 的无偏估计量.

这也正是在实际应用中样本方差采用 $S^2 = \dfrac{1}{n-1}\sum\limits_{i=1}^{n}(X_i - \bar{X})^2$ 而不用 $B_2 = \dfrac{1}{n}\sum\limits_{i=1}^{n}(X_i - \bar{X})^2$ 的原因.

上述两例的结论与总体的分布类型没有关系. 只要总体均值存在，样本均值总是它的无偏估计量；只要总体方差存在，样本方差总是它的无偏估计量.

例 6.11 设总体 X 的概率密度为

$$f(x) = \begin{cases} \dfrac{2x}{3\theta^2}, & \theta < x < 2\theta, \\ 0, & \text{其他}, \end{cases}$$

其中 θ 是未知参数. $X_1, X_2, \cdots, X_n$ 为来自总体 X 的样本, 选择适当的常数 c, 使 $c\sum\limits_{i=1}^{n} X_i^2$ 是 θ^2 的无偏估计量.

解 由于 $c\sum\limits_{i=1}^{n} X_i^2$ 是 θ^2 的无偏估计量, 所以

$$E\left(c\sum_{i=1}^{n} X_i^2 \right) = \theta^2 .$$

而

$$E\left(c\sum_{i=1}^{n} X_i^2 \right) = c\sum_{i=1}^{n} E(X_i^2) = c\sum_{i=1}^{n} E(X^2) ,$$

$$E(X^2) = \int_{\theta}^{2\theta} x^2 \frac{2x}{3\theta^2} \mathrm{d}x = \frac{5}{2}\theta^2 ,$$

所以

$$E\left(c\sum_{i=1}^{n} X_i^2 \right) = \frac{5}{2}cn\theta^2 = \theta^2 ,$$

故

$$c = \frac{2}{5n} .$$

2. 有效性

具有无偏性只是对 "好" 估计的基本要求, 同一待估参数往往有很多无偏估计量, 因此, 必须给出另外的标准以便在众多的无偏估计量中 "优中选优".

若 $\hat{\theta}$ 为 θ 的无偏估计量, $\hat{\theta}$ 的取值在真值的附近波动, 我们自然希望 $\hat{\theta}$ 与 θ 之间的偏差越小越好, 也就是说 $\hat{\theta}$ 的方差越小越有效, 由此便有了有效性的概念.

定义 6.2 设 $\hat{\theta}_1, \hat{\theta}_2$ 均为参数 θ 的无偏估计量, 若

$$D(\hat{\theta}_1) < D(\hat{\theta}_2) ,$$

则称 $\hat{\theta}_1$ 比 $\hat{\theta}_2$ 有效.

例 6.12 设某种产品的寿命 X 服从指数分布, 其概率密度为

$$f(x) = \begin{cases} \dfrac{1}{\theta} \mathrm{e}^{-\frac{x}{\theta}}, & x > 0, \\ 0, & x \leqslant 0, \end{cases}$$

其中 θ 为未知参数. X_1, X_2, X_3, X_4 是来自总体的样本, 设有 θ 的估计量

$$\hat{\theta}_1 = \frac{1}{6}(X_1 + X_2) + \frac{1}{3}(X_3 + X_4) ,$$

$$\hat{\theta}_2 = \frac{1}{5}(X_1 + 2X_2 + 3X_3 + 4X_4) ,$$

$$\hat{\theta}_3 = \frac{1}{4}(X_1 + X_2 + X_3 + X_4) ,$$

哪一个估计量最优?

解 因为 X 服从指数分布，所以 $E(X) = \dfrac{1}{\lambda} = \theta, D(X) = \dfrac{1}{\lambda^2} = \theta^2$. 由于

$$E(\hat{\theta}_1) = \frac{1}{6}[E(X_1) + E(X_2)] + \frac{1}{3}[E(X_3) + E(X_4)] = \theta,$$

$$E(\hat{\theta}_2) = \frac{1}{5}[E(X_1) + 2E(X_2) + 3E(X_3) + 4E(X_4)] = 2\theta,$$

$$E(\hat{\theta}_3) = E(\bar{X}) = E(X) = \theta,$$

故 $\hat{\theta}_1$ 和 $\hat{\theta}_3$ 为 θ 的无偏估计量. 又

$$D(\hat{\theta}_1) = \frac{1}{36}[D(X_1) + D(X_2)] + \frac{1}{9}[D(X_3) + D(X_4)] = \frac{5}{18}\theta^2,$$

$$D(\hat{\theta}_3) = D(\bar{X}) = \frac{D(X)}{4} = \frac{1}{4}\theta^2,$$

故 $\hat{\theta}_3$ 最优.

可以证明：当 $\sum\limits_{i=1}^{n} c_i = 1$ 时，$\hat{\mu} = \sum\limits_{i=1}^{n}(c_i X_i)$ 是总体期望 μ 的无偏估计量，其中 $\bar{X}$ 最有效.

*3. 相合性（一致性）

无偏性和有效性都是在样本容量 n 固定的前提下提出的，在参数估计中，我们很容易想到：样本容量越大，样本所含的总体分布的信息应该越多，也就是说样本容量越大就越能精确地估计总体的未知参数. 随着 n 的无限增大，一个"好"的估计量与待估参数的真值之间任意接近的可能性会越来越大. 估计量的这种性质称为**相合性**或**一致性**.

定义 6.3 设 $\hat{\theta}$ 为未知参数 θ 的估计量，若对任意的 $\varepsilon > 0$，都有

$$\lim_{n \to +\infty} P\{|\hat{\theta} - \theta| < \varepsilon\} = 1,$$

即 $\hat{\theta}$ 依概率收敛于参数 θ，则称 $\hat{\theta}$ 为 θ 的**相合（一致）估计量**.

例 6.13 设 $\bar{X}$ 是总体 X 的样本均值，则当 $\bar{X}$ 作为总体期望 $E(X)$ 的估计量时，$\bar{X}$ 是 $E(X)$ 的相合估计量.

证 明 由大数定律可知，当 $n \to +\infty$ 时，

$$\lim_{n \to +\infty} P\{|\bar{X} - E(X)| < \varepsilon\} = \lim_{n \to +\infty} P\left\{\left|\frac{1}{n}\sum_{i=1}^{n} X_i - E(X)\right| < \varepsilon\right\} = 1,$$

微课：相合性
的判断

所以 $\bar{X}$ 是 $E(X)$ 的相合估计量.

一般地，若总体 X 的 k 阶矩 $\mu_k = E(X^k)$ 存在，则由大数定律可知，$A_k = \dfrac{1}{n}\sum\limits_{i=1}^{n} X_i^k$ 依概率收

敛于 μ_k，故 $A_k = \dfrac{1}{n}\sum\limits_{i=1}^{n} X_i^k$ 是 μ_k 的相合估计量.

利用定义判断估计量的相合性比较困难，一般利用下列定理来判断.

定理 6.2 设 $\hat{\theta}$ 为 θ 的估计量，若

$$\lim_{n \to +\infty} E(\hat{\theta}) = \theta, \lim_{n \to +\infty} D(\hat{\theta}) = 0,$$

则 $\hat{\theta}$ 为 θ 的相合（一致）估计量.

例 6.14　设总体 $X \sim U(\theta, 2\theta)$，其中 $\theta > 0$，且 θ 是未知参数．$X_1, X_2, \cdots, X_n$ 是 X 的样本，试证明：$\hat{\theta} = \dfrac{2}{3}\bar{X}$ 是 θ 的相合估计量．

证明　因为 $X \sim U(\theta, 2\theta)$，所以

$$E(X) = \frac{3\theta}{2}, \quad D(X) = \frac{\theta^2}{12}.$$

$$E(\hat{\theta}) = E\left(\frac{2}{3}\bar{X}\right) = \frac{2}{3}E(\bar{X}) = \frac{2}{3}E(X) = \frac{2}{3} \times \frac{3\theta}{2} = \theta,$$

$$D(\hat{\theta}) = D\left(\frac{2}{3}\bar{X}\right) = \frac{4}{9}D(\bar{X}) = \frac{4}{9} \times \frac{D(X)}{n} = \frac{4}{9n} \times \frac{\theta^2}{12} = \frac{\theta^2}{27n},$$

从而

$$\lim_{n \to +\infty} E(\hat{\theta}) = \theta, \quad \lim_{n \to +\infty} D(\hat{\theta}) = 0.$$

故 $\hat{\theta} = \dfrac{2}{3}\bar{X}$ 是 θ 的相合估计量．

在实际问题中，我们自然希望估计量具有无偏性、相合性和有效性，但往往不能同时满足．由于无偏性和有效性无论在直观上还是理论上都比较合理，因此应用的场合也较多．

同步习题 6.1

基础题

1. 设总体 X 服从参数为 λ 的泊松分布，已知 $X_1, X_2, \cdots, X_n$ 为总体 X 的一个样本，求参数 λ 的矩估计量和最大似然估计量．

2. 已知 $X_1, X_2, \cdots, X_n$ 为总体 X 的一个样本，总体 X 的概率密度为

$$f(x) = \begin{cases} \theta c^\theta x^{-(\theta+1)}, & x > c, \\ 0, & \text{其他}, \end{cases}$$

其中 $c > 0$ 且为已知，$\theta > 1$ 且为未知参数．求：（1）θ 的矩估计量；（2）θ 的最大似然估计量．

3. 已知 $X_1, X_2, \cdots, X_n$ 为总体 X 的一个样本，总体 X 的概率密度为

$$f(x) = \begin{cases} \sqrt{\theta}\, x^{\sqrt{\theta}-1}, & 0 < x < 1, \\ 0, & \text{其他}, \end{cases}$$

其中 $\theta > 0$ 且为未知参数．求：（1）θ 的矩估计量；（2）θ 的最大似然估计量．

4. 设 $\bar{X}$ 和 S^2 为总体 $B(m, p)$ 的样本均值和样本方差，若 $\bar{X} - kS^2$ 为 mp^2 的无偏估计量，则 k 为何值？

5. 已知总体 X 的概率密度为

$$f(x) = \begin{cases} \dfrac{x}{\theta} e^{-\frac{x^2}{2\theta}}, & x>0, \\ 0, & x\leqslant 0, \end{cases}$$

其中 $\theta>0$ 且为未知参数. $X_1,X_2,\cdots,X_n$ 为总体 X 的样本. 求 θ 的最大似然估计量, 并讨论该估计量是否为 θ 的无偏估计量.

6. 设总体 $X \sim N(\mu,\sigma^2)$, 其中 μ 未知, X_1,X_2,X_3,X_4 为来自总体 X 的一个样本, 则以下关于 μ 的 4 个无偏估计量中, 哪一个最有效?

$$\hat{\mu}_1 = \frac{1}{4}(X_1+X_2+X_3+X_4), \quad \hat{\mu}_2 = \frac{1}{5}X_1+\frac{1}{5}X_2+\frac{1}{5}X_3+\frac{2}{5}X_4,$$

$$\hat{\mu}_3 = \frac{1}{6}X_1+\frac{2}{6}X_2+\frac{2}{6}X_3+\frac{1}{6}X_4, \quad \hat{\mu}_4 = \frac{1}{7}X_1+\frac{2}{7}X_2+\frac{3}{7}X_3+\frac{1}{7}X_4.$$

7. 设总体 X 的概率密度为

$$f(x) = \begin{cases} \dfrac{1}{2\theta}, & 0<x<\theta, \\ \dfrac{1}{2(1-\theta)}, & \theta\leqslant x<1, \\ 0, & \text{其他}. \end{cases}$$

$X_1,X_2,\cdots,X_n$ 为来自总体 X 的样本, $\bar{X}$ 是样本均值.

(1) 求参数 θ 的矩估计量 $\hat{\theta}$.

(2) 判断 $4\bar{X}^2$ 是否为 θ^2 的无偏估计量, 并说明理由.

提高题

1. 设总体 X 服从几何分布 $G(p)$, $x_1,x_2,\cdots,x_n$ 是总体 X 的样本值, 试求参数 p 与 $E(X)$ 的最大似然估计值.

2. 设总体 X 的概率密度为

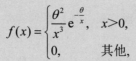

$$f(x) = \begin{cases} \dfrac{\theta^2}{x^3} e^{-\frac{\theta}{x}}, & x>0, \\ 0, & \text{其他}, \end{cases}$$

微课: 第2题

其中未知参数 $\theta>0$. $X_1,X_2,\cdots,X_n$ 为来自总体 X 的样本.

(1) 求 θ 的矩估计量.

(2) 求 θ 的最大似然估计量.

3. 设总体 X 的概率密度为

$$f(x) = \begin{cases} \dfrac{1}{1-\theta}, & \theta\leqslant x\leqslant 1, \\ 0, & \text{其他}, \end{cases}$$

其中 θ 为未知参数. $X_1, X_2, \cdots, X_n$ 为来自该总体的样本.

(1) 求 θ 的矩估计量.

(2) 求 θ 的最大似然估计量.

4. 设总体 X 的概率密度为

$$f(x) = \begin{cases} \theta, & 0 < x < 1, \\ 1 - \theta, & 1 \leqslant x < 2, \\ 0, & \text{其他}, \end{cases}$$

其中 θ 是未知参数 $(0 < \theta < 1)$. $X_1, X_2, \cdots, X_n$ 为来自总体 X 的样本，记 N 为样本值 $x_1, x_2, \cdots, x_n$ 中小于 1 的个数.

(1) 求 θ 的矩估计量.

(2) 求 θ 的最大似然估计量.

5. 设 $X_1, X_2, \cdots, X_n$ 为来自总体 $N(\mu_0, \sigma^2)$ 的样本，其中 μ_0 已知，$\sigma^2 > 0$ 且未知，$\bar{X}$ 为样本均值，S^2 为样本方差. 求：

(1) σ^2 的最大似然估计量 $\hat{\sigma}^2$；

(2) $E(\hat{\sigma}^2)$ 和 $D(\hat{\sigma}^2)$.

6. 某工程师为了解一台天平的精度，用该天平对一物体的质量做 n 次测量，该物体的质量 μ 是已知的，设 n 次测量结果 $X_1, X_2, \cdots, X_n$ 相互独立且均服从正态分布 $N(\mu, \sigma^2)$. 该工程师记录的是 n 次测量的绝对误差 $Z_i = |X_i - \mu| (i = 1, 2, \cdots, n)$，利用 $Z_1, Z_2, \cdots, Z_n$ 估计 σ.

(1) 求 Z_1 的概率密度.

(2) 利用一阶矩求 σ 的矩估计量.

(3) 求 σ 的最大似然估计量.

7. 设总体 X 的分布函数为 $F(x) = \begin{cases} 1 - e^{-\frac{x^2}{\theta}}, & x \geqslant 0, \\ 0, & x < 0, \end{cases}$ 其中未知参数 $\theta > 0$, $X_1, X_2, \cdots, X_n$ 为来自总体 X 的样本.

(1) 求 $E(X), E(X^2)$.

(2) 求 θ 的最大似然估计量 $\hat{\theta}$.

(3) 是否存在实数 a，使对任意的 $\varepsilon > 0$，都有 $\lim\limits_{n \to +\infty} P\{|\hat{\theta}_n - a| \geqslant \varepsilon\} = 0$？

▊ 6.2 区间估计 ▊

在 6.1 节中我们讨论了参数的点估计，只要给定样本的观测值，就能得到参数 θ 的估计值. 但是，估计值只是 θ 的一个近似值，它与 θ 真值的误差是多少我们并不知道，而在实际问题中，这种误差的大小往往是人们比较关心的. 例如，在产品交易过程中，需要通过抽样对次品率进行估计，若估计误差达到 1%，就可能对交易的某一方带来重大损失. 因此，在实际应用中，我们不仅需要知道参数 θ 的估计值，还需要找到参数 θ 的估计范围来体现估计的精度．为此，我们要根据样本构造一个包含 θ 真值的范围或区间，并且使其包含 θ 真值的概率达到指定的要求．这种区间称为置信区间，通过构造一个置信区间对未知参数进行估计的方法称为区间估计．

区间估计是参数估计的另一种方式，它弥补了点估计在某些方面的缺陷．例如，在估计某行业人员的平均月收入时，可以说"平均月收入 5 000 元"，这就是点估计；也可以说"平均月收入在 4 800 元至 5 200 元之间"，这就是区间估计．显然后者的信息量更大，更有参考价值．

6.2.1 区间估计的概念

定义 6.4 设 θ 为总体的未知参数，若对于给定的 $\alpha(0<\alpha<1)$，存在统计量 $\hat{\theta}_1 = \hat{\theta}_1(X_1, X_2, \cdots, X_n)$ 和 $\hat{\theta}_2 = \hat{\theta}_2(X_1, X_2, \cdots, X_n)$，使

$$P\{\hat{\theta}_1 \leqslant \theta \leqslant \hat{\theta}_2\} = 1-\alpha,$$

则称随机区间 $[\hat{\theta}_1, \hat{\theta}_2]$ 为参数 θ 的置信度（或置信水平）为 $1-\alpha$ 的置信区间，$\hat{\theta}_1$ 和 $\hat{\theta}_2$ 分别称为置信下限和置信上限．

由定义可知，置信区间是以统计量为端点的随机区间，对于给定的样本观测值 $(x_1, x_2, \cdots, x_n)$，由统计量的值 $\hat{\theta}_1(x_1, x_2, \cdots, x_n)$，$\hat{\theta}_2(x_1, x_2, \cdots, x_n)$ 构成的置信区间 $[\hat{\theta}_1, \hat{\theta}_2]$ 可能包含真值 θ，也可能不包含真值 θ，但在多次观测或试验中，每一个样本皆可得到一个置信区间 $[\hat{\theta}_1, \hat{\theta}_2]$，在这些区间中，包含真值 θ 的区间大约占 $100(1-\alpha)\%$，不包含 θ 的大约占 $100\alpha\%$．例如，取 $\alpha=0.05$，相当于在 100 次区间估计中，大约有 95 个区间包含真值 θ，而不包含 θ 的约有 5 个．

区间估计既给出了参数估计的可靠程度（置信度），又给出了估计的精确程度（置信区间长度），很显然，可靠程度与精确程度是相互矛盾的，当样本容量固定时，要提高置信度，就要降低精度（区间加长）．因此，在实际应用中，需要通过样本容量的增加来把握二者的平衡．

下面我们通过具体例子给出构造置信区间的方法与步骤．

例 6.15 设 $X_1, X_2, \cdots, X_n$ 为来自正态总体 $X \sim N(\mu, \sigma^2)$ 的样本，其中 σ^2 已知，μ 未知，试求出 μ 的置信度为 $1-\alpha$ 的置信区间．

微课：例**6.15**及
置信区间的求法

解 由 6.1 节的内容可知，样本均值 $\bar{X}$ 是 μ 的良好估计量，且 $\bar{X} \sim N\left(\mu, \dfrac{\sigma^2}{n}\right)$，

故统计量

$$U = \frac{\bar{X} - \mu}{\dfrac{\sigma}{\sqrt{n}}} \sim N(0,1).$$

计算机可视化

如图 6.1 所示，根据标准正态分布上侧 α 分位点的定义，可得

$$P\left\{-u_{\frac{\alpha}{2}} \leqslant U \leqslant u_{\frac{\alpha}{2}}\right\} = 1-\alpha,$$

即

$$P\left\{-u_{\frac{\alpha}{2}} \leqslant \frac{\bar{X} - \mu}{\sigma/\sqrt{n}} \leqslant u_{\frac{\alpha}{2}}\right\} = 1-\alpha,$$

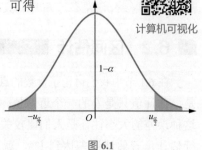

图 6.1

则

$$P\left\{\bar{X}-u_{\frac{\alpha}{2}}\frac{\sigma}{\sqrt{n}}\leqslant\mu\leqslant\bar{X}+u_{\frac{\alpha}{2}}\frac{\sigma}{\sqrt{n}}\right\}=1-\alpha.$$

由置信区间的定义可知，$\left[\bar{X}-u_{\frac{\alpha}{2}}\dfrac{\sigma}{\sqrt{n}},\ \bar{X}+u_{\frac{\alpha}{2}}\dfrac{\sigma}{\sqrt{n}}\right]$ 即为 μ 的置信度为 $1-\alpha$ 的置信区间.

在刚才的求解过程中，我们选择了对称的分位点，得到了对称的置信区间（见图 6.1，由于所取分位点左右两个尾部的概率相等，这样得到的置信区间一般称作等尾置信区间）. 实际上选择不对称的置信区间也可以，即置信区间是不唯一的，但是等尾置信区间的精确程度最高（区间长度最短）. 因此，当概率密度不对称时，如 χ^2 分布，我们仍然会选择等尾置信区间.

对此例进行分析，我们发现随机变量 U 在置信区间的构造过程中起着关键作用，它具有下列特点：

（1）它是待估参数 μ 和估计量 $\bar{X}$ 的函数；

（2）它不含其他未知参数；

（3）其分布已知且与未知参数 μ 无关.

我们称满足上述 3 条性质的量 Q 为枢轴量.

在引入枢轴量 Q 的概念后，我们归纳出求置信区间的一般步骤如下：

（1）根据待估参数构造枢轴量 Q，一般可由未知参数的良好估计量改造得到；

（2）对于给定的置信度 $1-\alpha$，利用枢轴量 Q 的分位点确定常数 a 和 b，使

$$P\{a\leqslant Q\leqslant b\}=1-\alpha;$$

（3）将不等式恒等变形为

$$P\{\hat{\theta}_1\leqslant\theta\leqslant\hat{\theta}_2\}=1-\alpha,$$

即可得到参数 θ 的置信度为 $1-\alpha$ 的置信区间 $[\hat{\theta}_1,\hat{\theta}_2]$.

利用枢轴量的方法及对不等式的恒等变形，还可以得到参数 θ 的函数 $g(\theta)$ 的区间估计，以及某些变量的区间估计等内容，在这里我们不再做进一步讨论.

6.2.2 正态总体参数的区间估计

在实际问题当中，正态总体是较为常见的，例如，已知某产品的质量指标服从正态分布，我们需要抽取一部分样品，来估计质量指标的均值或方差，这就是单个正态总体关于参数 μ 或 σ^2 的区间估计问题；再进一步来讲，如果已知某产品的质量指标服从正态分布，但由于原料、设备条件、操作人员不同或工艺过程的改变等原因，都会引起总体的均值或方差有所改变，我们需要知道这种改变有多大，这时就需要考察两个正态总体的均值差或方差比的区间估计问题.

下面我们给出正态总体参数区间估计的几种常见类型. 对于非正态总体情形，即总体不服从正态分布或者不知道总体服从什么分布，一般采用大容量的样本，根据中心极限定理，按照正态分布近似处理.

1. 单个正态总体的情形

设总体 $X\sim N(\mu,\sigma^2)$，$X_1,X_2,\cdots,X_n$ 是来自总体 X 的样本.

（1）σ^2 已知，均值 μ 的置信区间

由例 6.15 可知，μ 的置信度为 $1-\alpha$ 的置信区间为

$$\left[\bar{X}-u_{\frac{\alpha}{2}}\frac{\sigma}{\sqrt{n}},\ \bar{X}+u_{\frac{\alpha}{2}}\frac{\sigma}{\sqrt{n}}\right].$$

（2）σ^2 未知，均值 μ 的置信区间

由于 σ^2 未知，故考虑用 σ^2 的无偏估计量 $S^2=\dfrac{1}{n-1}\displaystyle\sum_{i=1}^{n}(X_i-\bar{X})^2$ 来代替 σ^2，则得到枢轴量

$$T=\frac{\bar{X}-\mu}{S/\sqrt{n}}\sim t(n-1),$$

有

$$P\left\{-t_{\frac{\alpha}{2}}(n-1)\leqslant T\leqslant t_{\frac{\alpha}{2}}(n-1)\right\}=1-\alpha,$$

即

$$P\left\{-t_{\frac{\alpha}{2}}(n-1)\leqslant \frac{\bar{X}-\mu}{S/\sqrt{n}}\leqslant t_{\frac{\alpha}{2}}(n-1)\right\}=1-\alpha,$$

进行恒等变形得

$$P\left\{\bar{X}-t_{\frac{\alpha}{2}}(n-1)\frac{S}{\sqrt{n}}\leqslant \mu\leqslant \bar{X}+t_{\frac{\alpha}{2}}(n-1)\frac{S}{\sqrt{n}}\right\}=1-\alpha,$$

可得 μ 的置信度为 $1-\alpha$ 的置信区间为

$$\left[\bar{X}-t_{\frac{\alpha}{2}}(n-1)\frac{S}{\sqrt{n}},\ \bar{X}+t_{\frac{\alpha}{2}}(n-1)\frac{S}{\sqrt{n}}\right].$$

（3）μ 未知，方差 σ^2 的置信区间

可取枢轴量为

$$\chi^2=\frac{(n-1)S^2}{\sigma^2}\sim \chi^2(n-1),$$

由

$$P\left\{\chi^2_{1-\frac{\alpha}{2}}(n-1)\leqslant \frac{(n-1)S^2}{\sigma^2}\leqslant \chi^2_{\frac{\alpha}{2}}(n-1)\right\}=1-\alpha$$

可得 σ^2 的置信度为 $1-\alpha$ 的置信区间为

$$\left[\frac{(n-1)S^2}{\chi^2_{\frac{\alpha}{2}}(n-1)},\ \frac{(n-1)S^2}{\chi^2_{1-\frac{\alpha}{2}}(n-1)}\right].$$

例 6.16 某工厂生产一种特殊的发动机套筒，假设套筒直径 X（mm）服从正态分布 $N(\mu,0.1^2)$，现从某天的产品中随机抽取 40 件，测得直径的样本均值为 5.426（mm），求 μ 的置信度为 0.95 的置信区间.

解 因为 σ^2 已知，所以 μ 的置信度为 $1-\alpha$ 的置信区间为

$$\left[\bar{X}-u_{\frac{\alpha}{2}}\frac{\sigma}{\sqrt{n}},\bar{X}+u_{\frac{\alpha}{2}}\frac{\sigma}{\sqrt{n}}\right].$$

由题意得 $\bar{x}=5.426,n=40,\sigma=0.1,\alpha=0.05$，查表（见附表 2）得 $u_{\frac{\alpha}{2}}=u_{0.025}=1.96$.

将上述数据代入公式，得 μ 的置信度为 0.95 的置信区间为

$$\left[5.426-1.96\times\frac{0.1}{\sqrt{40}},\ 5.426+1.96\times\frac{0.1}{\sqrt{40}}\right]=[5.395,5.457].$$

例 6.17 为估计某种汉堡的脂肪含量，随机抽取了 10 个这种汉堡，测得脂肪含量（%）如下：

25.2, 21.3, 22.8, 17.0, 29.8, 21.0, 25.5, 16.0, 20.9, 19.5.

假设这种汉堡的脂肪含量（%）服从正态分布，求平均脂肪含量 μ 的置信度为 0.95 的置信区间.

微课：均值 μ 的置信区间及 例6.17

解 因为 σ^2 未知，所以 μ 的置信区间为

$$\left[\bar{X}-t_{\frac{\alpha}{2}}(n-1)\frac{S}{\sqrt{n}},\bar{X}+t_{\frac{\alpha}{2}}(n-1)\frac{S}{\sqrt{n}}\right].$$

经过计算，样本均值为 $\bar{x}=21.9$，样本标准差为 $s=4.134$.

由题意知 $n=10,\alpha=0.05$，查表（见附表 4）得 $t_{\frac{\alpha}{2}}(n-1)=t_{0.025}(9)=2.262\,2$.

将上述数据代入公式，得 μ 的置信度为 0.95 的置信区间为

$$\left[21.9-2.262\,2\times\frac{4.134}{\sqrt{10}},21.9+2.262\,2\times\frac{4.134}{\sqrt{10}}\right]=[18.94,24.86].$$

例 6.18 已知某种钢丝的折断力服从正态分布 $N(\mu,\sigma^2)$，从一批钢丝中任意抽取 10 根，测得折断力数据（单位：kg）如下：

578, 572, 570, 568, 572, 570, 570, 596, 584, 572.

求 σ^2 和 σ 的置信度为 0.9 的置信区间.

解 由于 μ 未知，则 σ^2 的置信度为 $1-\alpha$ 的置信区间为

$$\left[\frac{(n-1)S^2}{\chi^2_{\frac{\alpha}{2}}(n-1)},\frac{(n-1)S^2}{\chi^2_{1-\frac{\alpha}{2}}(n-1)}\right].$$

微课：方差 σ^2 的置信区间及 例6.18

进而得到 σ 的置信度为 $1-\alpha$ 的置信区间为

$$\left[\sqrt{\frac{(n-1)S^2}{\chi^2_{\frac{\alpha}{2}}(n-1)}},\sqrt{\frac{(n-1)S^2}{\chi^2_{1-\frac{\alpha}{2}}(n-1)}}\right].$$

经过计算，样本方差为 $s^2=75.73$，由 $n=10$ 和 $\alpha=0.1$，查表（见附表 3）得

$$\chi^2_{0.05}(9)=16.919,\chi^2_{0.95}(9)=3.325.$$

代入公式即得 σ^2 的置信度为 0.9 的置信区间为

$$[40.28, 204.98].$$

进而得到 σ 的置信度为 0.9 的置信区间为 $[6.35, 14.32]$.

2. 两个正态总体的情形

设总体 $X \sim N(\mu_1, \sigma_1^2)$，总体 $Y \sim N(\mu_2, \sigma_2^2)$，$X$ 与 Y 相互独立，样本 $X_1, X_2, \cdots, X_{n_1}$ 来自总体 X，样本 $Y_1, Y_2, \cdots, Y_{n_2}$ 来自总体 Y.

（1）σ_1^2 和 σ_2^2 已知，均值差 $\mu_1 - \mu_2$ 的置信区间

由于 $\bar{X} \sim N\left(\mu_1, \dfrac{\sigma_1^2}{n_1}\right)$，$\bar{Y} \sim N\left(\mu_2, \dfrac{\sigma_2^2}{n_2}\right)$，且 $\bar{X}$ 和 $\bar{Y}$ 相互独立，所以

$$\bar{X} - \bar{Y} \sim N\left(\mu_1 - \mu_2, \frac{\sigma_1^2}{n_1} + \frac{\sigma_2^2}{n_2}\right).$$

取枢轴量为

$$U = \frac{\bar{X} - \bar{Y} - (\mu_1 - \mu_2)}{\sqrt{\dfrac{\sigma_1^2}{n_1} + \dfrac{\sigma_2^2}{n_2}}} \sim N(0, 1),$$

可得 $\mu_1 - \mu_2$ 的置信度为 $1 - \alpha$ 的置信区间为

$$\left[(\bar{X} - \bar{Y}) - u_{\frac{\alpha}{2}}\sqrt{\frac{\sigma_1^2}{n_1} + \frac{\sigma_2^2}{n_2}}, (\bar{X} - \bar{Y}) + u_{\frac{\alpha}{2}}\sqrt{\frac{\sigma_1^2}{n_1} + \frac{\sigma_2^2}{n_2}}\right].$$

（2）σ_1^2 和 σ_2^2 未知，但 $\sigma_1^2 = \sigma_2^2$，均值差 $\mu_1 - \mu_2$ 的置信区间

由于总体方差 σ_1^2 和 σ_2^2 未知，但 $\sigma_1^2 = \sigma_2^2$，故取枢轴量

$$T = \frac{\bar{X} - \bar{Y} - (\mu_1 - \mu_2)}{S_w \sqrt{\dfrac{1}{n_1} + \dfrac{1}{n_2}}} \sim t(n_1 + n_2 - 2),$$

且

$$S_w^2 = \frac{(n_1 - 1)S_1^2 + (n_2 - 1)S_2^2}{n_1 + n_2 - 2}.$$

可得 $\mu_1 - \mu_2$ 的置信度为 $1 - \alpha$ 的置信区间为

$$\left[\bar{X} - \bar{Y} - t_{\frac{\alpha}{2}}(n_1 + n_2 - 2)S_w\sqrt{\frac{1}{n_1} + \frac{1}{n_2}}, \bar{X} - \bar{Y} + t_{\frac{\alpha}{2}}(n_1 + n_2 - 2)S_w\sqrt{\frac{1}{n_1} + \frac{1}{n_2}}\right].$$

（3）μ_1 和 μ_2 未知，方差比 $\dfrac{\sigma_1^2}{\sigma_2^2}$ 的置信区间

由于 μ_1 和 μ_2 未知，故取枢轴量为

$$F = \frac{\dfrac{S_1^2}{\sigma_1^2}}{\dfrac{S_2^2}{\sigma_2^2}} \sim F(n_1 - 1, n_2 - 1),$$

可得 $\dfrac{\sigma_1^2}{\sigma_2^2}$ 的置信度为 $1-\alpha$ 的置信区间为

$$\left[\frac{S_1^2}{S_2^2}F_{1-\frac{\alpha}{2}}(n_2-1,n_1-1),\frac{S_1^2}{S_2^2}F_{\frac{\alpha}{2}}(n_2-1,n_1-1)\right].$$

例 6.19 某厂利用两条自动化流水线罐装辣椒酱，现分别从两条流水线上抽取了容量分别为 13 与 17 的两个相互独立的样本，其中

$$\bar{x}=10.6\text{g},\bar{y}=9.5\text{g},s_1^2=2.4\text{g}^2,s_2^2=4.7\text{g}^2.$$

假设两条流水线上罐装的辣椒酱质量分别服从正态分布 $N(\mu_1,\sigma_1^2)$ 和 $N(\mu_2,\sigma_2^2)$.

微课：例6.19

（1）求它们的方差比 $\dfrac{\sigma_1^2}{\sigma_2^2}$ 的置信度为 0.95 的置信区间.

（2）若它们的方差相同，$\sigma_1^2=\sigma_2^2=\sigma^2$，求均值差 $\mu_1-\mu_2$ 的置信度为 0.95 的置信区间.

解（1）由于 μ_1 和 μ_2 未知，故方差比 $\dfrac{\sigma_1^2}{\sigma_2^2}$ 的置信度为 $1-\alpha$ 的置信区间为

$$\left[\frac{S_1^2}{S_2^2}F_{1-\frac{\alpha}{2}}(n_2-1,n_1-1),\frac{S_1^2}{S_2^2}F_{\frac{\alpha}{2}}(n_2-1,n_1-1)\right].$$

由 $n_1=13,n_2=17,\alpha=0.05$，查 F 分布表（见附表 5）得

$$F_{0.025}(16,12)=3.16,\ F_{0.975}(16,12)=\frac{1}{F_{0.025}(12,16)}=\frac{1}{2.89}\approx0.346.$$

由公式得方差比 $\dfrac{\sigma_1^2}{\sigma_2^2}$ 的置信区间为

$$\left[\frac{2.4}{4.7}\times0.346,\frac{2.4}{4.7}\times3.16\right]=[0.176\,7,1.613\,6].$$

（2）由于方差未知，但 $\sigma_1^2=\sigma_2^2=\sigma^2$，故 $\mu_1-\mu_2$ 的置信度为 $1-\alpha$ 的置信区间为

$$\left[(\bar{X}-\bar{Y})-t_{\frac{\alpha}{2}}(n_1+n_2-2)\sqrt{\frac{1}{n_1}+\frac{1}{n_2}}\sqrt{\frac{(n_1-1)S_1^2+(n_2-1)S_2^2}{n_1+n_2-2}},\right.$$

$$\left.(\bar{X}-\bar{Y})+t_{\frac{\alpha}{2}}(n_1+n_2-2)\sqrt{\frac{1}{n_1}+\frac{1}{n_2}}\sqrt{\frac{(n_1-1)S_1^2+(n_2-1)S_2^2}{n_1+n_2-2}}\right].$$

由 $n_1=13,n_2=17,\alpha=0.05$，查 t 分布表（见附表 4）得 $t_{0.025}(28)=2.048\,4$，将数据代入公式，得 $\mu_1-\mu_2$ 的置信度为 0.95 的置信区间为

$$[-0.354\,5,2.554\,5].$$

对以上关于正态总体参数的区间估计的讨论进行总结，单个正态总体参数的区间估计如表 6.1 所示，两个正态总体参数的区间估计如表 6.2 所示.

表 6.1

待估参数	条件	枢轴量	置信区间
μ	σ^2 已知	$U = \dfrac{\overline{X} - \mu}{\sigma / \sqrt{n}} \sim N(0,1)$	$\left[\overline{X} - u_{\frac{\alpha}{2}} \dfrac{\sigma}{\sqrt{n}},\ \overline{X} + u_{\frac{\alpha}{2}} \dfrac{\sigma}{\sqrt{n}} \right]$
	σ^2 未知	$T = \dfrac{\overline{X} - \mu}{S / \sqrt{n}} \sim t(n-1)$	$\left[\overline{X} - t_{\frac{\alpha}{2}}(n-1) \dfrac{S}{\sqrt{n}},\ \overline{X} + t_{\frac{\alpha}{2}}(n-1) \dfrac{S}{\sqrt{n}} \right]$
σ^2	μ 未知	$\chi^2 = \dfrac{(n-1)S^2}{\sigma^2} \sim \chi^2(n-1)$	$\left[\dfrac{(n-1)S^2}{\chi^2_{\frac{\alpha}{2}}(n-1)},\ \dfrac{(n-1)S^2}{\chi^2_{1-\frac{\alpha}{2}}(n-1)} \right]$

表 6.2

待估参数	条件	枢轴量	置信区间
$\mu_1 - \mu_2$	σ_1^2, σ_2^2 已知	$U = \dfrac{\overline{X} - \overline{Y} - (\mu_1 - \mu_2)}{\sqrt{\dfrac{\sigma_1^2}{n_1} + \dfrac{\sigma_2^2}{n_2}}} \sim N(0,1)$	$\left[(\overline{X} - \overline{Y}) - u_{\frac{\alpha}{2}} \sqrt{\dfrac{\sigma_1^2}{n_1} + \dfrac{\sigma_2^2}{n_2}},\ (\overline{X} - \overline{Y}) + u_{\frac{\alpha}{2}} \sqrt{\dfrac{\sigma_1^2}{n_1} + \dfrac{\sigma_2^2}{n_2}} \right]$
	σ_1^2, σ_2^2 未知，但 $\sigma_1^2 = \sigma_2^2$	$T = \dfrac{\overline{X} - \overline{Y} - (\mu_1 - \mu_2)}{S_w \sqrt{\dfrac{1}{n_1} + \dfrac{1}{n_2}}} \sim t(n_1 + n_2 - 2)$,$\ $且$\ S_w^2 = \dfrac{(n_1-1)S_1^2 + (n_2-1)S_2^2}{n_1 + n_2 - 2}$	$\left[\overline{X} - \overline{Y} - t_{\frac{\alpha}{2}}(n_1 + n_2 - 2)S_w \sqrt{\dfrac{1}{n_1} + \dfrac{1}{n_2}},\ \overline{X} - \overline{Y} + t_{\frac{\alpha}{2}}(n_1 + n_2 - 2)S_w \sqrt{\dfrac{1}{n_1} + \dfrac{1}{n_2}} \right]$
$\dfrac{\sigma_1^2}{\sigma_2^2}$	μ_1, μ_2 未知	$F = \dfrac{\dfrac{S_1^2}{\sigma_1^2}}{\dfrac{S_2^2}{\sigma_2^2}} \sim F(n_1 - 1, n_2 - 1)$	$\left[\dfrac{S_1^2}{S_2^2} F_{1-\frac{\alpha}{2}}(n_2-1, n_1-1),\ \dfrac{S_1^2}{S_2^2} F_{\frac{\alpha}{2}}(n_2-1, n_1-1) \right]$

*6.2.3 单侧置信区间

在上述讨论中，对于未知参数 θ，我们给出的置信区间 $[\hat{\theta}_1, \hat{\theta}_2]$ 都是既有置信下限又有置信上限的，通常称为双侧置信区间．因为双侧置信区间是最短的，所以是精度最高的，应用最为广泛．但在某些实际问题中，例如，对机器设备零部件来说，平均寿命越长越好，我们关心的是平均寿命的"下限"；又如，在购买家具用品时，其中甲醛含量越小越好，我们关心的是甲醛含量均值的"上限"．这就引出了单侧置信区间的概念．

微课：单侧置信区间

定义 6.5 设 θ 为总体的未知参数，对于给定的 $\alpha(0 < \alpha < 1)$，若存在统计量 $\hat{\theta}_L = \hat{\theta}_L(X_1, X_2, \cdots, X_n)$，使

$$P\{\hat{\theta}_L \leqslant \theta < +\infty\} = 1 - \alpha,$$

则称随机区间 $[\hat{\theta}_L, +\infty)$ 为参数 θ 的置信度为 $1-\alpha$ 的单侧置信区间，$\hat{\theta}_L$ 称为单侧置信下限；

若存在统计量 $\hat{\theta}_U = \hat{\theta}_U(X_1, X_2, \cdots, X_n)$，使

$$P\{-\infty < \theta \leqslant \hat{\theta}_U\} = 1 - \alpha,$$

则称随机区间 $(-\infty, \hat{\theta}_U]$ 为参数 θ 的置信度为 $1-\alpha$ 的单侧置信区间，$\hat{\theta}_U$ 称为单侧置信上限．

单侧置信区间的求法与双侧置信区间相同，例如，设 $X_1, X_2, \cdots, X_n$ 为来自正态总体 $X \sim N(\mu, \sigma^2)$ 的样本，其中 σ^2 已知，μ 未知，利用枢轴量

$$U = \frac{\bar{X} - \mu}{\sigma/\sqrt{n}} \sim N(0,1) \,,$$

如图 6.2 所示，构造 $P\{U \leqslant u_\alpha\} = 1 - \alpha$，即

$$P\left\{ \frac{\bar{X} - \mu}{\sigma/\sqrt{n}} \leqslant u_\alpha \right\} = 1 - \alpha,$$

进行恒等变形得

$$P\left\{ \mu \geqslant \bar{X} - u_\alpha \cdot \frac{\sigma}{\sqrt{n}} \right\} = 1 - \alpha,$$

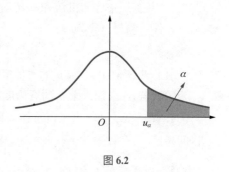

图 6.2

从而可得 μ 的置信度为 $1 - \alpha$ 的单侧置信下限为 $\hat{\mu}_L = \bar{X} - u_\alpha \cdot \dfrac{\sigma}{\sqrt{n}}$.

在前面的讨论中，我们已经给出了正态总体参数的双侧置信区间公式，实际上，只要取相应的上侧或下侧，将其中的 $\dfrac{\alpha}{2}$ 换成 α，就可以得到单侧置信上限或下限.

例 6.20 已知某种建筑材料的剪力强度 X 服从正态分布，我们对该种材料做了 46 次剪力测试，测得样本均值 $\bar{x} = 17.17\text{N/mm}^2$，样本标准差 $s = 3.28\text{N/mm}^2$，求剪力强度平均值 μ 的置信度为 0.95 的单侧置信下限.

解 因为 σ^2 未知，故 μ 的双侧置信区间公式经过变换，可得单侧置信下限为

$$\hat{\mu}_L = \bar{X} - t_\alpha(n-1)\frac{S}{\sqrt{n}} \,.$$

因为 $1 - \alpha = 0.95$，所以 $\alpha = 0.05$，$t_\alpha(n-1) = t_{0.05}(45) = 1.6794$.

故 μ 的置信度为 0.95 的单侧置信下限为

$$\hat{\mu}_L = \bar{x} - t_{0.05}(45)\frac{s}{\sqrt{n}} = 16.36 \,.$$

同步习题 6.2

基础题

1. 从长期生产实践知道，某厂生产的 60W 灯泡的使用寿命 $X \sim N(\mu, 100^2)$（单位：h），现从某一批灯泡中抽取 5 只，测得使用寿命如下：

$$1\,455, \ 1\,502, \ 1\,370, \ 1\,610, \ 1\,430.$$

试求这批灯泡平均使用寿命 μ 的置信区间（α 分别为 0.1 和 0.05）.

2. 设某种袋装糖果的质量服从正态分布，现从中随机地抽取 16 袋，称得质量的平

均值 $\bar{x} = 503.75$g，样本标准差 $s = 6.202\,2$g，求总体均值 μ 的置信度为 0.95 的置信区间.

3. 某工厂生产一批滚珠，其直径 X 服从正态分布 $N(\mu, \sigma^2)$，现从某天的产品中随机抽取 6 件，测得直径为

$$15.1,\ 14.8,\ 15.2,\ 14.9,\ 14.6,\ 15.1.$$

（1）若 $\sigma^2 = 0.06$，求 μ 的置信度为 0.95 的置信区间.

（2）若 σ^2 未知，求 μ 的置信度为 0.95 的置信区间.

4. 设 $x_1, x_2, \cdots, x_{25}$ 为来自总体 X 的一个样本，$X \sim N(\mu, 5^2)$，求 μ 的置信度为 0.90 的置信区间长度.

5. 设 $X \sim N(\mu, \sigma^2)$，$x_1, x_2, \cdots, x_{15}$ 为其样本观测值，已知 $\sum\limits_{i=1}^{15} x_i = 8.7, \sum\limits_{i=1}^{15} x_i^2 = 25.05$，分别求 μ 和 σ^2 的置信度为 0.95 的置信区间.

6. 随机抽取某种炮弹 9 发做测试，得炮口速度大小的样本标准差为 $s = 10.5$m/s，设炮口速度大小服从正态分布. 求这种炮弹的炮口速度大小的标准差 σ 的置信度为 0.95 的置信区间.

提高题

1. 从正态总体 $X \sim N(\mu, 6^2)$ 中抽取容量为 n 的样本，若要保证 μ 的 95% 的置信区间的长度小于 2，则样本容量 n 至少应为多大？

2. 设总体 $X \sim N(\mu, 8)$，$X_1, X_2, \cdots, X_{36}$ 是该总体的样本，如果将 $[\bar{X} - 1, \bar{X} + 1]$ 作为 μ 的置信区间，求置信度.

微课：第1题

3. 已知灯泡寿命 X（单位：h）服从正态分布，从中随机抽取 5 只做寿命测试，测得寿命分别为

$$1\,050,\ 1\,100,\ 1\,120,\ 1\,250,\ 1\,280.$$

求灯泡寿命均值的单侧置信下限与寿命方差的单侧置信上限（置信度为 0.95）.

4. 为比较 A 和 B 两种型号步枪子弹的枪口速度大小，随机地取 A 型子弹 10 发，取 B 型子弹 20 发，得到两种子弹枪口速度大小的平均值和标准差分别如下.

$$\bar{x}_1 = 500\text{m/s}, \bar{x}_2 = 496\text{m/s}, s_1 = 1.1\text{m/s}, s_2 = 1.2\text{m/s}.$$

假设两总体都服从正态分布，且方差相等，求两总体均值差 $\mu_1 - \mu_2$ 的置信度为 0.95 的置信区间.

5. 设两位化验员 A 和 B 独立地对某种聚合物的含氯量用同样的方法各做 10 次测定，其测定值的样本方差分别为 $s_A^2 = 0.541\,9$ 和 $s_B^2 = 0.606\,5$. 设 σ_A^2 和 σ_B^2 分别为 A 与 B 所测定的测定值总体的方差，且两总体均服从正态分布，求方差比 $\dfrac{\sigma_A^2}{\sigma_B^2}$ 的置信度为 0.95 的置信区间.

6．研究由机器 A 和机器 B 生产的钢管的内径，随机抽取机器 A 生产的钢管 18 根，测得样本均值 $\bar{x}=91.73\text{mm}$，样本方差 $s_1^2=0.34\text{mm}^2$；随机抽取机器 B 生产的钢管 13 根，测得样本均值 $\bar{y}=93.75\text{mm}$，样本方差 $s_2^2=0.29\text{mm}^2$．设两样本相互独立，且这两台机器生产的钢管内径分别服从正态分布 $N(\mu_1,\sigma_1^2)$ 和 $N(\mu_2,\sigma_2^2)$，求：

（1）$\dfrac{\sigma_1^2}{\sigma_2^2}$ 的置信度为 0.9 的置信区间；

（2）若 $\sigma_1^2=\sigma_2^2$，求 $\mu_1-\mu_2$ 的置信度为 0.9 的置信区间．

第 6 章思维导图

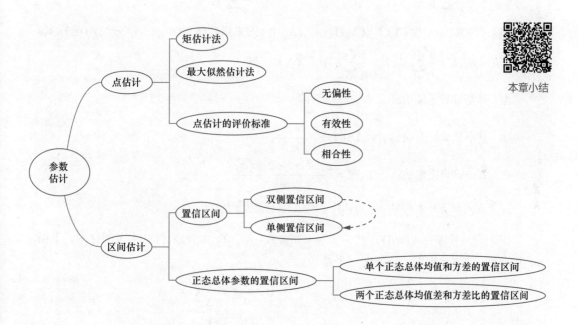

本章小结

中国数学学者

个人成就

控制科学家，中国科学院院士，第十三届全国人民代表大会常务委员会副秘书长，曾任中国科学院数学与系统科学研究院院长．郭雷长期从事系统与控制科学研究，特别是随机与不确定性动力系统的估计、滤波与控制理论等．

郭雷

第6章总复习题

1. 选择题: (1)~(5) 小题,每小题 4 分,共 20 分. 下列每小题给出的 4 个选项中,只有一个选项是符合题目要求的.

(1) 设总体 X 服从参数为 $\lambda(\lambda > 0)$ 的泊松分布,$X_1, X_2, \cdots, X_n$ 为 X 的一个样本,其样本均值 $\bar{X} = 2$,则 λ 的矩估计值 $\hat{\lambda}$ 为(   ).

A. 2   B. 1   C. 4   D. $\dfrac{1}{2}$

(2) 设总体 $X \sim U(0, \theta]$,$\theta > 0$ 且为未知参数,$X_1, X_2, \cdots, X_n$ 为 X 的一个样本,则 θ 的最大似然估计量为(   ).

A. $\max(X_1, X_2, \cdots, X_n)$ B. $\min(X_1, X_2, \cdots, X_n)$

C. $\bar{X} = \dfrac{1}{n}\sum_{i=1}^{n} X_i$ D. $\dfrac{1}{n}\sum_{i=1}^{n} X_i^2$

(3) (2021105) 设 $(X_1, Y_1), (X_2, Y_2), \cdots, (X_n, Y_n)$ 为来自总体 $N(\mu_1, \mu_2, \sigma_1^2, \sigma_2^2, \rho)$ 的样本,令 $\theta = \mu_1 - \mu_2$,$\bar{X} = \dfrac{1}{n}\sum_{i=1}^{n} X_i$,$\bar{Y} = \dfrac{1}{n}\sum_{i=1}^{n} Y_i$,$\hat{\theta} = \bar{X} - \bar{Y}$,则(   ).

A. $\hat{\theta}$ 是 θ 的无偏估计,$D(\hat{\theta}) = \dfrac{\sigma_1^2 + \sigma_2^2}{n}$

B. $\hat{\theta}$ 不是 θ 的无偏估计,$D(\hat{\theta}) = \dfrac{\sigma_1^2 + \sigma_2^2}{n}$

C. $\hat{\theta}$ 是 θ 的无偏估计,$D(\hat{\theta}) = \dfrac{\sigma_1^2 + \sigma_2^2 - 2\rho\sigma_1\sigma_2}{n}$

D. $\hat{\theta}$ 不是 θ 的无偏估计,$D(\hat{\theta}) = \dfrac{\sigma_1^2 + \sigma_2^2 - 2\rho\sigma_1\sigma_2}{n}$

(4) 设总体 $X \sim N(\mu, 1)$,其中 μ 为未知参数,X_1, X_2, X_3 为来自总体 X 的样本,下面 4 个关于 μ 的估计量中,最好的一个是(   ).

A. $\dfrac{1}{5}X_1 + \dfrac{2}{5}X_2 + \dfrac{2}{5}X_3$ B. $\dfrac{1}{4}X_1 + \dfrac{1}{2}X_2 + \dfrac{1}{4}X_3$

C. $\dfrac{1}{6}X_1 + \dfrac{5}{6}X_2$ D. $\dfrac{1}{3}X_1 + \dfrac{1}{3}X_2 + \dfrac{1}{3}X_3$

(5) (2005304) 设一批零件的长度服从正态分布 $N(\mu, \sigma^2)$,其中 μ, σ^2 均未知. 现从中随机抽取 16 个零件,测得样本均值 $\bar{x} = 20\text{cm}$,样本标准差 $s = 1\text{cm}$,则 μ 的置信度为 0.90 的置信区间是(   ).

A. $\left[20 - \dfrac{1}{4}t_{0.05}(16), 20 + \dfrac{1}{4}t_{0.05}(16)\right]$ B. $\left[20 - \dfrac{1}{4}t_{0.1}(16), 20 + \dfrac{1}{4}t_{0.1}(16)\right]$

C. $\left[20 - \dfrac{1}{4}t_{0.05}(15), 20 + \dfrac{1}{4}t_{0.05}(15)\right]$ D. $\left[20 - \dfrac{1}{4}t_{0.1}(15), 20 + \dfrac{1}{4}t_{0.1}(15)\right]$

2. 填空题: (6)~(10) 小题,每小题 4 分,共 20 分.

(6) 设总体 $X \sim U(0, \theta]$,$\theta > 0$ 且为未知参数,样本观测值为 0.3, 0.8, 0.27, 0.35, 0.62, 0.55,则 θ 的矩估计值为 _____.

（7）设 X 的概率密度为

$$f(x)=\begin{cases}\dfrac{6x}{\theta^3}(\theta-x), & 0<x<\theta,\\ 0, & \text{其他},\end{cases}$$

$X_1,X_2,\cdots,X_n$ 是来自总体 X 的样本，则 θ 的矩估计量 $\hat{\theta}=$＿＿＿＿＿.

（8）设 X_1,X_2 是来自总体 $X\sim N(\mu,\sigma^2)$ 的样本，若 CX_1-2X_2 是 μ 的一个无偏估计量，则常数 $C=$＿＿＿＿＿.

（9）（2003104）已知一批零件的长度 X（cm）服从正态分布 $N(\mu,1)$，从中随机地抽取 16 个零件，得到长度的平均值为 40（cm），则 μ 的置信度为 0.95 的置信区间是＿＿＿＿＿.

（10）（2016104）设 $x_1,x_2,\cdots,x_n$ 为来自总体 $N(\mu,\sigma^2)$ 的样本，样本均值 $\bar{x}=9.5$，参数 μ 的置信度为 0.95 的双侧置信区间的置信上限为 10.8，则 μ 的置信度为 0.95 的双侧置信区间为＿＿＿＿＿.

3．解答题：（11）～（16）小题，每小题 10 分，共 60 分.

（11）设总体 X 服从二项分布 $B(m,p)$，p 为未知参数，$X_1,X_2,\cdots,X_n$ 是 X 的样本，求 p 的矩估计量和最大似然估计量.

（12）（2018111）设总体 X 的概率密度为

$$f(x)=\dfrac{1}{2\sigma}\mathrm{e}^{-\frac{|x|}{\sigma}},\ -\infty<x<+\infty,$$

其中 $\sigma\in(0,+\infty)$ 为未知参数，$X_1,X_2,\cdots,X_n$ 为来自总体 X 的样本，记 σ 的最大似然估计量为 $\hat{\sigma}$．求：① $\hat{\sigma}$；② $E(\hat{\sigma})$ 和 $D(\hat{\sigma})$.

（13）（2009111）已知总体 X 的概率密度为

$$f(x)=\begin{cases}\lambda^2 x\mathrm{e}^{-\lambda x}, & x>0,\\ 0, & \text{其他},\end{cases}$$

其中 $\lambda>0$ 且为未知参数．$X_1,X_2,\cdots,X_n$ 为总体 X 的样本，求 λ 的矩估计量和最大似然估计量.

（14）（2012111）设随机变量 X 与 Y 相互独立且分别服从正态分布 $N(\mu,\sigma^2)$ 与 $N(\mu,2\sigma^2)$，其中 σ 是未知参数且 $\sigma>0$．记 $Z=X-Y$.

① 求 Z 的概率密度 $f(z)$.

② 设 $Z_1,Z_2,\cdots,Z_n$ 为来自总体 Z 的样本，求 σ^2 的最大似然估计量 $\hat{\sigma}^2$.

③ 证明：$\hat{\sigma}^2$ 为 σ^2 的无偏估计量.

（15）生产一个零件所需时间 $X\sim N(\mu,\sigma^2)$（单位：s），测量 25 个零件的生产时间，得 $\bar{x}=5.5\mathrm{s}$，$s=1.73\mathrm{s}$，试求 μ 和 σ^2 的置信度为 0.95 的置信区间.

（16）一批零件的长度 $X\sim N(\mu,\sigma^2)$，从中抽取 10 件，测得长度（单位：mm）为

　　49.7, 50.9, 50.6, 51.8, 52.4, 48.8, 51.1, 51.0, 51.5, 51.2,

求零件长度总体方差 σ^2 的置信度为 0.90 的置信区间.

本章同步
习题答案　　本章总复习
题答案

07

第 7 章
假设检验

在第 6 章我们讨论了统计推断的一种类型——参数估计，在实际应用中，人们不仅需要通过样本去估计总体的未知参数，还经常遇到另一种统计推断类型——假设检验，即根据样本对总体的某些"假设"做出拒绝或者接受的一种判断方法. 例如，某品牌手机广告中称该手机平均待机时间为 30h，我们从该品牌手机用户中随机抽查 25 个进行检验，看能否认可广告的说法. 又如，一电视台综艺节目声称其收视率为 1.8%，某调查公司利用从全国抽取的 6 万名电视用户的收视信息做检验，以评判该综艺节目的收视率数据是否可信. 再如，以往某学校门口每 20s 通过的汽车数量服从泊松分布，问：近期是否有变化？我们可以收集 50 组最新的流量检测数据，来检验现在每 20s 通过的汽车数量是否仍然服从泊松分布. 前面两例可归结为：对总体的某些参数取值做出假设，通过抽样来判断假设是否成立，这种检验称为参数检验. 后面一例推断的是"总体服从泊松分布"这一假设是否成立，即对总体分布的类型提出假设，然后对该假设进行检验，这种检验称为非参数检验. 参数检验和非参数检验统称为**假设检验**. 本章只介绍参数检验的内容.

本章导学

7.1 假设检验的基本概念

设总体 X 的分布类型已知，我们要对分布参数的值做出一定的论断或猜测，这就是统计假设. 而对统计假设需要做出是或非的回答，为此，我们需要抽取样本或者做试验，根据样本或者试验的结果，按照一定的判断规则，对所提出的假设做出接受或者拒绝的判断. 以上过程我们称之为假设检验. 那么，如何提出假设？按照什么原理进行检验？怎样做出判断？下面一一进行介绍.

7.1.1 假设检验的基本思想

我们先看一个具体例子.

例 7.1 设某种特殊类型的集成电路所用硅晶圆片的目标厚度为 245μm，在正常情况下，硅晶圆片样品的厚度应该服从正态分布 $N(245, 3.6^2)$. 我们抽取了 50 个硅晶圆片样品，并测定每个硅晶圆片的厚度，得到了样品的平均厚度为 246.18μm，这些数据是否表明实际的硅晶圆片平均厚度与目标厚度有显著差异呢？

由提出的问题可知，我们的检验目的是：利用抽查得到的样本去检验硅晶圆片的平均厚度 μ 是否为 245μm. 这就需要设置一种检验规则，以及根据规则完成进一步的检验过程.

微课：假设检验的基本思想

延伸微课

假设检验规则的制订有多种方式，其中一种较为通俗易懂，该方式所依据的是人们在实践中普遍采用的一个原理——**实际推断原理**，也称**小概率原理**，即"小概率事件在一次试验中几乎不会发生"．按照这一原理，我们首先需要依据经验或过往的统计数据对总体的分布参数做出假设 H_0，称其为**原假设**，其对立面称为**备择假设**，记为 H_1．然后，在 H_0 为真的前提下，构造一个小概率事件，若在一次试验中，小概率事件居然发生了，就完全有理由拒绝 H_0 的正确性，否则就没有充分的理由拒绝 H_0，从而接受 H_0，这就是假设检验的基本思想．

上述思路包含了反证法的思想，但它不同于一般的反证法．一般的反证法要求在原假设成立的条件下导出的结论是绝对成立的，如果事实与之矛盾，则完全绝对地否定原假设．而假设检验中的反证法是带概率性质的反证法，概率反证法的逻辑是：如果小概率事件在一次试验中居然发生，我们就以很大的把握否定原假设．我们知道小概率事件并不是绝对不可能发生，只是它发生的可能性很小而已，由此可知，假设检验有时会犯错误，即所得结论与事实可能不符．

结合上述分析，通过例 7.1，下面给出假设检验的一般方法．

首先，建立假设

$$H_0 : \mu = 245, \quad H_1 : \mu \neq 245 .$$

检验的目的就是要在原假设 H_0 和备择假设 H_1 二者之中选择其一．

然后，在 H_0 为真的前提下，构造一个小概率事件．

为此需要选取检验统计量，并在 H_0 成立的条件下确定该检验统计量的分布．由题意，选取 $U = \dfrac{\bar{X} - \mu}{\dfrac{\sigma}{\sqrt{n}}}$ 为检验统计量，当 H_0 成立时，

$$U = \frac{\bar{X} - 245}{\dfrac{\sigma}{\sqrt{n}}} \sim N(0,1).$$

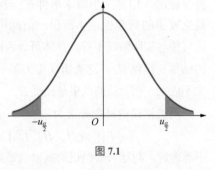

图 7.1

如图 7.1 所示，利用该检验统计量可以构造一个小概率事件

$$P\left\{ |U| > u_{\frac{\alpha}{2}} \right\} = \alpha ,$$

在假设检验中，我们称这个小概率 α 为**显著性水平**或者**检验水平**，α 的选择要根据实际情况而定，通常取 $\alpha = 0.1, \alpha = 0.01, \alpha = 0.05$．

假定本例中 $\alpha = 0.05$，查标准正态分布表（见附表 2），得分位点 $u_{0.025} = 1.96$，则

$$P\{|U| > 1.96\} = 0.05 .$$

最后，做出判断：计算检验统计量的观测值，考察小概率事件是否发生，若发生，则否定 H_0，接受 H_1；反之，则接受 H_0．

本例中，检验统计量 U 的观测值为

$$u = \frac{246.18 - 245}{\dfrac{3.6}{\sqrt{50}}} \approx 2.32 ,$$

故小概率事件 $\{|U| > 1.96\}$ 发生了，从而否定 H_0，即认为实际的硅晶圆片平均厚度与目标厚度

有显著差异.

在假设检验中，我们往往将小概率事件 $\{|U|>1.96\}$ 称为拒绝域或者否定域.

7.1.2 假设检验的基本步骤

上面叙述的检验方法具有普遍意义，可用在各种各样的假设检验问题上，由此我们归纳出假设检验的一般步骤如下.

1. 建立假设

根据题意合理地建立原假设 H_0 和备择假设 H_1，如

$$H_0 : \theta = \theta_0, \ H_1 : \theta \neq \theta_0 .$$

2. 选取检验统计量

选择适当的检验统计量 Q，要求在 H_0 为真时，检验统计量 Q 的分布是已知的.

3. 确定拒绝域

按照显著性水平 α，由检验统计量 Q 确定一个合理的拒绝域.

4. 做出判断

由样本观测值，计算出检验统计量的观测值 q，若 q 落在拒绝域内，则拒绝 H_0；否则接受 H_0.

7.1.3 假设检验的两类错误

我们已经知道，假设检验的推理方法是根据"小概率原理"进行判断的一种反证法. 但是，小概率事件在一次试验中几乎不发生并不是绝对不发生，只是它发生的可能性很小而已. 由此可知，假设检验可能犯错误，检验得到的结论可能与实际情况不符，具体可分为两种情况：一是原假设 H_0 确实成立，而检验的结果是拒绝 H_0，这类错误称为第一类错误或"弃真"错误；二是原假设 H_0 确实不成立，而检验的结果是接受 H_0，这类错误称为第二类错误或"取伪"错误.

微课：假设检验的两类错误

两类错误的概率分别为

$$P\{拒绝 H_0 \mid H_0 为真\} = \alpha, P\{接受 H_0 \mid H_0 不真\} = \beta .$$

计算机可视化

不难理解，犯第一类错误的概率就是显著性水平 α，而犯第二类错误的概率 β 的计算通常比较复杂. 两类错误是互相关联的，当样本容量固定时，一类错误概率的减小会导致另一类错误概率的增大. 因为原假设 H_0 比较重要，所以通常采取的方法如下：固定犯第一类错误的概率 α，通过增加样本容量来降低犯第二类错误的概率 β.

例 7.2 设总体 X 服从正态分布 $N(\mu, 1^2)$，X_1, X_2, X_3, X_4 是该总体的样本，对于检验假设

$$H_0 : \mu = 0, \ H_1 : \mu = \mu_1 (\mu_1 > 0),$$

已知拒绝域为 $\bar{X} > 0.98$，问：此检验犯第一类错误的概率是多少？若 $\mu_1 = 1$，则犯第二类错误的概率是多少？

微课：例 7.2

解 我们已知，犯第一类错误的概率就是显著性水平 α，即

$$\alpha = P\{拒绝 H_0 \mid H_0 为真\} = P\{\bar{X} > 0.98 \mid \mu = 0\} .$$

由于 $\mu = 0$ 时，$\bar{X} \sim N\left(0, \dfrac{1}{4}\right)$，故

$$\alpha = P\{\overline{X} > 0.98\} = 1 - P\{\overline{X} \leqslant 0.98\} = 1 - \Phi\left(\frac{0.98 - 0}{\frac{1}{2}}\right) = 1 - \Phi(1.96) = 0.025.$$

犯第二类错误的概率

$$\beta = P\{\text{接受} H_0 \mid H_0 \text{不真}\} = P\{\text{接受} H_0 \mid H_1 \text{为真}\} = P\{\overline{X} \leqslant 0.98 \mid \mu = \mu_1\},$$

由于 $\mu = \mu_1 = 1$ ，此时 $\overline{X} \sim N\left(1, \frac{1}{4}\right)$ ，故

$$\beta = P\{\overline{X} \leqslant 0.98\} = \Phi\left(\frac{0.98 - 1}{\frac{1}{2}}\right) = \Phi(-0.04) = 1 - \Phi(0.04) = 0.484.$$

同步习题 7.1

基础题

1. 在假设检验中，显著性水平和拒绝域分别表示什么含义？

2. 某品牌手机广告中声称：该手机平均待机时间为 30h．现随机抽查了 25 个该品牌手机用户，以检验能否认可广告的说法．假若该品牌手机待机时间服从正态分布 $N(\mu, 2^2)$ ，试建立假设 H_0 和 H_1 ，并写出检验统计量．

3. 设 α 和 β 分别是第一、第二类错误的概率，且 H_0 和 H_1 分别为原假设和备择假设，求下列概率：

（1） $P\{\text{接受} H_0 \mid H_0 \text{不真}\}$ ；

（2） $P\{\text{拒绝} H_0 \mid H_0 \text{为真}\}$ ；

（3） $P\{\text{拒绝} H_0 \mid H_0 \text{不真}\}$ ；

（4） $P\{\text{接受} H_0 \mid H_0 \text{为真}\}$ ．

提高题

1. 设总体 X 服从正态分布 $N(\mu, 2^2)$ ， $x_1, x_2, \cdots, x_{16}$ 是该总体的样本值，样本均值是 $\overline{x} = \frac{1}{16}\sum_{i=1}^{16} x_i$ ，已知检验假设 $H_0 : \mu = 0$, $H_1 : \mu \neq 0$ ，在显著性水平为 α 时，若拒绝域是 $|\overline{X}| > 1.29$ ，问：此检验的显著性水平 α 的值是多少？犯第一类错误的概率是多少？

微课：第1题

2. 设总体 $X \sim N(\mu, \sigma^2)$ ， σ^2 已知 ， $X_1, X_2, \cdots, X_n$ 是该总体的样本，对于检验假设

$$H_0 : \mu = \mu_0, \quad H_1 : \mu = \mu_1 (\mu_1 > \mu_0),$$

已知 $\alpha = 0.05$ 时，拒绝域为 $\dfrac{\overline{X} - \mu_0}{\sigma / \sqrt{n}} > 1.64$ ，则犯第二类错误的概率是多少？

■ 7.2 正态总体参数的假设检验

在实际应用当中，正态总体是较为常见的，本节我们将讨论正态总体参数的假设检验问题，分单个正态总体与两个正态总体的情形来讨论. 对于非正态总体情形，即总体不服从正态分布或者不知道总体服从什么分布的，一般采用大容量的样本，根据中心极限定理，按照正态分布近似处理.

7.2.1 单个正态总体参数的假设检验

设总体 $X \sim N(\mu, \sigma^2)$，$X_1, X_2, \cdots, X_n$ 是来自总体 X 的一个样本，显著性水平为 $\alpha(0 < \alpha < 1)$，下面介绍 3 种常见的检验类型.

1. σ^2 已知，关于 μ 的检验

上一节的例 7.1 已经归纳了这种情形的检验方法，具体如下.

（1）建立假设 $H_0: \mu = \mu_0$，$H_1: \mu \neq \mu_0$.

（2）选取检验统计量 $U = \dfrac{\overline{X} - \mu_0}{\dfrac{\sigma}{\sqrt{n}}} \sim N(0,1)$.

（3）按照显著性水平 α，确定拒绝域 $|U| > u_{\frac{\alpha}{2}}$.

（4）由样本观测值求出检验统计量的观测值 u，然后做判断.

由于在以上检验中，我们选取的检验统计量为 $U = \dfrac{\overline{X} - \mu_0}{\dfrac{\sigma}{\sqrt{n}}}$，故称其为 U 检验法.

2. σ^2 未知，关于 μ 的检验

首先建立假设 $H_0: \mu = \mu_0$，$H_1: \mu \neq \mu_0$.

由于 σ^2 未知，故 $U = \dfrac{\overline{X} - \mu_0}{\dfrac{\sigma}{\sqrt{n}}}$ 已不能作为检验统计量. 由于样本方差 $S^2 = \dfrac{1}{n-1} \sum\limits_{i=1}^{n} (X_i - \overline{X})^2$

是方差 σ^2 的无偏估计量，因此以 S 代替 σ 可得检验统计量

$$T = \frac{\overline{X} - \mu_0}{\dfrac{S}{\sqrt{n}}},$$

在 H_0 为真时，检验统计量 $T \sim t(n-1)$.

按照显著性水平 α，确定拒绝域 $|T| > t_{\frac{\alpha}{2}}(n-1)$. 由样本观测值求出检验统计量的观测值 t，然后做判断.

由于在以上检验中，我们选取的检验统计量为 $T = \dfrac{\overline{X} - \mu_0}{\dfrac{S}{\sqrt{n}}}$，故该检验法称为 T 检验法.

3. μ 未知，关于 σ^2 的检验

建立假设 $H_0: \sigma^2 = \sigma_0^2$，$H_1: \sigma^2 \neq \sigma_0^2$.

在 H_0 为真时，检验统计量为

$$\chi^2 = \frac{(n-1)S^2}{\sigma_0^2} \sim \chi^2(n-1).$$

按照显著性水平 α，可得拒绝域为 $\chi^2 > \chi^2_{\frac{\alpha}{2}}(n-1)$ 或 $\chi^2 < \chi^2_{1-\frac{\alpha}{2}}(n-1)$.

上述两种检验中选取的检验统计量都是 χ^2，故称这种检验法为 χ^2 检验法.

例 7.3 某仪器厂生产的仪表圆盘，其标准直径应为 20mm，在正常情况下，仪表圆盘的直径服从正态分布 $N(20,1)$. 为了检查该厂某天生产是否正常，对生产过程中的仪表圆盘随机抽查了 5 个，测得直径（单位：mm）分别为

$$19, 19.5, 19, 20, 20.5,$$

若显著性水平 $\alpha = 0.05$，问：该天生产是否正常？

解 由题意，要检查生产是否正常，实际上就是检验直径均值是否为 20mm.

因此，建立假设 $H_0 : \mu = 20$，$H_1 : \mu \neq 20$.

当 H_0 成立时，检验统计量

$$U = \frac{\bar{X} - 20}{\frac{\sigma}{\sqrt{n}}} \sim N(0,1).$$

当显著性水平 $\alpha = 0.05$ 时，拒绝域为 $|U| > u_{0.025}$，即 $|U| > 1.96$.

由样本值算得 $\bar{x} = 19.6$，代入检验统计量中可得

$$u = \frac{19.6 - 20}{\frac{1}{\sqrt{5}}} \approx -0.894\,4.$$

因为 $|u| < u_{0.025} = 1.96$，这表明检验统计量的观测值没有落入拒绝域内，故应接受 H_0，从而认为该天生产的仪表圆盘的直径均值是 20mm，亦即认为该天的生产是正常的.

例 7.4 葡萄酒中除了水和酒精外，占比最多的就是甘油. 甘油是酵母发酵的副产品，它有助于提升葡萄酒的口感和质地，因而经常需要对葡萄酒中的甘油含量进行检测. 假设某品牌葡萄酒的甘油含量 X（mg/mL）服从正态分布，现随机抽查了 5 个样品，测得它们的甘油含量分别为

$$2.67, 4.62, 4.14, 3.81, 3.83,$$

若显著性水平 $\alpha = 0.05$，问：是否有理由认为该品牌葡萄酒的平均甘油含量为 4mg/mL？

解 由题意建立假设 $H_0 : \mu = 4$，$H_1 : \mu \neq 4$.

因方差 σ^2 未知，故用 T 检验法，检验统计量为

$$T = \frac{\bar{X} - \mu_0}{\frac{S}{\sqrt{n}}} \sim t(n-1).$$

微课：T 检验法
及例7.4

当 $\alpha = 0.05, n = 5$ 时，拒绝域 $|T| > t_{\frac{\alpha}{2}}(n-1)$ 为 $|T| > t_{0.025}(4)$，即 $|T| > 2.776\,4$.

由样本值算得 $\bar{x} = 3.814, s = 0.718$，代入检验统计量中可得

$$t = \frac{3.814 - 4}{0.321} \approx -0.58.$$

因为 $|t| \approx 0.58 < 2.776$，故接受 H_0，即可以认为该品牌葡萄酒的平均甘油含量为 4mg/mL.

例 7.5 某供货商声称他们提供的金属线的质量非常稳定，其抗拉强度的方差为 9. 为了检测抗拉强度，在该金属线中随机地抽出 10 根，测得样本标准差 $s = 4.5$（kg），设该金属线的抗拉强度服从正态分布 $N(\mu, \sigma^2)$，若显著性水平为 $\alpha = 0.05$，问：是否可以相信该供货商的说法？

解 由题意知，要检验假设 $H_0: \sigma^2 = 9$，$H_1: \sigma^2 \neq 9$.

因为 μ 未知，故检验统计量为 $\chi^2 = \frac{(n-1)S^2}{\sigma_0^2} \sim \chi^2(n-1)$.

拒绝域为 $\qquad\qquad \chi^2 > \chi^2_{\frac{\alpha}{2}}(n-1)$ 或 $\chi^2 < \chi^2_{1-\frac{\alpha}{2}}(n-1)$，

这里 $n = 10, \alpha = 0.05, \chi^2_{\frac{\alpha}{2}}(n-1) = \chi^2_{0.025}(9) = 19.022\,2, \chi^2_{1-\frac{\alpha}{2}}(n-1) = \chi^2_{0.975}(9) = 2.700\,0.$

微课：χ^2检验法及例7.5

由样本标准差 $s = 4.5$，算得

$$\chi^2 = \frac{9 \times 4.5^2}{9} = 20.25.$$

因为 $\chi^2 = 20.25 > 19.022\,2$，根据 χ^2 检验法应拒绝 H_0，即不相信该供货商的说法.

7.2.2 两个正态总体参数的假设检验

在实际应用当中，我们还常常会遇到两个正态总体的参数比较问题，例如，比较两个品牌的同排量汽车的平均耗油量的优劣；又如，比较两台仪器测量精度的高低，等等. 这些问题都可以在单个正态总体参数检验的基础上加以推广.

设总体 $X \sim N(\mu_1, \sigma_1^2)$，总体 $Y \sim N(\mu_2, \sigma_2^2)$，$X$ 与 Y 相互独立，样本 $X_1, X_2, \cdots,$ X_{n_1} 来自总体 X，样本 $Y_1, Y_2, \cdots, Y_{n_2}$ 来自总体 Y，显著性水平为 $\alpha(0 < \alpha < 1)$，下面给出 3 种常见的检验类型.

微课：两个正态总体参数的假设检验

1. σ_1^2, σ_2^2 已知，关于均值差 $\mu_1 - \mu_2$ 的检验

在实际问题中，经常需要考察两个总体的均值是否相等，也就是检验假设

$$H_0: \mu_1 = \mu_2, \quad H_1: \mu_1 \neq \mu_2.$$

因为 σ_1^2, σ_2^2 已知，可选取检验统计量为

$$U = \frac{\overline{X} - \overline{Y} - (\mu_1 - \mu_2)}{\sqrt{\frac{\sigma_1^2}{n_1} + \frac{\sigma_2^2}{n_2}}}.$$

当 H_0 为真时， $\qquad\qquad U = \frac{\overline{X} - \overline{Y}}{\sqrt{\frac{\sigma_1^2}{n_1} + \frac{\sigma_2^2}{n_2}}} \sim N(0,1),$

易知显著性水平为 α 的拒绝域为 $|U| > u_{\frac{\alpha}{2}}$.

2. σ_1^2, σ_2^2 未知，但 $\sigma_1^2 = \sigma_2^2$，关于均值差 $\mu_1 - \mu_2$ 的检验

考虑假设 $H_0: \mu_1 = \mu_2$，$H_1: \mu_1 \neq \mu_2$.

因为 σ_1^2, σ_2^2 未知，但 $\sigma_1^2 = \sigma_2^2$，可选取检验统计量为

$$T = \frac{\bar{X} - \bar{Y} - (\mu_1 - \mu_2)}{S_w \sqrt{\dfrac{1}{n_1} + \dfrac{1}{n_2}}},$$

且

$$S_w^2 = \frac{(n_1 - 1)S_1^2 + (n_2 - 1)S_2^2}{n_1 + n_2 - 2}.$$

当 H_0 为真时，

$$T = \frac{\bar{X} - \bar{Y}}{S_w \sqrt{\dfrac{1}{n_1} + \dfrac{1}{n_2}}} \sim t(n_1 + n_2 - 2),$$

这时可得显著性水平为 α 的拒绝域为 $|T| > t_{\frac{\alpha}{2}}(n_1 + n_2 - 2)$.

3. μ_1, μ_2 未知，关于方差比 $\dfrac{\sigma_1^2}{\sigma_2^2}$ 的检验

在实际问题中，经常需要考察两个总体的方差是否相等，也就是检验假设

$$H_0 : \sigma_1^2 = \sigma_2^2, \quad H_1 : \sigma_1^2 \neq \sigma_2^2.$$

由于 μ_1, μ_2 未知，可选取检验统计量为

$$F = \frac{\dfrac{S_1^2}{\sigma_1^2}}{\dfrac{S_2^2}{\sigma_2^2}} = \frac{S_1^2}{S_2^2} \cdot \frac{\sigma_2^2}{\sigma_1^2}.$$

当 H_0 为真时，$F = \dfrac{S_1^2}{S_2^2} \sim F(n_1 - 1, n_2 - 1)$. 由此可得显著性水平为 α 的拒绝域为

$$F < F_{1-\frac{\alpha}{2}}(n_1 - 1, n_2 - 1) \ \text{或} \ F > F_{\frac{\alpha}{2}}(n_1 - 1, n_2 - 1).$$

将以上讨论的正态总体参数的假设检验与第 6 章的区间估计做对比，可以看出二者之间有明显的联系，简单来讲，检验统计量就是枢轴量，置信区间就相当于接受域. 因此，可以将二者结合在一起，以便于记忆和掌握其内容.

例 7.6 在某种制造过程中需要比较两种钢板的强度：一种是冷轧钢板，另一种是双面镀锌钢板. 现从冷轧钢板中抽取 20 个样品，测得强度的均值为 $\bar{x} = 20.5$（GPa）；从双面镀锌钢板中抽取 25 个样品，测得强度的均值为 $\bar{y} = 23.9$（GPa）. 设两种钢板的强度都服从正态分布，其方差分别为 $\sigma_1^2 = 2.8^2$，$\sigma_2^2 = 3.5^2$. 问：两种钢板的平均强度是否有显著差异？（$\alpha = 0.01$）

解 由题意知，要检验的假设为 $H_0 : \mu_1 = \mu_2$，$H_1 : \mu_1 \neq \mu_2$.

因为 σ_1^2, σ_2^2 已知，当 H_0 为真时，检验统计量为

$$U = \frac{\bar{X} - \bar{Y}}{\sqrt{\dfrac{\sigma_1^2}{n_1} + \dfrac{\sigma_2^2}{n_2}}} \sim N(0, 1).$$

因为 $\alpha = 0.01, u_{\frac{\alpha}{2}} = u_{0.005} = 2.58$，故拒绝域 $|U| > u_{\frac{\alpha}{2}}$ 为 $|U| > 2.58$．而

$$u = \frac{20.5 - 23.9}{\sqrt{\dfrac{2.8^2}{20} + \dfrac{3.5^2}{25}}} \approx -3.62,$$

由于 $|u| > 2.58$，故拒绝 H_0，即认为两种钢板的平均强度有显著差异．

例 7.7 有两种灯泡，一种用 A 型灯丝，另一种用 B 型灯丝．随机抽取两种灯泡各 10 个做试验，测得它们的寿命（单位：h）如下．

A 型：1 293, 1 380, 1 614, 1 497, 1 340, 1 643, 1 466, 1 677, 1 387, 1 711.

B 型：1 061, 1 065, 1 092, 1 017, 1 021, 1 138, 1 143, 1 094, 1 028, 1 119.

设两种灯泡的寿命均服从正态分布且方差相等，问：这两种灯泡的平均寿命之间是否存在显著差异？（$\alpha = 0.05$）

解 由题意知，要检验的假设为 $H_0 : \mu_1 = \mu_2$，$H_1 : \mu_1 \neq \mu_2$．

因为 σ_1^2, σ_2^2 未知，但 $\sigma_1^2 = \sigma_2^2$，在 H_0 为真时，检验统计量为

$$T = \frac{\bar{X} - \bar{Y}}{S_w \sqrt{\dfrac{1}{n_1} + \dfrac{1}{n_2}}} \sim t(n_1 + n_2 - 2),$$

且

$$S_w^2 = \frac{(n_1 - 1)S_1^2 + (n_2 - 1)S_2^2}{n_1 + n_2 - 2}.$$

拒绝域为

$$|T| > t_{\frac{\alpha}{2}}(n_1 + n_2 - 2).$$

这里 $n_1 = n_2 = 10, \alpha = 0.05, t_{\frac{\alpha}{2}}(n_1 + n_2 - 2) = t_{0.025}(18) = 2.100\,9$．由样本值算得

$\bar{x} = 1\,500.8, \bar{y} = 1\,077.8, s_1^2 = 151.3^2, s_2^2 = 47.0^2$，于是

$$|t| = \frac{1\,500.8 - 1\,077.8}{\sqrt{\dfrac{151.3^2 \times 9 + 47.0^2 \times 9}{18}}\sqrt{\dfrac{1}{10} + \dfrac{1}{10}}} \approx 8.44 > 2.100\,9 = t_{0.025}(18),$$

故拒绝 H_0，即认为这两种灯泡的平均寿命之间存在显著差异．

例 7.8 某一橡胶制品配方中，原配方用氧化锌 5g，现配方减为 1g．现分别对两种配方做一批试验，分别测得橡胶制品的伸长率如下．

现配方：565, 577, 580, 575, 556, 542, 560, 532, 470, 461.

原配方：540, 533, 525, 520, 545, 531, 541, 529, 534.

微课：例7.8

设橡胶制品的伸长率服从正态分布，问：这两种配方的橡胶制品的伸长率的方差有无显著差异？（$\alpha = 0.1$）

解 根据题意知，需要检验的假设为 $H_0 : \sigma_1^2 = \sigma_2^2$，$H_1 : \sigma_1^2 \neq \sigma_2^2$．

由于 μ_1, μ_2 未知，在 H_0 为真时，检验统计量为

$$F = \frac{S_1^2}{S_2^2} \sim F(n_1 - 1, n_2 - 1),$$

拒绝域为

$$F < F_{1-\frac{\alpha}{2}}(n_1 - 1, n_2 - 1) \text{ 或 } F > F_{\frac{\alpha}{2}}(n_1 - 1, n_2 - 1).$$

这里 $n_1 = 10, n_2 = 9, \alpha = 0.1$，从而

$$F_{\frac{\alpha}{2}}(n_1 - 1, n_2 - 1) = F_{0.05}(9, 8) = 3.39, \ F_{1-\frac{\alpha}{2}}(n_1 - 1, n_2 - 1) = F_{0.95}(9, 8) = \frac{1}{F_{0.05}(8, 9)} = \frac{1}{3.23}.$$

由样本值可算得 $s_1^2 = 236.8, s_2^2 = 63.86$，于是

$$f = \frac{s_1^2}{s_2^2} = \frac{236.8}{63.86} \approx 3.71 > 3.39,$$

故拒绝 H_0，即认为这两种配方的橡胶制品的伸长率的方差有显著差异.

7.2.3 单侧检验

前面我们讨论的参数检验，拒绝域取在两侧，这种检验一般称为双侧检验. 但是在实际问题中，有时关心的不是参数是否等于某个值，而是参数是否大于或小于某个值，例如，采取新工艺后，纺织物的强力指标是否有提高；经过政策调控，本月猪肉的均价是否有所下降，等等. 此时根据检验假设，拒绝域应该取在某一侧，称为单侧检验. 下面以正态总体关于 μ 的检验为例来说明.

微课：单侧检验

设总体 $X \sim N(\mu, \sigma^2)$，$X_1, X_2, \cdots, X_n$ 是来自总体 X 的一个样本，显著性水平为 $\alpha(0 < \alpha < 1)$，若 σ^2 已知，检验 μ 是否增大.

首先建立假设

$$H_0: \mu = \mu_0, \ H_1: \mu > \mu_0,$$

或

$$H_0: \mu \leqslant \mu_0, \ H_1: \mu > \mu_0.$$

选取检验统计量

$$U = \frac{\bar{X} - \mu_0}{\frac{\sigma}{\sqrt{n}}} \sim N(0, 1).$$

当 H_0 为真时，$U = \frac{\bar{X} - \mu_0}{\frac{\sigma}{\sqrt{n}}}$ 不应太大，则 U 偏大时应拒绝 H_0，故按照显著性水平 α，如图 7.2 所示，构造小概率事件为

$$P\{U > u_\alpha\} = \alpha,$$

即拒绝域为 $U > u_\alpha$.

由样本观测值求出 U 的观测值 u，然后做判断.

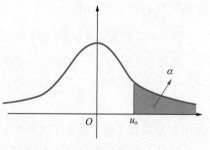

图 7.2

根据上述讨论可以看出，单侧检验的类型、检验步骤和检验统计量都与双侧检验相同，只是拒绝域不同，实际上不需要特别记忆，只要将双侧检验的拒绝域取相应的左侧或右侧，将其中的 $\frac{\alpha}{2}$ 换成 α，就可以得到单侧检验的拒绝域.

例 7.9 某地区的物价部门对当前市场的大米价格情况进行调查，共调查了 30 个集市上的大米售价，测得它们的平均价格为 2.21 元 /500g，已知往年大米的平均售价一直稳定在 2 元 /500g. 如果该地区大米的售价服从正态分布 $N(\mu, 0.18)$，假定方差不变，能否根据上述数据认为该地区当前的大米售价明显高于往年？$(\alpha = 0.05)$

解 根据题意知，需要检验假设 $H_0: \mu \leqslant 2, H_1: \mu > 2$.

检验统计量为

$$U = \frac{\bar{X} - 2}{\sigma / \sqrt{n}} \sim N(0,1).$$

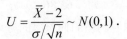

微课：例7.9

当 $\alpha = 0.05$ 时，拒绝域 $U > u_\alpha$ 为 $U > u_{0.05}$，也即 $U > 1.65$.

将 $\bar{x} = 2.21, \sigma^2 = 0.18, n = 30$ 代入检验统计量中可得

$$u = 2.7 > 1.65,$$

故应拒绝 H_0，即认为该地区当前的大米售价明显高于往年.

例 7.10 现有甲、乙两台车床加工同一型号的螺钉，根据以往经验认为两台车床加工的螺钉长度都服从正态分布. 现从这两台车床加工的螺钉中分别抽取 11 个和 9 个，测得长度（单位：mm）分别如下.

甲：6.2, 5.7, 6.0, 6.3, 6.5, 6.0, 5.7, 5.8, 6.0, 5.8, 6.0.

乙：5.6, 5.7, 5.9, 5.5, 5.6, 6.0, 5.8, 5.5, 5.7.

问：乙车床的加工精度是否高于甲车床（即乙车床加工的螺钉长度的方差是否比甲车床的小）？$(\alpha = 0.05)$

解 设 X 和 Y 分别表示甲、乙两台车床加工的螺钉的长度，则

$$X \sim N(\mu_1, \sigma_1^2), Y \sim N(\mu_2, \sigma_2^2).$$

依题意知，需要检验假设 $H_0: \sigma_1^2 \leqslant \sigma_2^2, H_1: \sigma_1^2 > \sigma_2^2$.

检验统计量为

$$F = \frac{S_1^2}{S_2^2} \sim F(n_1 - 1, n_2 - 1),$$

拒绝域为 $F > F_\alpha(n_1 - 1, n_2 - 1)$.

这里 $n_1 = 11, n_2 = 9, \alpha = 0.05$，从而 $F_\alpha(n_1 - 1, n_2 - 1) = F_{0.05}(10,8) = 3.35$.

由样本值算得 $s_1^2 = 0.064, s_2^2 = 0.030$，于是

$$f = \frac{s_1^2}{s_2^2} = \frac{0.064}{0.030} = 2.13 < 3.35,$$

故接受 H_0，即不能认为乙车床的加工精度高于甲车床.

对以上关于正态总体参数的假设检验的讨论进行总结，单个正态总体参数的假设检验如

表 7.1 所示，两个正态总体参数的假设检验如表 7.2 所示.

表 7.1

条件	原假设H_0	备择假设H_1	检验统计量	拒绝域
σ^2已知	$\mu = \mu_0$	$\mu \neq \mu_0$	$U = \dfrac{\bar{X} - \mu_0}{\dfrac{\sigma}{\sqrt{n}}} \sim N(0,1)$	$\lvert U \rvert > u_{\frac{\alpha}{2}}$
	$\mu \leqslant \mu_0$	$\mu > \mu_0$		$U > u_\alpha$
	$\mu \geqslant \mu_0$	$\mu < \mu_0$		$U < -u_\alpha$
σ^2未知	$\mu = \mu_0$	$\mu \neq \mu_0$	$T = \dfrac{\bar{X} - \mu_0}{\dfrac{S}{\sqrt{n}}} \sim t(n-1)$	$\lvert T \rvert > t_{\frac{\alpha}{2}}(n-1)$
	$\mu \leqslant \mu_0$	$\mu > \mu_0$		$T > t_\alpha(n-1)$
	$\mu \geqslant \mu_0$	$\mu < \mu_0$		$T < -t_\alpha(n-1)$
μ 未知	$\sigma^2 = \sigma_0^2$	$\sigma^2 \neq \sigma_0^2$	$\chi^2 = \dfrac{(n-1)S^2}{\sigma_0^2} \sim \chi^2(n-1)$	$\chi^2 < \chi_{1-\frac{\alpha}{2}}^2(n-1)$或$\chi^2 > \chi_{\frac{\alpha}{2}}^2(n-1)$
	$\sigma^2 \leqslant \sigma_0^2$	$\sigma^2 > \sigma_0^2$		$\chi^2 > \chi_\alpha^2(n-1)$
	$\sigma^2 \geqslant \sigma_0^2$	$\sigma^2 < \sigma_0^2$		$\chi^2 < \chi_{1-\alpha}^2(n-1)$

表 7.2

条件	原假设H_0	备择假设H_1	检验统计量	拒绝域
σ_1^2, σ_2^2已知	$\mu_1 = \mu_2$	$\mu_1 \neq \mu_2$	$U = \dfrac{\bar{X} - \bar{Y}}{\sqrt{\dfrac{\sigma_1^2}{n_1} + \dfrac{\sigma_2^2}{n_2}}} \sim N(0,1)$	$\lvert U \rvert > u_{\frac{\alpha}{2}}$
	$\mu_1 \leqslant \mu_2$	$\mu_1 > \mu_2$		$U > u_\alpha$
	$\mu_1 \geqslant \mu_2$	$\mu_1 < \mu_2$		$U < -u_\alpha$
σ_1^2, σ_2^2未知，但$\sigma_1^2 = \sigma_2^2$	$\mu_1 = \mu_2$	$\mu_1 \neq \mu_2$	$T = \dfrac{\bar{X} - \bar{Y}}{S_w\sqrt{\dfrac{1}{n_1} + \dfrac{1}{n_2}}} \sim t(n_1 + n_2 - 2)$，且$S_w^2 = \dfrac{(n_1-1)S_1^2 + (n_2-1)S_2^2}{n_1 + n_2 - 2}$	$\lvert T \rvert > t_{\frac{\alpha}{2}}(n_1 + n_2 - 2)$
	$\mu_1 \leqslant \mu_2$	$\mu_1 > \mu_2$		$T > t_\alpha(n_1 + n_2 - 2)$
	$\mu_1 \geqslant \mu_2$	$\mu_1 < \mu_2$		$T < -t_\alpha(n_1 + n_2 - 2)$
μ_1, μ_2未知	$\sigma_1^2 = \sigma_2^2$	$\sigma_1^2 \neq \sigma_2^2$	$F = \dfrac{S_1^2}{S_2^2} \sim F(n_1-1, n_2-1)$	$F < F_{1-\frac{\alpha}{2}}(n_1-1, n_2-1)$ 或 $F > F_{\frac{\alpha}{2}}(n_1-1, n_2-1)$
	$\sigma_1^2 \leqslant \sigma_2^2$	$\sigma_1^2 > \sigma_2^2$		$F > F_\alpha(n_1-1, n_2-1)$
	$\sigma_1^2 \geqslant \sigma_2^2$	$\sigma_1^2 < \sigma_2^2$		$F < F_{1-\alpha}(n_1-1, n_2-1)$

*7.2.4　p 值检验法

以上讨论的假设检验方法是根据统计值是否落入拒绝域来做出判断的，该方法称为临界值法. 在实际应用中还有另一种检验方法——p 值检验法. 下面以正态总体关于 μ 的单侧检验为例进行说明.

设总体 $X \sim N(\mu, \sigma^2)$，$X_1, X_2, \cdots, X_n$ 是来自总体 X 的一个样本，显著性水平为 $\alpha(0 < \alpha < 1)$，若 σ^2 已知，检验假设

$$H_0 : \mu \leqslant \mu_0, \ H_1 : \mu > \mu_0.$$

选取检验统计量为 $U = \dfrac{\overline{X} - \mu_0}{\dfrac{\sigma}{\sqrt{n}}} \sim N(0,1)$，由样本观测值求出 U 的观测值 u_0.

若使用临界值法，则当 u_0 落入拒绝域 $U > u_\alpha$ 时，应拒绝 H_0；当 u_0 不落入拒绝域 $U > u_\alpha$ 时，应接受 H_0.

若换一个思路，求出一个特殊概率

$$p = P\{U > u_0\},$$

如图 7.3 所示.

当 $p \leqslant \alpha$ 时，表示观测值 u_0 落在拒绝域内，因而拒绝 H_0.

当 $p > \alpha$ 时，表示观测值 u_0 不落入拒绝域内，因而接受 H_0.

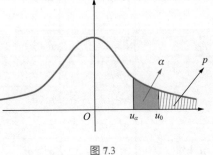

图 7.3

由此可得 p 值的定义及 p 值检验法如下.

定义　假设检验问题的 p 值（Probability Value）是由检验统计量的样本观测值得出的原假设可被拒绝的最小显著性水平.

按照 p 值的定义，对于任意指定的显著性水平 α，有以下结论.

（1）当 $p \leqslant \alpha$ 时，在显著性水平 α 下拒绝 H_0.

（2）当 $p > \alpha$ 时，在显著性水平 α 下接受 H_0.

微课：p 值
检验法

这种利用 p 值进行检验的方法，称为 p 值检验法.

例 7.11　用 p 值检验法检验本章例 7.1 的检验问题.

解　本例要检验的是实际的硅晶圆片平均厚度与目标厚度 245μm 是否有显著差异，故建立假设

$$H_0 : \mu = 245, \ H_1 : \mu \neq 245.$$

选取 $U = \dfrac{\overline{X} - \mu}{\dfrac{\sigma}{\sqrt{n}}}$ 为检验统计量，当 H_0 成立时，

$$U = \frac{\overline{X} - 245}{\dfrac{\sigma}{\sqrt{n}}} \sim N(0,1).$$

计算检验统计量 U 的观测值为　$u_0 = \dfrac{246.18 - 245}{\dfrac{3.6}{\sqrt{50}}} = 2.32$.

根据 u_0 求出 p 值，因为本例是双侧检验，故

$$p = P\{|U| > u_0\} = P\{|U| > 2.32\} = 2[1 - \varPhi(2.32)] = 0.020\,4.$$

若本例中显著性水平 $\alpha = 0.05$，则 $p \leqslant \alpha$，从而拒绝 H_0，即认为实际的硅晶圆片平均厚度与目标厚度有显著差异.

若本例中显著性水平 $\alpha = 0.01$，则 $p > \alpha$，从而接受 H_0，即认为实际的硅晶圆片平均厚度与目标厚度没有显著差异.

由上述例题可以看出，用临界值法进行检验时，对于每一个不同的显著性水平 α，都要确定不同的拒绝域. 而 p 值检验法的优点在于：只要得到了 p 值，对于每一个不同的显著性水平 α，都可以经过比较，直接做出判断.

既然 p 值检验法有优势，那么 p 值该如何得到呢？

任一检验问题的 p 值可以根据检验统计量的分布及观测值求出，但过程往往较为复杂. 在现代计算机统计软件中，一般直接给出检验问题的 p 值.

同步习题 7.2

 基础题

1. 化肥厂用自动包装机装化肥，规定每袋标准质量为 100（单位：kg），设每袋质量 X 服从正态分布且标准差 $\sigma = 0.9$ 不变. 某天抽取 9 袋，测得质量为

$$99.3, 98.7, 101.2, 100.5, 98.3, 99.7, 102.6, 100.5, 105.1.$$

问：机器工作是否正常？（$\alpha = 0.05$）

2. 某工厂生产一种螺钉，要求标准长度是 32.5（单位：mm）. 实际生产的产品，其长度 X 假定服从正态分布 $N(\mu, \sigma^2)$，其中 σ^2 未知. 现从该厂生产的一批产品中抽取 6 件，测得尺寸数据为

$$32.56, 29.66, 31.64, 30.00, 31.87, 31.03.$$

问：这批产品是否合格？（$\alpha = 0.01$）

3. 随机抽取 16 名成年男性，测量他们的身高数据，其中平均身高为 174cm，标准差为 10cm. 假定成年男性的身高服从正态分布，取显著性水平为 $\alpha = 0.05$，检验 "成年男性的平均身高是 175cm" 这一命题能否接受.

4. 已知维纶的纤度 X 在正常情况下服从正态分布 $N(\mu, \sigma^2)$，按规定加工的精度为 $\sigma^2 = 0.048^2$，现在测了 5 根维纶纤维，其纤度分别为

$$1.44, 1.36, 1.40, 1.55, 1.32.$$

问：产品的精度是否有显著变化？（$\alpha = 0.05$）

5. 某厂用自动包装机包装奶粉，现从某天生产的奶粉中随机抽取 10 袋，测得它们的质量（单位：g）如下.

$$495, 510, 505, 489, 503, 502, 512, 497, 506, 492.$$

设包装机包装出的奶粉质量服从正态分布 $X \sim N(\mu, \sigma^2)$，试检验各袋质量的标准差是否为 5g.（$\alpha = 0.05$）

6. 甲、乙两车间生产罐头食品，由长期积累的资料知，它们生产的罐头食品的水分

活性均服从正态分布，且标准差分别为 0.142 和 0.105．现各取 15 罐，测得它们的水分活性平均值分别为 0.811 和 0.862．问：甲、乙两车间生产的罐头食品的水分活性均值有无显著差异？（ $\alpha = 0.05$ ）

7．两台车床加工同种零件，分别从两台车床加工的零件中抽取 6 个和 9 个并测量其厚度，计算得 $s_1^2 = 0.345$ ， $s_2^2 = 0.375$ ．假定零件厚度服从正态分布，试比较两台车床的加工精度有无显著差异．（ $\alpha = 0.10$ ）

提高题

1．某织物的强力指标 X 的均值 $\mu_0 = 21\text{kg}$ ，改进工艺后生产一批织物，现从中抽取 30 件，测得 $\bar{x} = 21.55\text{kg}$ ．假设强力指标服从正态分布 $N(\mu, \sigma^2)$ ，且已知 $\sigma = 1.2\text{kg}$ ，问：在显著性水平 $\alpha = 0.01$ 下，新生产的织物与过去的织物相比强力是否有提高？

2．某厂生产小型电动机，说明书上写着：在正常负载下平均电流不超过 0.8A．随机测试了 16 台电动机，平均电流为 0.92A，标准差为 0.32A．设电动机的电流服从正态分布，取显著性水平为 $\alpha = 0.05$ ，问：根据此样本，能否怀疑厂方的断言？

3．测定某种溶液中的水分含量，由它的 10 个测定值得 $\bar{x} = 0.637\%$ ， $s^2 = 0.044\%$ ，设该溶液中的水分含量服从正态分布，在显著性水平 $\alpha = 0.05$ 下，能否认为该溶液含水量的方差小于 0.045%？

微课：第3题

4．某地区某年高考后随机抽得 15 名男生、12 名女生的物理考试成绩如下．

男生：49, 48, 47, 53, 51, 43, 39, 57, 56, 46, 42, 44, 55, 44, 40.

女生：46, 40, 47, 51, 43, 36, 43, 38, 48, 54, 48, 34.

设男生、女生的物理考试成绩均服从正态分布，且方差相同，从这 27 名学生的物理考试成绩能说明这个地区男生和女生的物理考试成绩不相上下吗？（ $\alpha = 0.05$ ）

5．货车从甲地到乙地有 A 和 B 两条行车路线，行车时间分别服从 $N(\mu_i, \sigma_i^2)$ ， $i = 1, 2$ ．现在让一位司机每条路各跑 50 次，记录其行车时间，在路线 A 上有 $\bar{x} = 95\text{min}$ ， $s_X = 20\text{min}$ ；在路线 B 上有 $\bar{y} = 76\text{min}, s_Y = 15\text{min}$ ．问：两条路线行车时间的方差是否一样？均值是否一样？（ $\alpha = 0.05$ ）

第 7 章思维导图

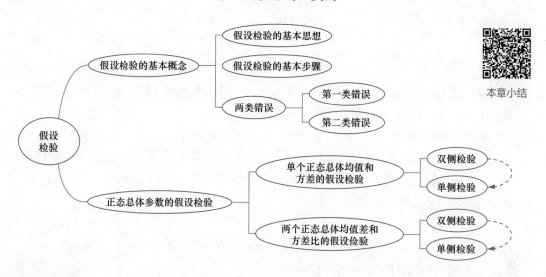

本章小结

中国数学学者

个人成就

密码学家，中国科学院院士，清华大学和山东大学双聘教授．王小云提出的模差分比特分析法解决了国际哈希函数求解碰撞的难题，她设计的我国唯一的哈希函数标准 SM3，在国家重要经济领域被广泛使用．王小云是"未来科学大奖"的首位女性得主，并先后获得"最具时间价值奖"和"真实世界密码学奖"两个国际奖项．

■ 王小云

第 7 章总复习题

1. 选择题：（1）～（5）小题，每小题 4 分，共 20 分．下列每小题给出的 4 个选项中，只有一个选项是符合题目要求的．

（1）（2018104）设总体 $X \sim N(\mu, \sigma^2)$，$X_1, X_2, \cdots, X_n$ 是来自总体 X 的样本，据此样本检验假设 $H_0: \mu = \mu_0$，$H_1: \mu \neq \mu_0$，若显著性水平为 α，则（　　）．

A. 如果在 $\alpha = 0.05$ 下拒绝 H_0，那么在 $\alpha = 0.01$ 下必拒绝 H_0

B. 如果在 $\alpha = 0.05$ 下拒绝 H_0，那么在 $\alpha = 0.01$ 下必接受 H_0

C. 如果在 $\alpha = 0.05$ 下接受 H_0，那么在 $\alpha = 0.01$ 下必拒绝 H_0

D. 如果在 $\alpha = 0.05$ 下接受 H_0，那么在 $\alpha = 0.01$ 下必接受 H_0

（2）设 $X_1, X_2, \cdots, X_n$ 是来自正态总体 $N(\mu, \sigma^2)$ 的一个样本，其中 σ^2 未知，检验假设 $H_0: \mu = \mu_0$，$H_1: \mu \neq \mu_0$，应选取的检验统计量是（　　）．

A. $T = \dfrac{\overline{X} - \mu_0}{S}\sqrt{n}$ 　　　　　　　　B. $U = \dfrac{\overline{X} - \mu_0}{\sigma}\sqrt{n}$

C. $T = \dfrac{\overline{X} - \mu_0}{S}\sqrt{n-1}$ 　　　　　　D. $\chi^2 = \dfrac{(n-1)S^2}{\sigma^2}$

（3）设 $X_1, X_2, \cdots, X_n$ 是来自正态总体 $N(\mu, \sigma^2)$ 的一个样本，其中 σ^2 已知，检验假设 $H_0 : \mu \geq \mu_0$，$H_1 : \mu < \mu_0$，在显著性水平 α 下，拒绝域为（　　）.

A. $T < -t_\alpha(n-1)$ 　　B. $|U| > u_{\alpha/2}$ 　　C. $U > u_\alpha$ 　　D. $U < -u_\alpha$

（4）（2021105）设 $X_1, X_2, \cdots, X_{16}$ 是来自总体 $N(\mu, 4)$ 的样本，考虑假设检验问题：$H_0 : \mu \leq 10$，$H_1 : \mu > 10$．若该假设检验问题的拒绝域为 $W = \{\overline{X} \geq 11\}$，则 $\mu = 11.5$ 时，该检验犯第二类错误的概率为（　　）.

A. $1 - \Phi(0.5)$ 　　B. $1 - \Phi(1)$ 　　C. $1 - \Phi(1.5)$ 　　D. $1 - \Phi(2)$

（5）设 $X_1, X_2, \cdots, X_n$ 是来自正态总体 $N(\mu, \sigma^2)$ 的一个样本，检验假设 $H_0 : \sigma^2 = \sigma_0^2$，$H_1 : \sigma^2 \neq \sigma_0^2$，则选取的检验统计量及分布为（　　）.

A. $\dfrac{\sum\limits_{i=1}^{n}(X_i - \mu)^2}{\sigma_0^2} \sim \chi^2(n)$ 　　　　　　B. $\dfrac{\sum\limits_{i=1}^{n}(X_i - \mu)^2}{\sigma_0^2} \sim \chi^2(n-1)$

C. $\dfrac{\sum\limits_{i=1}^{n}(X_i - \overline{X})^2}{\sigma_0^2} \sim \chi^2(n-1)$ 　　　　D. $\dfrac{(n-1)S^2}{\sigma_0^2} \sim \chi^2(n)$

2. 填空题：（6）～（10）小题，每小题 4 分，共 20 分.

（6）设 $X_1, X_2, \cdots, X_n$ 是来自正态总体 $N(\mu, \sigma^2)$ 的样本，其中参数 μ 和 σ^2 未知，已知 $\overline{X} = \dfrac{1}{n}\sum\limits_{i=1}^{n} X_i$，$Q^2 = \sum\limits_{i=1}^{n}(X_i - \overline{X})^2$，则检验假设 $H_0 : \mu = 0$ 时，使用的检验统计量 $T =$ _____．

（7）设 $X_1, X_2, \cdots, X_{25}$ 是来自总体 $X \sim N(\mu, 4^2)$ 的样本，检验假设 $H_0 : \mu \leq \mu_0$，$H_1 : \mu > \mu_0$，若拒绝域为 $\overline{X} - \mu_0 > C$，则常数 $C =$ _____ 时，可使检验的显著性水平 $\alpha = 0.05$．

（8）设总体 $X \sim N(\mu, \sigma^2)$，σ^2 已知，$X_1, X_2, \cdots, X_{16}$ 是该总体的样本，如果对检验假设 $H_0 : \mu = \mu_0$ 取拒绝域 $|\overline{X} - \mu_0| > k$，则 $k =$ _____（$\alpha = 0.05$）.

（9）设 $X_1, X_2, \cdots, X_n$ 是来自正态总体 $N(\mu, \sigma^2)$ 的一个样本，其中 μ 未知，检验假设 $H_0 : \sigma_1^2 \geq \sigma_2^2$，$H_1 : \sigma_1^2 < \sigma_2^2$，则在显著性水平 α 下，拒绝域为 _____．

（10）对于检验假设 $H_0 : \mu = \mu_0$，$H_1 : \mu \neq \mu_0$，若给定显著性水平 0.05，则该检验犯第一类错误的概率为 _____．

3. 解答题：（11）～（16）小题，每小题 10 分，共 60 分.

（11）已知某灯泡厂生产的灯泡寿命服从正态分布，即 $X \sim N(1\,800, 100^2)$（单位：h），现从生产的一批灯泡中抽取 25 个灯泡进行检测，测得灯泡平均寿命为 $\overline{x} = 1730\text{h}$，假定标准差保持不变，问：能否认为这批灯泡的平均寿命仍为 $1\,800\text{h}$？（取 $\alpha = 0.05$）

（12）从某种试验物中取出 24 个样品，测量其发热量，计算得 $\overline{x} = 11958$，样本标准

差 $s = 323$，问：以 0.05 的显著性水平是否可以认为发热量的期望值是 12 100（假定发热量是服从正态分布的）？

（13）设某次考试的考生成绩服从正态分布，随机抽取 36 位考生的成绩，算得平均成绩为 66.5 分，标准差为 15 分，问：在显著性水平 0.05 下，是否可以认为这次考试全体考生的平均成绩为 70 分？

（14）某厂生产的涤纶的纤度 $X \sim N(\mu, \sigma^2)$，其中 σ^2 未知，正常生产时有 $\mu \geqslant 1.4$，现从某天生产的涤纶中随机抽取 5 件，测得其纤度为

$$1.32, 1.24, 1.25, 1.14, 1.26.$$

问：该天的生产是否正常？（$\alpha = 0.05$）

（15）已知某炼铁厂的铁水含碳量 X 在正常情况下服从正态分布 $N(\mu, 0.108^2)$．现在测了 5 炉铁水，其含碳量分别为

$$4.48, 4.40, 4.46, 4.50, 4.44.$$

问：总体的方差是否有显著变化？（$\alpha = 0.05$）

（16）用甲、乙两种方法生产同一种药品，设两种方法的成品得率都服从正态分布，其方差分别为 $\sigma_1^2 = 0.46$，$\sigma_2^2 = 0.37$．现从甲方法生产的药品中抽取了 25 件，测得成品得率的均值为 $\bar{x} = 3.81\,(\%)$；从乙方法生产的药品中抽取了 30 件，测得成品得率的均值为 $\bar{y} = 3.56\,(\%)$．问：甲、乙两种方法的平均成品得率是否有显著差异？（$\alpha = 0.05$）

本章同步习题答案

本章总复习题答案

08

第8章
概率论与数理统计在MATLAB中的实现

概率论与数理统计是研究大量随机现象统计规律的一门数学学科，如何对现实中的随机现象进行模拟和数据处理，成为概率论与数理统计实验课程的重要内容．在各种数据处理软件中，MATLAB 以其功能强大、操作方便著称．本章主要学习概率论与数理统计如何通过 MATLAB 来实现．

本章内容的介绍是建立在 MATLAB R2019b 的基础上的，注意不同版本会影响结果形式．

■ 8.1 概率计算的MATLAB实现

8.1.1 MATLAB简介

MATLAB 是 Matrix Laboratory（矩阵实验室）的缩写．它是以线性代数软件包 LINPACK 和特征值计算软件包 EISPACK 中的子程序为基础发展起来的一种开放式程序设计语言，是一种高性能的工程计算语言，其基本的数据单位是没有维数限制的矩阵．

微课：概率计算
的**MATLAB实现**

MATLAB 的指令表达式与数学、工程中常用的形式十分相似，故用 MATLAB 进行计算要比用仅支持标量的非交互式的编程语言简捷得多．在大学中，MATLAB 是很多数学类、工程和科学类的初等和高等课程的标准指导工具．在工业上，MATLAB 是产品研究、开发和分析经常选用的工具．

MATLAB 的应用范围非常广，包括信号和图像处理、通信、控制系统设计、测试和测量、财务建模和分析及计算生物学等众多应用领域．附加的工具箱（单独提供的专用 MATLAB 函数集）扩展了 MATLAB 环境，以解决这些应用领域内特定类型的问题．

MATLAB 的主要功能如下：

（1）此高级语言可用于技术计算；

（2）此开发环境可对代码、文件和数据进行管理，交互式工具可以按迭代的方式探查、设计及求解问题；

（3）数学函数可用于线性代数、统计、傅里叶分析、筛选、优化及数值积分等；

（4）二维和三维图形函数可用于可视化数据，各种工具可用于构建自定义的图形用户界面；

（5）各种函数可将基于 MATLAB 的算法与外部应用程序和语言（如 C、C++、Fortran、JavaCOM 及 Microsoft Excel）集成．

8.1.2 古典概率及其模型

古典概型是概率论的起源，也是概率论中最直观、最重要的模型，在密码学、经济学、管理学等学科中具有重要的应用．

由古典概率的定义知，掷硬币这一随机事件为古典概型，它出现的样本点是有限的且等可能性的．在 MATLAB 中，可以用计算机模拟掷硬币这一过程，为了模拟硬币出现正面或反面，规定随机数小于 0.5 时为反面，否则为正面．

MATLAB 提供了一个在区间 [0,1] 上均匀分布的随机函数 rand，可以用 round 函数将其结果变成 0–1 矩阵，然后将整个矩阵的各元素值加起来再除以总的原始个数即为出现正面的概率．

1. 函数 rand 的调用格式及功能

（1）调用格式 1：rand(N)．

功能：返回一个 $N \times N$ 的随机矩阵．

（2）调用格式 2：rand(N, M)．

功能：返回一个 $N \times M$ 的随机矩阵．

（3）调用格式 3：rand(P1, P2, $\cdots$, Pn)．

功能：返回一个 $P_1 \times P_2 \times \cdots \times P_n$ 的随机矩阵．

2. 函数 round 的调用格式及功能

调用格式：round(x)．

功能：对向量或矩阵 x 的每个分量四舍五入取整．

例 8.1 连续掷硬币，模拟重复 10,100,1 000,10 000,100 000,1 000 000 次试验硬币出现正面的概率．

解 在 MATLAB 的命令行窗口" >>"后面输入以下代码．

```
for i = 1:6
        a(i) = sum(round(rand(1, 10^i)))/10^i;
end
```

在" >>"后面输入"a"可得结果如下．

```
a =
    0.7000    0.5300    0.4890    0.5052    0.5004    0.5005
```

运行结果"a"的值为重复试验出现正面的平均频率，统计概率的定义是建立在频率基础上的，在实验次数充分多时，利用频率值代替概率值．

从上面运行的结果可以看出，当样本容量不够大时，其频率的波动范围很大，即频率不够稳定，即使有时达到 0.5，但最大时已达到 0.7，然而随着样本容量的增加，频率的波动范围越来越小．

8.1.3 条件概率、全概率公式与伯努利概率

对于条件概率模型，MATLAB 也可进行模拟．比如摸球实验，在 MATLAB 中模拟这一过程时，可在 [0,1] 区间上产生随机数来模拟摸球．

例 8.2 袋中有 10 个球，其中白球 7 个，黑球 3 个．无放回地分 3 次取球，每次取 1 个．求：

微课：例**8.2**

（1）第三次摸到了黑球的概率；

（2）第三次才摸到黑球的概率；

（3）3 次都摸到了黑球的概率.

解 当无放回地摸球时，由于第二次摸球会受到第一次的影响，而第三次摸球又会受到前两次的影响，因而 3 次摸球相互影响，并不相互独立. 用计算机模拟该过程时，在 [0,1] 区间模拟第一次摸球，当值小于 0.7 时认为摸到了白球，否则认为摸到了黑球；第二次摸球时由于少了一个球，故可在区间长度为 0.9 的区间上模拟，若第一次摸到白球，可将区间设为 [0.1,1]，否则区间设为 [0,0.9]；第三次摸球可以此类推，现重复 $10, 10^2, \cdots, 10^6$ 次试验，分别求上述 3 种情况出现的概率.

模拟程序代码如下.

```
>> a = rand(1000000, 3);
>> a(:, 1) = round(a(:, 1)-0.2);
>> a(:, 2) = round(a(:, 2)*0.9-0.2-0.1*(a(:, 1)-1));
>> a(:, 3) = round(a(:, 3)*0.8-0.2-0.1*(a(:, 1)-1)-0.1*(a(:, 2)-1));
>> for i = 1:6
       b = a(1:10^i, 3);
       c(i) = sum(b)/(10^i);
    end
```

输入 "c" 可得第三次摸到了黑球的概率如下.

```
>> c
c =
    0.2000    0.3200    0.3220    0.3031    0.3000    0.3005
```

继续编写第（2）问的程序代码如下.

```
>> for i = 1:6
    b = (~a(1:10^i, 1))&(~a(1:10^i, 2))&a(1:10^i, 3);
    d(i) = sum(b)/(10^i);
 end
```

输入 "d" 可得第三次才摸到黑球的概率如下.

```
>> d
d =
    0.2000    0.1200    0.1690    0.1692    0.1752    0.1753
```

继续编写第（3）问的程序代码如下.

```
>> for i = 1:6
       b = (a(1:10^i, 1))&(a(1:10^i, 2))&a(1:10^i, 3);
       e(i) = sum(b)/(10^i);
    end
```

输入 "e" 可得 3 次都摸到了黑球的概率如下.

```
>> e
e =
         0    0.0100    0.0070    0.0090    0.0084    0.0084
```

8.2　几种常见分布的MATLAB实现

随机变量的统计行为完全取决于其概率分布，按随机变量的取值不同，通常可将其分为离散型、连续型和奇异型 3 大类．由于奇异型在实际应用中很少遇到，因此我们只讨论离散型和连续型两类随机变量的概率分布．

8.2.1　离散型随机变量的分布

常用的离散型随机变量的分布有二项分布、泊松分布和超几何分布．下面介绍二项分布和泊松分布的 MATLAB 编程．

微课：离散型随机变量的分布

对于离散型随机变量，取值是有限个或可数个，因此，其概率密度值就是某个特定值的概率．

MATLAB 提供的离散型随机变量分布的统计函数有以下 6 种．

1. 二项分布的密度函数

调用格式：binopdf(X, N, P).

功能：计算二项分布的密度函数．其中，X 为随机变量，N 为独立试验的重复次数，P 为事件发生的概率．

2. 二项分布的累积分布函数

调用格式：binocdf(X, N, P).

功能：计算二项分布的累积分布函数．其中，X 为随机变量，N 为独立试验的重复次数，P 为事件发生的概率．

3. 二项分布的逆累积分布函数

调用格式：binoinv(X,N,P).

功能：计算二项分布的逆累积分布函数．其中，X 为随机变量，N 为独立试验的重复次数，P 为事件发生的概率．

4. 泊松分布的密度函数

调用格式：poisspdf(X, LMD).

功能：计算泊松分布的密度函数．其中，X 为随机变量，LMD 为参数．

5. 泊松分布的累积分布函数

调用格式：poisscdf(X, LMD).

功能：计算泊松分布的累积分布函数．其中，X 为随机变量，LMD 为参数．

6. 泊松分布的逆累积分布函数

调用格式：poissinv(Y, LMD).

功能：计算泊松分布的逆累积分布函数．其中，Y 为显著概率值，LMD 为参数．

例 8.3　某机床出次品的概率为 0.01，求生产的 100 件产品中：

（1）恰有 1 件次品的概率；

（2）至少有 1 件次品的概率．

微课：例8.3

解　此问题可看作 100 次独立重复试验，每次试验出次品的概率为 0.01.

（1）在 MATLAB 的命令行窗口输入以下代码．

```
>> p = binopdf(1, 100, 0.01)
```

按回车键可得恰有 1 件次品的概率如下.

```
p =
 0.3697
```

（2）在 MATLAB 的命令行窗口输入以下代码.

```
>> p = 1-binocdf(0, 100, 0.01)
```

按回车键可得至少有 1 件次品的概率如下.

```
p =
 0.6340
```

例 8.4 某市公安局在长度为 t 的时间间隔内收到的呼叫次数服从参数为 $\dfrac{t}{2}$

微课：例8.4

的泊松分布，且与时间间隔的起点无关（时间以 h 计）. 求：

（1）在某一天中午 12 时至下午 3 时没有收到呼叫的概率；

（2）在某一天中午 12 时至下午 5 时至少收到 1 次呼叫的概率.

解 在此题中，泊松分布的参数为 $\dfrac{t}{2}$，设呼叫次数 X 为随机变量，则该题转化为：（1）求 $P\{X=0\}$；（2）求 $1-P\{X \leqslant 0\}$.

（1）在 MATLAB 的命令行窗口输入以下代码.

```
>> poisscdf (0, 1.5)
```

按回车键可得没有收到呼叫的概率如下.

```
ans =
 0.2231
```

（2）在 MATLAB 的命令行窗口输入以下代码.

```
>> 1-poisscdf (0, 2.5)
```

按回车键可得至少收到 1 次呼叫的概率如下.

```
ans =
 0.9179
```

8.2.2 连续型随机变量的分布

常用的连续型随机变量的分布有均匀分布、指数分布和正态分布.

MATLAB 提供的连续型随机变量分布的统计函数有以下 9 种.

微课：连续型随
机变量的分布

1. 均匀分布的密度函数

调用格式：unifpdf(X, A, B).

功能：求均匀分布的密度函数. 其中，X 为随机变量，A, B 为均匀分布参数.

2. 均匀分布的累积分布函数

调用格式：unifcdf(X, A, B).

功能：求均匀分布的累积分布函数. 其中，X 为随机变量，A, B 为均匀分布参数.

3. 均匀分布的逆累积分布函数

调用格式：unifinv(P, A, B).

功能：求均匀分布的逆累积分布函数. 其中，P 为概率值，A, B 为均匀分布参数.

4. 指数分布的密度函数

调用格式：exppdf(X, L).

功能：求指数分布的密度函数. 其中，X 为随机变量，L 为参数 λ.

5. 指数分布的累积分布函数

调用格式：expcdf(X, L).

功能：求指数分布的累积分布函数. 其中，X 为随机变量，L 为参数 λ.

6. 指数分布的逆累积分布函数

调用格式：expinv(P, L).

功能：求指数分布的逆累积分布函数. 其中，P 为显著概率，L 为参数 λ.

7. 正态分布的密度函数

调用格式：normpdf(X, M, C).

格式：求正态分布的密度函数. 其中，X 为随机变量，M 为正态分布参数 μ，C 为参数 σ.

8. 正态分布的累积分布函数

调用格式：normcdf(X, M, C).

功能：求正态分布的累积分布函数. 其中，X 为随机变量，M 为正态分布参数 μ，C 为参数 σ.

9. 正态分布的逆累积分布函数

调用格式：norminv(P, M, C).

功能：求正态分布的逆累积分布函数. 其中，P 为显著概率，M 为正态分布参数 μ，C 为参数 σ.

例 8.5 某公共汽车站从 7：00 起每 15min 来一班车. 若某乘客在 7：00 到 7：30 间的任何时刻到达此公共汽车站是等可能的，试求他侯车的时间不到 5min 的概率.

解 设该乘客 7：00 过 X min 到达此公共汽车站，则 X 在 [0,30] 内服从均匀分布，当且仅当他在时间间隔 7:10 到 7:15 或 7:25 到 7:30 内到达此公共汽车站时，侯车时间不到 5min. 故所求概率为

微课：例8.5

$$p = P\{10<X<15\}+P\{25<X<30\}.$$

在 MATLAB 的命令行窗口编辑程序如下.

```
>> format rat                  % 以有理式形式显示数据
>> p1 = unifcdf(15, 0, 30)-unifcdf(10, 0, 30);
>> p2 = unifcdf(30, 0, 30)-unifcdf(25, 0, 30);
>> p = p1+p2
```

按回车键可得所求概率如下.

```
p =
    1/3
```

例 8.6 公共汽车门的高度是按成年男子与车门顶碰头的概率不超过 1% 设计的. 设男子身高 $X \sim N(175, 36)$（单位：cm），求车门的最低高度.

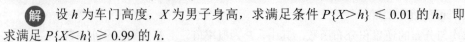

解 设 h 为车门高度，X 为男子身高，求满足条件 $P\{X>h\} \leqslant 0.01$ 的 h，即求满足 $P\{X<h\} \geqslant 0.99$ 的 h.

微课：例8.6

在 MATLAB 的命令行窗口输入以下代码.

```
>> h = norminv(0.99, 175, 6)
```

按回车键可得车门的最低高度如下.

```
h =
    188.9581
```

■ 8.3 几种常见分布数字特征的MATLAB实现 ■

在统计工具箱中，以"stat"结尾的函数可用于计算给定参数的某种分布的均值和方差. 常见分布的数学期望与方差的计算函数有以下 10 种.

1. 均匀分布的数学期望与方差

调用格式：[M, V] = unifstat (a, b).

微课：常见分布的数字特征

功能：计算均匀分布（连续）的数学期望与方差. 其中，M 为数学期望，V 为方差，a, b 为均匀分布的分布区间端点值.

2. 二项分布的数学期望与方差

调用格式：[M, V] = binostat (N, p).

功能：计算二项分布的数学期望与方差. 其中，N 为试验次数，p 为二项分布中的概率参数.

3. 指数分布的数学期望与方差

调用格式：[M, V] = expstat (mu).

功能：计算指数分布的数学期望与方差. 其中，mu 为指数分布的参数.

4. 泊松分布的数学期望与方差

调用格式：[M, V] = poisstat (lambda).

功能：计算泊松分布的数学期望与方差. 其中，M 为数学期望，V 为方差，"lambda"为泊松分布的参数.

5. 正态分布的数学期望与方差

调用格式：[M, V] = normstat (mu, sigma).

功能：计算正态分布的数学期望与方差. 其中，M 为数学期望，V 为方差.

6. 卡方分布的数学期望与方差

调用格式：[M, V] = chi2stat (nu).

功能：计算自由度为"nu"的卡方分布的数学期望与方差. 其中，M 为数学期望，V 为方差.

7. t 分布的数学期望与方差

调用格式：[M, V] = tstat (nu).

功能：计算 t 分布的数学期望与方差. 其中，nu 为 t 分布的参数.

8. F 分布的数学期望与方差

调用格式：[M, V] = fstat (n1, n2).

功能：计算 F 分布的数学期望与方差. 其中，$n1, n2$ 为 F 分布的两个自由度.

9. 几何分布的数学期望与方差

调用格式：[M, V] = geostat (p).

功能：计算几何分布的数学期望与方差. 其中，p 为几何分布的几何概率参数.

10. 超几何分布的数学期望与方差

调用格式：[M, V] = hygestat (M, K, N).

功能：计算超几何分布的数学期望与方差. 其中，M, K, N 为超几何分布的参数.

例 8.7 已知 $X \sim N(5,4)$，求其数学期望与方差.

解 在 MATLAB 的命令行窗口中输入以下代码.

微课：例8.7

```
>> [M, V] = normstat(5,  2)
```

按回车键可得结果如下.

```
M
      5
V =
      4
```

例 8.8 按规定，某型号的电子元件的使用寿命超过 1 500h 为一级品，已知某样品共 20 个，一级品率为 0.2. 问：该样品中一级品电子元件数的数学期望和方差为多少？

解 分析可知该样品中一级品电子元件数分布为二项分布，可使用 binostat 函数求解.

微课：例8.8

在 MATLAB 的命令行窗口中输入以下代码.

```
>> [M, V] = binostat(20, 0.2)
```

按回车键可得结果如下.

```
>>M =
      4
>>V =
     3.2000
```

结果说明该样品中一级品电子元件数的数学期望为 4，方差为 3.2.

■ 8.4 二维随机变量及其分布的MATLAB实现

8.4.1 二维正态分布随机变量的密度函数值

用 mvnpdf 函数可以计算二维正态分布随机变量在指定范围内的概率.

调用格式：mvnpdf(x, mu, sigma).

功能：输出均值为 "mu" 且协方差矩阵为 "sigma" 的正态分布函数在 x 处的值.

微课：二维正态分布随机变量的概率密度

例 8.9 计算服从二维正态分布的随机变量在指定范围内的概率并绘图,已知均值为 $(0,0)$,协方差为 $\begin{pmatrix} 0.25 & 0.3 \\ 0.3 & 1 \end{pmatrix}$.

解 在 MATLAB 的命令行窗口输入以下代码.

微课: 例8.9

```
>> mu = [0 0];
>> sigma = [0.25 0.3;0.3 1];
>> x = -3:0.1:3;y = -3:0.15:3;
>> [x1, y1] = meshgrid(x, y);           % 将平面区域网格化取值
>> f = mvnpdf([x1(:) y1(:)], mu, sigma); % 计算概率
>> F = reshape(f, numel(y), numel(x));   % 矩阵重塑
>> surf(x, y, F);                        % 绘制着色的三维曲面图
>> caxis([min(F(:))-0.5*range(F(:)),max(F(:))]);%range(x) 表示最大值与最小值的差,即极差
>> axis([-4 4 -4 4 0 max(F(:))+0.1]);    % 设置坐标轴范围
>> xlabel('x')
>> ylabel('y')
>> zlabel('Probability Density')
```

绘制的图形如图 8.1 所示.

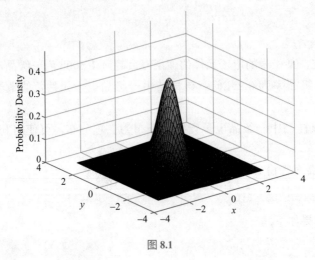

图 8.1

8.4.2 二维随机变量的边缘概率密度

若连续型随机变量 (X,Y) 的概率密度为 $f(x,y)$,则 (X,Y) 关于 X 和 Y 的边缘概率密度 $f_X(x)$ 和 $f_Y(y)$ 分别为

$$f_X(x) = \int_{-\infty}^{+\infty} f(x,y)\mathrm{d}y,$$

$$f_Y(y) = \int_{-\infty}^{+\infty} f(x,y)\mathrm{d}x.$$

例 8.10 设 (X,Y) 具有概率密度 $f(x,y) = \begin{cases} \mathrm{e}^{-y}, & 0<x<y, \\ 0, & \text{其他}. \end{cases}$ 求边缘概率密度 $f_X(x)$ 和 $f_Y(y)$.

微课: 例8.10

解 在 MATLAB 的命令行窗口输入以下代码.

```
>> syms x y
>> f = exp(-y);
>> fx = int(f, y, x, inf)
```

按回车键可得结果如下.

```
>>fx =
exp(-x)
```

继续输入以下代码.

```
>> fy = int(f, x, 0, y)
```

按回车键得结果如下.

```
>>fy =
y*exp(-y)
```

故

$$f_X(x) = \begin{cases} e^{-x}, & x>0, \\ 0, & x\leqslant0, \end{cases} \qquad f_Y(y) = \begin{cases} ye^{-y}, & y>0, \\ 0, & y\leqslant0. \end{cases}$$

8.5 样本的数字特征的MATLAB实现

在统计工具箱中，MATLAB 提供了常见的求样本函数，下面做简单的介绍.

1. 算术平均值函数

调用格式：mean (X).

微课：样本的
数字特征

功能：若 X 为向量，则返回 X 中各元素的算术平均值；若 X 为矩阵，则返回 X 中各列元素的算术平均值构成的一个行向量.

例 8.11 随机抽取 10 个滚珠测得直径（单位：mm）如下.

14.80, 15.11, 14.90, 14.91, 15.30, 15.32, 14.95, 14.96, 15.21, 15.22.

试求滚珠直径的平均值.

解 在 MATLAB 的命令行窗口输入以下代码.

```
>>X = [14.80, 15.11, 14.90, 14.91, 15.30, 15.32, 14.95, 14.96, 15.21, 15.22];
>>mean(X)
```

按回车键可得滚珠直径的平均值如下.

```
>>ans =
    15.068000000000001
```

2. 无偏估计方差

调用格式：D = var (X).

功能：若 X 为向量，则返回向量的无偏估计的方差，即 $D = \dfrac{1}{n-1}\sum_{i=1}^{n}(x_i - \bar{x})^2$；若 X 为矩阵，则返回 X 中各列向量的样本方差构成的行向量.

3. 有效估计方差

调用格式：D = var (X, 1).

功能：返回向量（矩阵）X 的有效估计的方差，即 $D = \dfrac{1}{n}\sum\limits_{i=1}^{n}(x_i - \overline{x})^2$.

4. 无偏估计标准差

调用格式：std (X).

功能：返回向量（矩阵）X 的无偏估计的标准差.

5. 有效估计标准差

调用格式：std (X, 1).

功能：返回向量（矩阵）X 的有效估计的标准差.

例 8.12　求样本的有效估计的方差和样本标准差.

14.80, 15.11, 14.90, 14.91, 15.30, 15.32, 14.95, 14.96, 15.21, 15.22.

微课：例8.12

 在 MATLAB 的命令行窗口中输入以下代码.

```
>> X = [14.80, 15.11, 14.90, 14.91, 15.30, 15.32, 14.95, 14.96, 15.21, 15.22];
>> DX = var(X, 1)
```

按回车键可得样本的有效估计的方差如下.

```
DX =
    0.031296000000000
```

继续输入以下代码.

```
>> sigma = std(X, 1)
```

按回车键可得样本的有效估计的样本标准差如下.

```
sigma =
    0.176906755099968
```

6. 协方差

调用格式 1：cov (X).

功能：返回向量 X 的协方差.

调用格式 2：cov (X, Y).

功能：返回向量 X 与 Y 的协方差，且 X 与 Y 同维.

7. 相关系数

调用格式：corrcoef (X, Y).

功能：返回列向量 X, Y 的相关系数矩阵.

例 8.13　已知 "X = [0.9218 0.1763 0.9355 0.4103 0.0579 0.8132]" "Y = [0.7382 0.4057 0.9169 0.8936 0.3529 0.0099]"，计算它们的协方差矩阵和相关系数矩阵.

微课：例8.13

 在 MATLAB 的命令行窗口中输入以下代码.

```
>> clear all        % 清除所有的变量，包括全局变量 global
>> format short     % 短格式方式，显示 5 位定点十进制数
>> X = [0.9218 0.1763 0.9355 0.4103 0.0579 0.8132];
>> Y = [0.7382 0.4057 0.9169 0.8936 0.3529 0.0099];
>> cov = cov(X, Y)
```

按回车键可得协方差矩阵如下.

```
cov =
    0.1515    0.0344
    0.0344    0.1279
```

继续输入以下代码.

```
>> R = corrcoef(X, Y)
```

按回车键可得相关系数矩阵如下.

```
R =
  1.0000    0.2473
  0.2473    1.0000
```

■ 8.6 参数估计的MATLAB实现

参数估计的内容包括点估计和区间估计. MATLAB 的统计工具箱中提供了进行最大似然估计的函数，可用于求待估参数及其置信区间. 利用专门的参数估计函数，可以估计不同分布的参数.

8.6.1 点估计

点估计是用单个数值作为参数的估计，常用的方法有矩估计法和最大似然估计法.

1. 矩估计法

微课：点估计

某些情况下，待估参数往往是总体原点矩或原点矩的函数，此时可以用来自该总体的样本的原点矩或样本原点矩的函数值作为待估参数的估计，这种方法称为矩估计法. 例如，样本均值总是总体均值的矩估计量，样本方差总是总体方差的矩估计量，样本标准差总是总体标准差的矩估计量.

在 MATLAB 中，可以用计算矩的函数 moment 进行估计，该函数只能计算向量的 k 阶中心矩，不能计算原点矩，也不能计算连续型随机变量的矩.

调用格式：moment(X, order).

功能：计算样本 X 的 $order$ 阶中心矩.

例 8.14 对某型号的 20 辆汽车记录其 5L 汽油的行驶里程（单位：km），观测数据如下.

29.8 27.6 28.3 27.9 30.1 28.7 29.9 28.0 27.9 28.7

28.4 27.2 29.5 28.5 28.0 30.0 29.1 29.8 29.6 26.9

试求总体的均值和方差的矩估计值.

解 在 MATLAB 的命令行窗口中输入以下代码.

```
>> x1 = [29.8 27.6 28.3 27.9 30.1 28.7 29.9 28.0 27.9 28.7];
>> x2 = [28.4 27.2 29.5 28.5 28.0 30.0 29.1 29.8 29.6 26.9];
>> x = [x1 x2]';
>> muhat = mean(x)
```

按回车键可得总体均值的矩估计值如下.

```
muhat =
  28.6950
```

继续输入以下代码.

```
>> sigma2hat = moment(x, 2)
```

按回车键得总体方差的矩估计值如下.

```
sigma2hat =
    0.9185
```

2. 最大似然估计法

最大似然估计法是在待估参数的可能取值范围内进行挑选，使似然函数值（即样本取固定观察值的概率）最大的那个参数值即为最大似然估计值.

利用统计工具箱中的 mle 函数可以进行最大似然估计.

调用格式：phat = mle('dist', data).

功能：使用向量"data"中的样本数据，返回"dist"指定的分布的最大似然估计.

注 "dist"为分布类型，取"normal"时可省略，"data"是样本.

例 8.15 对某型号的 20 辆汽车记录其 5L 汽油的行驶里程（单位：km），观测数据如下.

29.8 27.6 28.3 27.9 30.1 28.7 29.9 28.0 27.9 28.7

28.4 27.2 29.5 28.5 28.0 30.0 29.1 29.8 29.6 26.9

设行驶里程服从正态分布，试用最大似然估计法估计总体的均值和方差.

解 在 MATLAB 的命令行窗口中输入以下代码.

```
>> b1 = [29.8 27.6 28.3 27.9 30.1 28.7 29.9 28.0 27.9 28.7];
>> b2 = [28.4 27.2 29.5 28.5 28.0 30.0 29.1 29.8 29.6 26.9];
>> x = [b1 b2];
>> p = mle('norm', x);
>> muhatmle = p(1)
```

按回车键可得总体的均值的最大似然估计值如下.

```
muhatmle =
  28.6950
```

继续输入以下代码.

```
>> sigma2hatmle = p(2)^2
```

按回车键得总体的方差的最大似然估计值如下.

```
sigma2hatmle =
0.9185
```

8.6.2 区间估计

求参数的区间估计，首先要求出该参数的点估计，然后构造一个含有该参数的随机变量，并根据一定的置信水平求该估计值的范围.

函数 mle 除了可以用于求指定分布的参数的最大似然估计，还可以用于求指定分布的参数的区间估计. 调用格式和功能如下.

调用格式 1：[phat, pci] = mle('dist', data).

功能：返回"dist"分布的参数的最大似然估计和置信度为 95% 的置信区间.

微课：区间估计

调用格式 2：[phat, pci] = mle('dist', data, alpha).

功能：返回"dist"分布的参数的最大似然估计和置信度为"100(1-alpha)%"的置信区间.

例 8.16 对某型号的 20 辆汽车记录其 5L 汽油的行驶里程（单位：km），观测数据如下.

29.8   27.6   28.3   27.9   30.1   28.7   29.9   28.0   27.9   28.7
28.4   27.2   29.5   28.5   28.0   30.0   29.1   29.8   29.6   26.9

设行驶里程服从正态分布，求平均行驶里程的 95% 的置信区间.

解 在 MATLAB 的命令行窗口中输入以下代码.

微课: 例8.16

```
clear;clc;
>> x1 = [29.8 27.6 28.3 27.9 30.1 28.7 29.9 28.0 27.9 28.7];
>> x2 = [28.4 27.2 29.5 28.5 28.0 30.0 29.1 29.8 29.6 26.9];
>> x = [x1 x2]';
>> [p, ci] = mle('norm', x, 0.05)
```

按回车键可得结果如下.

```
p =
   28.6950      0.9584
ci =
   28.2348      0.7478
   29.1552      1.4361
```

即平均行驶里程的 95% 的置信区间为 (28.234 8, 29.155 2). 另外，$\hat{\sigma} = 0.958\ 4$，σ 的 95% 的置信区间为 (0.747 8, 1.436 1).

8.6.3 常见分布的参数估计

除了使用 mle 函数求指定分布的参数的估计量，MATLAB 的统计工具箱中还提供了求常见分布的参数的估计函数，如表 8.1 所示.

表 8.1

分布	函数调用格式
贝塔分布	phat = betafit(x) [phat, pci] = betafit(x, alpha)
二项分布	phat = binofit(x, n) [phat, pci] = binofit(x, n) [phat, pci] = binofit(x, n, alpha)
指数分布	muhat = expfit(x) [muhat, muci] = expfit(x) [muhat, muci] = expfit(x, alpha)
伽马分布	phat = gamfit(x) [phat, pci] = gamfit(x) [phat, pci] = gamfit(x, alpha)
正态分布	[muhat, sigmahat, muci, sigmaci] = normfit(x) [muhat, sigmahat, muci, sigmaci] = normfit(x, alpha)
泊松分布	lambdahat = poissfit(x) [lambdahat, lambdaci] = poissfit(x) [lambdahat, lambdaci] = poissfit(x, alpha)
均匀分布	[ahat, bhat] = unifit(x) [ahat, bhat, aci, bci] = unifit(x) [ahat, bhat, aci, bci] = unifit(x, alpha)

续表

分布	函数调用格式
韦布尔分布	phat = weibfit(x) [phat, pci] = weibfit(x) [phat, pci] = weibfit(x, alpha)

例如，用 normfit 函数对正态分布总体进行参数估计.

调用格式 1: [muhat, sigmahat, muci, sigmaci] = normfit(x).

功能：对于给定的正态分布的数据 x，返回参数 μ 的估计值"muhat"、σ 的估计值"sigmahat"、μ 的 95% 的置信区间"muci"和 σ 的 95% 的置信区间"sigmaci".

调用格式 2: [muhat, sigmahat, muci, sigmaci] = normfit(x, alpha).

功能：进行参数估计并计算"100(1− alpha)%"的置信区间.

例 8.17 用 normfit 函数求解例 8.16.

解 在 MATLAB 的命令行窗口中输入以下代码.

```
>> a = 0.05;
>> x1 = [29.8 27.6 28.3 27.9 30.1 28.7 29.9 28.0 27.9 28.7];
>> x2 = [28.4 27.2 29.5 28.5 28.0 30.0 29.1 29.8 29.6 26.9];
>> x = [x1 x2]';
>> [muhat, sigmahat, muci, sigmaci] = normfit(x, a)
```

按回车键可得结果如下.

```
muhat =
   28.6950          % μ 的最大似然估计值
sigmahat =
   0.9854           % σ 的最大似然估计值
muci =
   28.2348
   29.1552          % μ 的置信区间
sigmaci =
   0.7478
   1.4361           % σ 的置信区间
```

即平均行驶里程的 95% 的置信区间为 (28.234 8, 29.155 2). 另外，$\hat{\sigma} = 0.958\ 4$，σ 的 95% 的置信区间为 (0.747 8, 1.436 1).

■ 8.7 假设检验的MATLAB实现

在总体分布函数完全未知，或只知分布形式但不知其参数时，为了推断总体的某些性质，需要提出关于总体的假设. 假设是否合理，则需要检验.

8.7.1 方差已知时的均值检验

在 MATLAB 中，对于方差已知的正态总体，关于均值的检验用 ztest 函数. 其调用格式和相应的功能如下.

调用格式 1: h = ztest(x, m, sigma, alpha).

微课：方差
已知时的
均值检验

功能：在显著性水平"alpha"下进行 U 检验，以检验服从正态分布的样本"x"是否来自均值为 m 的正态总体．"sigma"为标准差．若返回结果 $h = 1$，则可以在显著性水平"alpha"下接受备择假设 H_1（拒绝 H_0：$\mu = m$）；若返回结果 $h = 0$，则在显著性水平"alpha"下不能拒绝 H_0．在"alpha"为 0.05 时，可省略．

调用格式 2：[h, sig, ci, zval] = ztest(x, m, sigma, alpha, tail)．

功能：总体方差"sigma²"已知时，总体均值的检验使用 U 检验．检验数据"x"的关于均值的某一假设是否成立．其中"sigma"为已知的方差，"alpha"为显著性水平，并可通过指定"tail"的值来控制备择假设的类型．"tail"的取值及表示意义如下．

"tail"为 0 或 'both'（为默认设置）：指定备择假设 H_1 为均值不等于 m，即进行双侧检验．

"tail"为 1 或 'right'：指定备择假设 H_1 为均值大于 m，即进行右边单侧检验．

"tail"为 –1 或 'left'：指定备择假设 H_1 为均值小于 m，即进行左边单侧检验．

（注） 返回值"h"为一个布尔值，$h=1$ 表示可以拒绝假设，$h=0$ 表示不可以拒绝假设．

"zval"是标准正态分布统计量 $U = \dfrac{\bar{X} - m}{\sigma / \sqrt{n}}$ 的观测值．

"sig"为与 U 统计量有关的 p 值，表示能够由统计量 U 的值"zval"做出拒绝原假设的最小显著性水平，具体如下．

若"tail"为 0，则"sig = P{|U|>zval}"．

若"tail"为 1，则"sig = P{U>zval}"．

若"tail"为 –1，则"sig = P{U<zval}"．

"ci"为均值真值的"1–alpha"置信区间．

例 8.18 某车间用一台包装机包装葡萄糖，包得的袋装糖质量是一个随机变量，它服从正态分布．当机器正常时，其均值为 0.5kg，标准差为 0.015kg．某日开工后检验包装机是否正常，随机地抽取所包装的糖 9 袋，称得净重（单位：kg）为 0.497, 0.506, 0.518, 0.524, 0.498, 0.511, 0.52, 0.515, 0.512，问：机器是否正常？（显著性水平 $\alpha = 0.05$）

（解） H_0：$\mu = \mu_0 = 0.5$，H_1：$\mu \neq \mu_0$．

在 MATLAB 的命令行窗口中输入以下代码．

微课：例8.18

```
>> X = [0.497, 0.506, 0.518, 0.524, 0.498, 0.511, 0.52, 0.515, 0.512];
>> [h, sig, ci, zval] = ztest(X, 0.5, 0.015, 0.05, 0)
```

按回车键可得结果如下．

```
h =
     1
sig =
     0.0248              % 样本观察值的概率
ci =
     0.5014    0.5210    % 置信区间
zval =
     2.2444              % 统计量的值
```

因此，由 $h = 1$ 可知，在显著性水平 $\alpha = 0.05$ 下可拒绝原假设，即认为包装机工作不正常；由置信区间 (0.501 4, 0.521 0) 可看出，均值 0.5 在此区间之外．

8.7.2 方差未知时单个正态总体均值的假设检验

微课：方差未知时单个正态总体均值的假设检验

在 MATLAB 中，对于方差未知的正态总体，关于均值的检验用 ttest 函数. 其调用格式及功能如下.

调用格式 1: h = ttest(x, m).

功能：在显著性水平 0.05 下进行 T 检验，以检验服从正态分布（标准差未知）的样本 "x" 是否来自均值为 m 的正态总体.

注 当 $m = 0$ 时，可省略，即 "ttest(x) = ttest(x, 0)".

调用格式 2: h = ttest(x, m, alpha).

功能：在显著性水平 "alpha" 下进行 T 检验，以检验服从正态分布（标准差未知）的样本 "x" 是否来自均值为 m 的正态总体. 若返回结果 $h = 1$，则可以在显著性水平 "alpha" 下接受备择假设 H_1（拒绝 $H_0 : \mu = m$）；若返回结果 $h = 0$，则在显著性水平 "alpha" 下不能拒绝 H_0.

调用格式 3: [h, sig, ci, stats] = ttest(x, m, alpha, tail).

功能：根据子样 "x"，进行显著性水平为 "alpha" 的单样本 "T" 检验，以判断总体的均值是否为 m.

注 "sig" 为与样本 "x" 有关的 p 值，表示能够由样本 "x" 做出拒绝原假设的最小显著性水平.

"ci" 为均值真值的 "1−alpha" 置信区间.

结构数组 "stats" 中包含统计量 T 的值 $\dfrac{\bar{x} - m}{\dfrac{s}{\sqrt{n}}}$、自由度和样本标准.

例 8.19 某种电子元件的寿命 X（单位：h）服从正态分布，μ 和 σ^2 均未知. 现测得 16 个电子元件的寿命如下.

159　280　101　212　224　379　179　264　222　362　168　250　149　260　485　170

问：是否有理由认为电子元件的平均寿命大于 225h？（$\alpha = 0.05$）

解 σ^2 未知，在 $\alpha = 0.05$ 下检验假设：

$$H_0 : \mu = \mu_0 = 225 ，H_1 : \mu > \mu_0 = 225 .$$

在 MATLAB 的命令行窗口中输入以下代码.

微课：例8.19

```
>> clear
>> x = [159 280 101 212 224 379 179 264 222 362 168 250 149 260 485 170];
>> [h, sig, muci] = ttest(x, 225, 0.05, 1)
```

按回车键后可得结果如下.

```
h =
     0
sig =
    0.2570
muci =
  198.2321    Inf
```

由于 "sig = 0.2570"，因此没有充分的理由认为电子元件的平均寿命大于 225h.

8.7.3 两个正态总体（方差均未知但相等）均值差的假设检验

在 MATLAB 中，对于两个独立正态总体（方差均未知但相等），关于其均值差的检验用 ttest2 函数．该函数的调用格式和功能如下．

调用格式 1：h = ttest2(x, y)．

功能：x 和 y 为取自两个独立正态总体（方差均未知但相等）的两个样本，检验两个正态总体的均值是否相等．若返回 $h = 1$，则可以在 0.05 的水平下拒绝 H_0（均值相等），即可认为两个总体的均值不相等；若返回 $h = 0$，则不能在 0.05 的水平下拒绝 H_0，即不能认为两个总体的均值不相等．

微课：两个正态总体（方差均未知但相等）均值差的假设检验

调用格式 2：[h, significance, ci] = ttest2(x, y, alpha, tail)．

功能："alpha" 为给定的显著性水平，"tail" 用于指定是进行单侧检验还是进行双侧检验．若返回 $h = 1$，则可以在 "alpha" 水平下拒绝 H_0；若返回 $h = 0$，则不能在 "alpha" 水平下拒绝 H_0．"significance" 是与 "x""y" 有关的 p 值，即为能够利用 "x""y" 做出拒绝 H_0 的最小显著性水平．"ci" 为两个总体均值差（$\mu_x - \mu_y$）的 "1–alpha" 置信区间．

注 "tail" 可以有下面 3 个取值．

（1）"tail" 为 0 或 'both'（为默认设置）：指定备择假设 H_1 为 $\mu_x \neq \mu_y$．

（2）"tail" 为 1 或 'right'：指定备择假设 H_1 为 $\mu_x > \mu_y$．

（3）"tail" 为 –1 或 'left'：指定备择假设 H_1 为 $\mu_x < \mu_y$．

例 8.20 在平炉上进行一项试验以确定改变操作方法是否会增加钢的产率，试验在同一个平炉上进行，每炼一炉钢时，除操作方法外，其他条件都尽可能做到相同．先用标准方法炼一炉，然后用建议的新方法炼一炉，之后交替进行，各炼 10 炉，其产率（%）分别如下．

标准方法：78.1, 72.4, 76.2, 74.3, 77.4, 78.4, 76.0, 75.5, 76.7, 77.3．

新方法：79.1, 81.0, 77.3, 79.1, 80.0, 79.1, 79.1, 77.3, 80.2, 82.1．

设两个样本相互独立，且分别来自正态总体 $N(\mu_1, \sigma^2)$ 和 $N(\mu_2, \sigma^2)$，μ_1, μ_2, σ^2 均未知．问：新方法能否提高产率？（$\alpha = 0.05$）

解 两个总体的方差相等，在显著性水平 $\alpha = 0.05$ 下检验假设：

$$H_0 : \mu_1 = \mu_2, \quad H_1 : \mu_1 < \mu_2.$$

在 MATLAB 的命令行窗口中输入以下代码．

微课：例8.20

```
>> X = [78.1 72.4 76.2 74.3 77.4 78.4 76.0 75.5 76.7 77.3];
>> Y = [79.1 81.0 77.3 79.1 80.0 79.1 79.1 77.3 80.2 82.1];
>> [h, sig, ci] = ttest2(X, Y, 0.05, -1)
```

按回车键可得结果如下．

```
h =
     1
sig =
    2.1759e-04          % 说明两个总体均值相等的概率很小
ci =
       -Inf   -1.9083
```

由 $h = 1$ 可知，在显著性水平 $\alpha = 0.05$ 下可拒绝原假设，即认为新方法能提高产率．

附录
概率论与数理统计发展简介

一、概率论的发展

17 世纪，一个研究偶然事件数量关系的数学分支开始出现，这就是概率论．概率论起源于博弈问题，人们通过对随机博弈现象的分析，注意到博弈现象的一些特性，如"多次试验中的频率稳定性"等，这些特性经加工提炼形成了概率论．

惠更斯（Huygens）于 1657 年发表了关于概率论的早期著作《论赌博中的计算》．在此期间，费尔马（Fermat）与帕斯卡（Pascal）也在通信中探讨了随机博弈现象中所出现的概率论的基本定理和法则．惠更斯等人逐渐建立了概率和数学期望等主要概念，找出了它们的基本性质和演算方法，从而塑造了概率论的雏形．

18 世纪是概率论正式形成和发展的时期．1713 年，伯努利（Bernoulli）在《猜度术》中明确指出了概率论最重要的定律之一——大数定律，这使得以往建立在经验之上的频率稳定性推测理论化了，从此概率论从对特殊问题的求解，发展到了一般理论的概括．继伯努利之后，棣莫弗（Abraham de Moivre）在 1718 年发表的《机会的学说》中提出了概率乘法法则，以及二项分布和正态分布的联系，为中心极限定理的建立奠定了基础．1777 年蒲丰（Buffon）在《偶然性的算术试验》中把概率和几何结合起来，开始了几何概率的研究，他提出的"蒲丰问题"就是采取概率的方法来求圆周率 π 的尝试．

伯努利和棣莫弗的努力使数学方法有效地应用于概率研究之中，把概率论的特殊发展同数学的一般发展联系起来，使概率论成为数学的一个分支．

19 世纪概率论朝着建立完整的理论体系和更广泛的应用方向发展．拉普拉斯（Laplace）1812 年出版的《概率的分析理论》实现了概率论研究由组合技巧向分析方法的过渡，开创了概率论发展的新阶段．高斯（Gauss）奠定了最小二乘法和误差理论的基础，成功得到了正态分布曲线，由此建立了高斯分布即正态分布．泊松（Poisson）推广了伯努利大数定律，引入了十分重要的泊松分布．切比雪夫（Chebyshev）1866 年给出了切比雪夫不等式，并将大数定律和中心极限定理推广到了更为普遍的情形，他引出的一系列概念和研究题材与方法，后又被马尔可夫（Markov）等发扬光大，推进了 20 世纪概率论的发展进程．

20 世纪概率论的理论得到了进一步的完善，1917 年伯恩斯坦（Bernstein）首先提出了概率论的公理体系．1933 年柯尔莫哥洛夫（Kolmogorov）又以更完整的形式提出了概率论的公理结构，从此，更现代意义上的完整的概率论基本完成．

二、数理统计的发展

18、19 世纪出现统计推断思想的萌芽并有了一定发展，但以概率论为基础，以统计推断为主要内容的现代意义上的数理统计学，则到 20 世纪才渐近成熟.

1763 年，贝叶斯（Bayes）给出的贝叶斯定理可以看作一种最早的统计推断程序，它在现代概率论和数理统计中仍有重要作用. 拉普拉斯和高斯等人利用贝叶斯公式进行参数估计，高斯由于计算行星轨道的需要而建立了以最小二乘法为基础的误差分析，这些都促使统计学摆脱对观测数据的单纯描述而向强调推断的阶段过渡.

皮尔逊（Pearson）对现代数理统计的建立起了重要作用，他在 19 世纪末、20 世纪初成功建立了生物统计学，明确指出统计学不是研究样本本身，而是要根据样本对总体进行推断，并据此提出了拟合优度检验. 皮尔逊的工作是大样本统计的前驱，戈塞特（Gosset）1908 年发表的 t 分布则开创了小样本统计理论，从而使统计学研究对象从群体现象转为随机现象.

使现代数理统计学作为一门独立学科的奠基人是费希尔（Fisher）. 20 世纪 20-30 年代，费希尔提出了许多重要的统计方法，开辟了一系列统计学的分支领域. 他发展了正态总体下的各种统计量的抽样分布，将已有的相关、回归理论建造为系统的相关分析和回归分析. 1923 年，费希尔提出了方差分析这一重要的数据分析方法.

1946 年，克拉默（Cramer）的著作《统计学的数学方法》用测度论系统总结了数理统计的发展，标志着现代数理统计学的成熟.

1947 年，瓦尔德（Wald）发表了《序贯分析》，其主旨是以序贯抽样方案代替统计推断中的传统的固定抽样方案. 1950 年，瓦尔德出版了《统计决策函数》，他的统计决策理论用博弈的观点看待数理统计问题. 对于推断所获得的论断会产生什么后果、应采取何种对策或行动等这些不属于经典统计的内容，其统计决策理论也将其纳入统计的范畴. 瓦尔德的思想方法对 20 世纪下半叶整个数理统计学的发展有着重要影响.

数理统计近年来在理论上的突破不大，但其应用广泛，几乎渗透到所有学科中，没有数理统计就无法应付大量的数据和信息，数理统计已成为现代科学研究最基本的工具之一.

附表1 泊松分布表

$$P\{X \leqslant x\} = \sum_{k=0}^{x} \frac{\lambda^k e^{-\lambda}}{k!}.$$

x	λ								
	0.1	0.2	0.3	0.4	0.5	0.6	0.7	0.8	0.9
0	0.904 8	0.818 7	0.740 8	0.673 0	0.606 5	0.548 8	0.496 6	0.449 3	0.406 6
1	0.995 3	0.982 5	0.963 1	0.938 4	0.909 8	0.878 1	0.844 2	0.808 8	0.772 5
2	0.999 8	0.998 9	0.996 4	0.992 1	0.985 6	0.976 9	0.965 9	0.952 6	0.937 1
3	1.000 0	0.999 9	0.999 7	0.999 2	0.998 2	0.996 6	0.994 2	0.990 9	0.986 5
4		1.000 0	1.000 0	0.999 9	0.999 8	0.999 6	0.999 2	0.998 6	0.997 7
5				1.000 0	1.000 0	1.000 0	0.999 9	0.999 8	0.999 7
6							1.000 0	1.000 0	1.000 0

x	λ								
	1.0	1.5	2.0	2.5	3.0	3.5	4.0	4.5	5.0
0	0.367 9	0.223 1	0.135 3	0.082 1	0.049 8	0.030 2	0.018 3	0.011 1	0.006 7
1	0.735 8	0.557 8	0.406 0	0.287 3	0.199 1	0.135 9	0.091 6	0.061 1	0.040 4
2	0.919 7	0.808 8	0.676 7	0.543 8	0.423 2	0.320 8	0.238 1	0.173 6	0.124 7
3	0.981 0	0.934 4	0.857 1	0.757 6	0.647 2	0.536 6	0.433 5	0.342 3	0.265 0
4	0.996 3	0.981 4	0.947 3	0.891 2	0.815 3	0.725 4	0.628 8	0.532 1	0.440 5
5	0.999 4	0.995 5	0.983 4	0.958 0	0.916 1	0.857 6	0.785 1	0.702 9	0.616 0
6	0.999 9	0.999 1	0.995 5	0.985 8	0.966 5	0.934 7	0.889 3	0.831 1	0.762 2
7	1.000 0	0.999 8	0.998 9	0.995 8	0.988 1	0.973 3	0.948 9	0.913 4	0.866 6
8		1.000 0	0.999 8	0.998 9	0.996 2	0.990 1	0.978 6	0.959 7	0.931 9
9			1.000 0	0.999 7	0.998 9	0.996 7	0.991 9	0.982 9	0.968 2
10				0.999 9	0.999 7	0.999 0	0.997 2	0.993 3	0.986 3
11				1.000 0	0.999 9	0.999 7	0.999 1	0.997 6	0.994 5
12					1.000 0	0.999 9	0.999 7	0.999 2	0.998 0

续表

x	λ								
	5.5	6.0	6.5	7.0	7.5	8.0	8.5	9.0	9.5
0	0.004 1	0.002 5	0.001 5	0.000 9	0.000 6	0.000 3	0.000 2	0.000 1	0.000 1
1	0.026 6	0.017 4	0.011 3	0.007 3	0.004 7	0.003 0	0.001 9	0.001 2	0.000 8
2	0.088 4	0.062 0	0.043 0	0.029 6	0.020 3	0.013 8	0.009 3	0.006 2	0.004 2
3	0.201 7	0.151 2	0.111 8	0.081 8	0.059 1	0.042 4	0.030 1	0.021 2	0.014 9
4	0.357 5	0.285 1	0.223 7	0.173 0	0.132 1	0.099 6	0.074 4	0.055 0	0.040 3
5	0.528 9	0.445 7	0.369 0	0.300 7	0.241 4	0.191 2	0.149 6	0.115 7	0.088 5
6	0.686 0	0.606 3	0.526 5	0.449 7	0.378 2	0.313 4	0.256 2	0.206 8	0.164 9
7	0.809 5	0.744 0	0.672 8	0.598 7	0.524 6	0.453 0	0.385 6	0.323 9	0.268 7
8	0.894 4	0.847 2	0.791 6	0.729 1	0.662 0	0.592 5	0.523 1	0.455 7	0.391 8
9	0.946 2	0.916 1	0.877 4	0.830 5	0.776 4	0.716 6	0.653 0	0.587 4	0.521 8
10	0.974 7	0.957 4	0.933 2	0.901 5	0.862 2	0.815 9	0.763 4	0.706 0	0.645 3
11	0.989 0	0.979 9	0.966 1	0.946 6	0.920 8	0.888 1	0.848 7	0.803 0	0.752 0
12	0.995 5	0.991 2	0.984 0	0.973 0	0.957 3	0.936 2	0.909 1	0.875 8	0.836 4
13	0.998 3	0.996 4	0.992 9	0.987 2	0.978 4	0.965 8	0.948 6	0.926 1	0.898 1
14	0.999 4	0.998 6	0.997 0	0.994 3	0.989 7	0.982 7	0.972 6	0.958 5	0.940 0
15	0.999 8	0.999 5	0.998 8	0.997 6	0.995 4	0.991 8	0.986 2	0.978 0	0.966 5
16	0.999 9	0.999 8	0.999 6	0.999 0	0.998 0	0.996 3	0.993 4	0.988 9	0.982 3
17	1.000 0	0.999 9	0.999 8	0.999 6	0.999 2	0.998 4	0.997 0	0.994 7	0.991 1
18		1.000 0	0.999 9	0.999 9	0.999 7	0.999 4	0.998 7	0.997 6	0.995 7
19			1.000 0	1.000 0	0.999 9	0.999 7	0.999 5	0.998 9	0.998 0
20					1.000 0	0.999 9	0.999 8	0.999 6	0.999 1

x	λ								
	10.0	11.0	12.0	13.0	14.0	15.0	16.0	17.0	18.0
0	0.000 0	0.000 0	0.000 0						
1	0.000 5	0.000 2	0.000 1	0.000 0	0.000 0				
2	0.002 8	0.001 2	0.000 5	0.000 2	0.000 1	0.000 0	0.000 0		
3	0.010 3	0.004 9	0.002 3	0.001 0	0.000 5	0.000 2	0.000 1	0.000 0	0.000 0
4	0.029 3	0.015 1	0.007 6	0.003 7	0.001 8	0.000 9	0.000 4	0.000 2	0.000 1
5	0.067 1	0.037 5	0.020 3	0.010 7	0.005 5	0.002 8	0.001 4	0.000 7	0.000 3
6	0.130 1	0.078 6	0.045 8	0.025 9	0.014 2	0.007 6	0.004 0	0.002 1	0.001 0
7	0.220 2	0.143 2	0.089 5	0.054 0	0.031 6	0.018 0	0.010 0	0.005 4	0.002 9
8	0.332 8	0.232 0	0.155 0	0.099 8	0.062 1	0.037 4	0.022 0	0.012 6	0.007 1
9	0.457 9	0.340 5	0.242 4	0.165 8	0.109 4	0.069 9	0.043 3	0.026 1	0.015 4
10	0.583 0	0.459 9	0.347 2	0.251 7	0.175 7	0.118 5	0.077 4	0.049 1	0.030 4

续表

x	λ								
	10.0	11.0	12.0	13.0	14.0	15.0	16.0	17.0	18.0
11	0.696 8	0.579 3	0.461 6	0.353 2	0.260 0	0.184 8	0.127 0	0.084 7	0.054 9
12	0.791 6	0.688 7	0.576 0	0.463 1	0.358 5	0.267 6	0.193 1	0.135 0	0.091 7
13	0.864 5	0.781 3	0.681 5	0.573 0	0.464 4	0.363 2	0.274 5	0.200 9	0.142 6
14	0.916 5	0.854 0	0.772 0	0.675 1	0.570 4	0.465 7	0.367 5	0.280 8	0.208 1
15	0.951 3	0.907 4	0.844 4	0.763 6	0.669 4	0.568 1	0.466 7	0.371 5	0.286 7
16	0.973 0	0.944 1	0.898 7	0.835 5	0.755 9	0.664 1	0.566 0	0.467 7	0.375 0
17	0.985 7	0.967 8	0.937 0	0.890 5	0.827 2	0.748 9	0.659 3	0.564 0	0.468 6
18	0.992 8	0.982 3	0.962 6	0.930 2	0.882 6	0.819 5	0.742 3	0.655 0	0.562 2
19	0.996 5	0.990 7	0.978 7	0.957 3	0.923 5	0.875 2	0.812 2	0.736 3	0.650 9
20	0.998 4	0.995 3	0.988 4	0.975 0	0.952 1	0.917 0	0.868 2	0.805 5	0.730 7
21	0.999 3	0.997 7	0.993 9	0.985 9	0.971 2	0.946 9	0.910 8	0.861 5	0.799 1
22	0.999 7	0.999 0	0.997 0	0.992 4	0.983 3	0.967 3	0.941 8	0.904 7	0.855 1
23	0.999 9	0.999 5	0.998 5	0.996 0	0.990 7	0.980 5	0.963 3	0.936 7	0.898 9
24	1.000 0	0.999 8	0.999 3	0.998 0	0.995 0	0.988 8	0.977 7	0.959 4	0.931 7
25		0.999 9	0.999 7	0.999 0	0.997 4	0.993 8	0.986 9	0.974 8	0.985 4
26		1.000 0	0.999 9	0.999 5	0.998 7	0.996 7	0.992 5	0.984 8	0.971 8
27			0.999 9	0.999 8	0.999 4	0.998 3	0.995 9	0.991 2	0.982 7
28			1.000 0	0.999 9	0.999 7	0.999 1	0.997 8	0.995 0	0.989 7
29				1.000 0	0.999 9	0.999 6	0.998 9	0.997 3	0.994 1
30					0.999 9	0.999 8	0.999 4	0.998 6	0.996 7
31					1.000 0	0.999 9	0.999 7	0.999 3	0.998 2
32						1.000 0	0.999 9	0.999 6	0.999 0
33							0.999 9	0.999 8	0.999 5
34							1.000 0	0.999 9	0.999 8
35								1.000 0	0.999 9
36									0.999 9
37									1.000 0

附表2　标准正态分布表

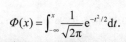 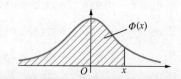

$$\Phi(x) = \int_{-\infty}^{x} \frac{1}{\sqrt{2\pi}} e^{-t^2/2} dt.$$

x	0.00	0.01	0.02	0.03	0.04	0.05	0.06	0.07	0.08	0.09
0.0	0.500 0	0.504 0	0.508 0	0.512 0	0.516 0	0.519 9	0.523 9	0.527 9	0.531 9	0.535 9
0.1	0.539 8	0.543 8	0.547 8	0.551 7	0.555 7	0.559 6	0.563 6	0.567 5	0.571 4	0.575 3
0.2	0.579 3	0.583 2	0.587 1	0.591 0	0.594 8	0.598 7	0.602 6	0.606 4	0.610 3	0.614 1
0.3	0.617 9	0.621 7	0.625 5	0.629 3	0.633 1	0.636 8	0.640 6	0.644 3	0.648 0	0.651 7
0.4	0.655 4	0.659 1	0.662 8	0.666 4	0.670 0	0.673 6	0.677 2	0.680 8	0.684 4	0.687 9
0.5	0.691 5	0.695 0	0.698 5	0.701 9	0.705 4	0.708 8	0.712 3	0.715 7	0.719 0	0.722 4
0.6	0.725 7	0.729 1	0.732 4	0.735 7	0.738 9	0.742 2	0.745 4	0.748 6	0.751 7	0.754 9
0.7	0.758 0	0.761 1	0.764 2	0.767 3	0.770 4	0.773 4	0.776 4	0.779 4	0.782 3	0.785 2
0.8	0.788 1	0.791 0	0.793 9	0.796 7	0.799 5	0.802 3	0.805 1	0.807 8	0.810 6	0.813 3
0.9	0.815 9	0.818 6	0.821 2	0.823 8	0.826 4	0.828 9	0.831 5	0.834 0	0.836 5	0.838 9
1.0	0.841 3	0.843 8	0.846 1	0.848 5	0.850 8	0.853 1	0.855 4	0.857 7	0.859 9	0.862 1
1.1	0.864 3	0.866 5	0.868 6	0.870 8	0.872 9	0.874 9	0.877 0	0.879 0	0.881 0	0.883 0
1.2	0.884 9	0.886 9	0.888 8	0.890 7	0.892 5	0.894 4	0.896 2	0.898 0	0.899 7	0.901 5
1.3	0.903 2	0.904 9	0.906 6	0.908 2	0.909 9	0.911 5	0.913 1	0.914 7	0.916 2	0.917 7
1.4	0.919 2	0.920 7	0.922 2	0.923 6	0.925 1	0.926 5	0.927 8	0.929 2	0.930 6	0.931 9
1.5	0.933 2	0.934 5	0.935 7	0.937 0	0.938 2	0.939 4	0.940 6	0.941 8	0.942 9	0.944 1
1.6	0.945 2	0.946 3	0.947 4	0.948 4	0.949 5	0.950 5	0.951 5	0.952 5	0.953 5	0.954 5
1.7	0.955 4	0.956 4	0.957 3	0.958 2	0.959 1	0.959 9	0.960 8	0.961 6	0.962 5	0.963 3
1.8	0.964 1	0.964 9	0.965 6	0.966 4	0.967 1	0.967 8	0.968 6	0.969 3	0.969 9	0.970 6
1.9	0.971 3	0.971 9	0.972 6	0.973 2	0.973 8	0.974 4	0.975 0	0.975 6	0.976 1	0.976 7
2.0	0.977 2	0.977 8	0.978 3	0.978 8	0.979 3	0.979 8	0.980 3	0.980 8	0.981 2	0.981 7
2.1	0.982 1	0.982 6	0.983 0	0.983 4	0.983 8	0.984 2	0.984 6	0.985 0	0.985 4	0.985 7
2.2	0.986 1	0.986 4	0.986 8	0.987 1	0.987 5	0.987 8	0.988 1	0.988 4	0.988 7	0.989 0
2.3	0.989 3	0.989 6	0.989 8	0.990 1	0.990 4	0.990 6	0.990 9	0.991 1	0.991 3	0.991 6

续表

x	0.00	0.01	0.02	0.03	0.04	0.05	0.06	0.07	0.08	0.09
2.4	0.991 8	0.992 0	0.992 2	0.992 5	0.992 7	0.992 9	0.993 1	0.993 2	0.993 4	0.993 6
2.5	0.993 8	0.994 0	0.994 1	0.994 3	0.994 5	0.994 6	0.994 8	0.994 9	0.995 1	0.995 2
2.6	0.995 3	0.995 5	0.995 6	0.995 7	0.995 9	0.996 0	0.996 1	0.996 2	0.996 3	0.996 4
2.7	0.996 5	0.996 6	0.996 7	0.996 8	0.996 9	0.997 0	0.997 1	0.997 2	0.997 3	0.997 4
2.8	0.997 4	0.997 5	0.997 6	0.997 7	0.997 7	0.997 8	0.997 9	0.997 9	0.998 0	0.998 1
2.9	0.998 1	0.998 2	0.998 2	0.998 3	0.998 4	0.998 4	0.998 5	0.998 5	0.998 6	0.998 6
3.0	0.998 7	0.998 7	0.998 7	0.998 8	0.998 8	0.998 9	0.998 9	0.998 9	0.999 0	0.999 0
3.1	0.999 0	0.999 1	0.999 1	0.999 1	0.999 2	0.999 2	0.999 2	0.999 2	0.999 3	0.999 3
3.2	0.999 3	0.999 3	0.999 4	0.999 4	0.999 4	0.999 4	0.999 4	0.999 5	0.999 5	0.999 5
3.3	0.999 5	0.999 5	0.999 5	0.999 6	0.999 6	0.999 6	0.999 6	0.999 6	0.999 6	0.999 7
3.4	0.999 7	0.999 7	0.999 7	0.999 7	0.999 7	0.999 7	0.999 7	0.999 7	0.999 7	0.999 8

附表3 χ^2分布表

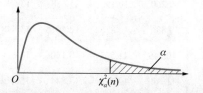

$P\{\chi^2(n) > \chi_\alpha^2(n)\} = \alpha.$

α n	0.995	0.99	0.975	0.95	0.90	0.10	0.05	0.025	0.01	0.005
1	0.000	0.000	0.001	0.004	0.016	2.706	3.843	5.025	6.637	7.882
2	0.010	0.020	0.051	0.103	0.211	4.605	5.992	7.378	9.210	10.597
3	0.072	0.115	0.216	0.352	0.584	6.251	7.815	9.348	11.344	12.837
4	0.207	0.297	0.484	0.711	1.064	7.779	9.488	11.143	13.277	14.860
5	0.412	0.554	0.831	1.145	1.610	9.236	11.070	12.832	15.085	16.748
6	0.676	0.872	1.237	1.635	2.204	10.645	12.592	14.440	16.812	18.548
7	0.989	1.239	1.690	2.167	2.833	12.017	14.067	16.012	18.474	20.276
8	1.344	1.646	2.180	2.733	3.490	13.362	15.507	17.534	20.090	21.954
9	1.735	2.088	2.700	3.325	4.168	14.684	16.919	19.022	21.665	23.587
10	2.156	2.558	3.247	3.940	4.865	15.987	18.307	20.483	23.209	25.188
11	2.603	3.053	3.816	4.575	5.578	17.275	19.675	21.920	24.724	26.755
12	3.074	3.571	4.404	5.226	6.304	18.549	21.026	23.337	26.217	28.300
13	3.565	4.107	5.009	5.892	7.041	19.812	22.362	24.735	27.687	29.817
14	4.075	4.660	5.629	6.571	7.790	21.064	23.685	26.119	29.141	31.319
15	4.600	5.229	6.262	7.261	8.547	22.307	24.996	27.488	30.577	32.799
16	5.142	5.812	6.908	7.962	9.312	23.542	26.296	28.845	32.000	34.267
17	5.697	6.407	7.564	8.682	10.085	24.769	27.587	30.190	33.408	35.716
18	6.265	7.015	8.231	9.390	10.865	25.989	28.869	31.526	34.805	37.156
19	6.843	7.632	8.906	10.117	11.651	27.203	30.143	32.852	36.190	38.580
20	7.434	8.260	9.591	10.851	12.443	28.412	31.410	34.170	37.566	39.997
21	8.033	8.897	10.283	11.591	13.240	29.615	32.670	35.478	38.930	41.399
22	8.643	9.542	10.982	12.338	14.042	30.813	33.924	36.781	40.289	42.796

续表

α / n	0.995	0.99	0.975	0.95	0.90	0.10	0.05	0.025	0.01	0.005
23	9.260	10.195	11.688	13.090	14.848	32.007	35.172	38.075	41.637	44.179
24	9.886	10.856	12.401	13.848	15.659	33.196	36.415	39.364	42.980	45.558
25	10.519	11.523	13.120	14.611	16.473	34.381	37.652	40.646	44.313	46.925
26	11.160	12.198	13.844	15.379	17.292	35.563	38.885	41.923	45.642	48.290
27	11.807	12.878	14.573	16.151	18.114	36.741	40.113	43.194	46.962	49.642
28	12.461	13.565	15.308	16.928	18.939	37.916	41.337	44.461	48.278	50.993
29	13.120	14.256	16.147	17.708	19.768	39.087	42.557	45.772	49.586	52.333
30	13.787	14.954	16.791	18.493	20.599	40.256	43.773	46.979	50.892	53.672
31	14.457	15.655	17.538	19.280	21.433	41.422	44.985	48.231	52.190	55.000
32	15.134	16.362	18.291	20.072	22.271	42.585	46.194	49.480	53.486	56.328
33	15.814	17.073	19.046	20.866	23.110	43.745	47.400	50.724	54.774	57.646
34	16.501	17.789	19.806	21.664	23.952	44.903	48.602	51.966	56.061	58.964
35	17.191	18.508	20.569	22.465	24.796	46.059	49.802	53.203	57.340	60.272
36	17.887	19.233	21.336	23.269	25.643	47.212	50.998	54.437	58.619	61.581
37	18.584	19.960	22.105	24.075	26.492	48.363	52.192	55.667	59.891	62.880
38	19.289	20.691	22.878	24.884	27.343	49.513	53.384	56.896	61.162	64.181
39	19.994	21.425	23.654	25.695	28.196	50.660	54.572	58.119	62.426	65.473
40	20.706	22.164	24.433	26.509	29.050	51.805	55.758	59.342	63.691	66.766

注：当 $n > 40$ 时，$\chi_\alpha^2(n) \approx \dfrac{1}{2}\left(u_\alpha + \sqrt{2n-1}\right)^2$.

附表4　*t* 分布表

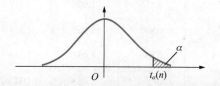

$$P\{t(n) > t_\alpha(n)\} = \alpha.$$

n \\ α	0.20	0.15	0.10	0.05	0.025	0.01	0.005
1	1.376	1.963	3.077 7	6.313 8	12.706 2	31.820 7	63.657 4
2	1.061	1.386	1.885 6	2.920 0	4.302 7	6.964 6	9.924 8
3	0.978	1.250	1.637 7	2.353 4	3.182 4	4.540 7	5.840 9
4	0.941	1.190	1.533 2	2.131 8	2.776 4	3.746 9	4.604 1
5	0.920	1.156	1.475 9	2.015 0	2.570 6	3.364 9	4.032 2
6	0.906	1.134	1.439 8	1.943 2	2.446 9	3.142 7	3.707 4
7	0.896	1.119	1.414 9	1.894 6	2.364 6	2.998 0	3.499 5
8	0.889	1.108	1.396 8	1.859 5	2.306 0	2.896 5	3.355 4
9	0.883	1.100	1.383 0	1.833 1	2.262 2	2.821 4	3.249 8
10	0.879	1.093	1.372 2	1.812 5	2.228 1	2.763 8	3.169 3
11	0.876	1.088	1.363 4	1.795 9	2.201 0	2.718 1	3.105 8
12	0.873	1.083	1.356 2	1.782 3	2.178 8	2.681 0	3.054 5
13	0.870	1.079	1.350 2	1.770 9	2.160 4	2.650 3	3.012 3
14	0.868	1.076	1.345 0	1.761 3	2.144 8	2.624 5	2.976 8
15	0.866	1.074	1.340 6	1.753 1	2.131 5	2.602 5	2.946 7
16	0.865	1.071	1.336 8	1.745 9	2.119 9	2.583 5	2.920 8
17	0.863	1.069	1.333 4	1.739 6	2.109 8	2.566 9	2.898 2
18	0.862	1.067	1.330 4	1.734 1	2.100 9	2.552 4	2.878 4
19	0.861	1.066	1.327 7	1.729 1	2.093 0	2.539 5	2.860 9
20	0.860	1.064	1.325 3	1.724 7	2.086 0	2.528 0	2.845 3
21	0.859	1.063	1.323 2	1.720 7	2.079 6	2.517 7	2.831 4
22	0.858	1.061	1.321 2	1.717 1	2.073 9	2.508 3	2.818 8

续表

n \ α	0.20	0.15	0.10	0.05	0.025	0.01	0.005
23	0.858	1.060	1.319 5	1.713 9	2.068 7	2.499 9	2.807 3
24	0.857	1.059	1.317 8	1.710 9	2.063 9	2.492 2	2.796 9
25	0.856	1.058	1.316 3	1.708 1	2.059 5	2.485 1	2.787 4
26	0.856	1.058	1.315 0	1.705 6	2.055 5	2.478 6	2.778 7
27	0.855	1.057	1.313 7	1.703 3	2.051 8	2.472 7	2.770 7
28	0.855	1.056	1.312 5	1.701 1	2.048 4	2.467 1	2.763 3
29	0.854	1.055	1.311 4	1.699 1	2.045 2	2.462 0	2.756 4
30	0.854	1.055	1.310 4	1.697 3	2.042 3	2.457 3	2.750 0
31	0.853 5	1.054 1	1.309 5	1.695 5	2.039 5	2.452 8	2.744 0
32	0.853 1	1.053 6	1.308 6	1.693 9	2.036 9	2.448 7	2.738 5
33	0.852 7	1.053 1	1.307 7	1.692 4	2.034 5	2.444 8	2.733 3
34	0.852 4	1.052 6	1.307 0	1.690 9	2.032 2	2.441 1	2.728 4
35	0.852 1	1.052 1	1.306 2	1.689 6	2.030 1	2.437 7	2.723 8
36	0.851 8	1.051 6	1.305 5	1.688 3	2.028 1	2.434 5	2.719 5
37	0.851 5	1.051 2	1.304 9	1.687 1	2.026 2	2.431 4	2.715 4
38	0.851 2	1.050 8	1.304 2	1.686 0	2.024 4	2.428 6	2.711 6
39	0.851 0	1.050 4	1.303 6	1.684 9	2.022 7	2.425 8	2.707 9
40	0.850 7	1.050 1	1.303 1	1.683 9	2.021 1	2.423 3	2.704 5
41	0.850 5	1.049 8	1.302 5	1.682 9	2.019 5	2.420 8	2.701 2
42	0.850 3	1.049 4	1.302 0	1.682 0	2.018 1	2.418 5	2.698 1
43	0.850 1	1.049 1	1.301 6	1.681 1	2.016 7	2.416 3	2.695 1
44	0.849 9	1.048 8	1.301 1	1.680 2	2.015 4	2.414 1	2.692 3
45	0.849 7	1.048 5	1.300 6	1.679 4	2.014 1	2.412 1	2.689 6

附表5　F分布表

$$P\{F(n_1,n_2) > F_\alpha(n_1,n_2)\} = \alpha.$$
$$(\alpha = 0.10)$$

n_2 \ n_1	1	2	3	4	5	6	7	8	9	10	12	15	20	24	30	40	60	120	∞
1	39.86	49.50	53.59	55.83	57.24	58.20	58.91	59.44	59.86	60.19	60.71	61.22	61.74	62.00	62.26	62.53	62.79	63.06	63.33
2	8.53	9.00	9.16	9.24	9.29	9.33	9.35	9.37	9.38	9.39	9.41	9.42	9.44	9.45	9.46	9.47	9.47	9.48	9.49
3	5.54	5.46	5.39	5.34	5.31	5.28	5.27	5.25	5.24	5.23	5.22	5.20	5.18	5.18	5.17	5.16	5.15	5.14	5.13
4	4.54	4.32	4.19	4.11	4.05	4.01	3.98	3.95	3.94	3.92	3.90	3.87	3.84	3.83	3.82	3.80	3.79	3.78	3.76
5	4.06	3.78	3.62	3.52	3.45	3.40	3.37	3.34	3.32	3.30	3.27	3.24	3.21	3.19	3.17	3.16	3.14	3.12	3.10
6	3.78	3.46	3.29	3.18	3.11	3.05	3.01	2.98	2.96	2.94	2.90	2.87	2.84	2.82	2.80	2.78	2.76	2.74	2.72
7	3.59	3.26	3.07	2.96	2.88	2.83	2.78	2.75	2.72	2.70	2.67	2.63	2.59	2.58	2.56	2.54	2.51	2.49	2.47
8	3.46	3.11	2.92	2.81	2.73	2.67	2.62	2.59	2.56	2.54	2.50	2.46	2.42	2.40	2.38	2.36	2.34	2.32	2.29
9	3.36	3.01	2.81	2.69	2.61	2.55	2.51	2.47	2.44	2.42	2.38	2.34	2.30	2.28	2.25	2.23	2.21	2.18	2.16
10	3.29	2.92	2.73	2.61	2.52	2.46	2.41	2.38	2.35	2.32	2.28	2.24	2.20	2.18	2.16	2.13	2.11	2.08	2.06
11	3.23	2.86	2.66	2.54	2.45	2.39	2.34	2.30	2.27	2.25	2.21	2.17	2.12	2.10	2.08	2.05	2.03	2.00	1.97
12	3.18	2.81	2.61	2.48	2.39	2.33	2.28	2.24	2.21	2.19	2.15	2.10	2.06	2.04	2.01	1.99	1.96	1.93	1.90
13	3.14	2.76	2.56	2.43	2.35	2.28	2.23	2.20	2.16	2.14	2.10	2.05	2.01	1.98	1.96	1.93	1.90	1.88	1.85
14	3.10	2.73	2.52	2.39	2.31	2.24	2.19	2.15	2.12	2.10	2.05	2.01	1.96	1.94	1.91	1.89	1.86	1.83	1.80
15	3.07	2.70	2.49	2.36	2.27	2.21	2.16	2.12	2.09	2.06	2.02	1.97	1.92	1.90	1.87	1.85	1.82	1.79	1.76
16	3.05	2.67	2.46	2.33	2.24	2.18	2.13	2.09	2.06	2.03	1.99	1.94	1.89	1.87	1.84	1.81	1.78	1.75	1.72

续表

(α=0.10)

n_1 / n_2	1	2	3	4	5	6	7	8	9	10	12	15	20	24	30	40	60	120	∞
17	3.03	2.64	2.44	2.31	2.22	2.15	2.10	2.06	2.03	2.00	1.96	1.91	1.86	1.84	1.81	1.78	1.75	1.72	1.69
18	3.01	2.62	2.42	2.29	2.20	2.13	2.08	2.04	2.00	1.98	1.93	1.89	1.84	1.81	1.78	1.75	1.72	1.69	1.66
19	2.99	2.61	2.40	2.27	2.18	2.11	2.06	2.02	1.98	1.96	1.91	1.86	1.81	1.79	1.76	1.73	1.70	1.67	1.63
20	2.97	2.59	2.38	2.25	2.16	2.09	2.04	2.00	1.96	1.94	1.89	1.84	1.79	1.77	1.74	1.71	1.68	1.64	1.61
21	2.96	2.57	2.36	2.23	2.14	2.08	2.02	1.98	1.95	1.92	1.87	1.83	1.78	1.75	1.72	1.69	1.66	1.62	1.59
22	2.95	2.56	2.35	2.22	2.13	2.06	2.01	1.97	1.93	1.90	1.86	1.81	1.76	1.73	1.70	1.67	1.64	1.60	1.57
23	2.94	2.55	2.34	2.21	2.11	2.05	1.99	1.95	1.92	1.89	1.84	1.80	1.74	1.72	1.69	1.66	1.62	1.59	1.55
24	2.93	2.54	2.33	2.19	2.10	2.04	1.98	1.94	1.91	1.88	1.83	1.78	1.73	1.70	1.67	1.64	1.61	1.57	1.53
25	2.92	2.53	2.32	2.18	2.09	2.02	1.97	1.93	1.89	1.87	1.82	1.77	1.72	1.69	1.66	1.63	1.59	1.56	1.52
26	2.91	2.52	2.31	2.17	2.08	2.01	1.96	1.92	1.88	1.86	1.81	1.76	1.71	1.68	1.65	1.61	1.58	1.54	1.50
27	2.90	2.51	2.30	2.17	2.07	2.00	1.95	1.91	1.87	1.85	1.80	1.75	1.70	1.67	1.64	1.60	1.57	1.53	1.49
28	2.89	2.50	2.29	2.16	2.06	2.00	1.94	1.90	1.87	1.84	1.79	1.74	1.69	1.66	1.63	1.59	1.56	1.52	1.48
29	2.89	2.50	2.28	2.15	2.06	1.99	1.93	1.89	1.86	1.83	1.78	1.73	1.68	1.65	1.62	1.58	1.55	1.51	1.47
30	2.88	2.49	2.28	2.14	2.05	1.98	1.93	1.88	1.85	1.82	1.77	1.72	1.67	1.64	1.61	1.57	1.54	1.50	1.46
40	2.84	2.44	2.23	2.09	2.00	1.93	1.87	1.83	1.79	1.76	1.71	1.66	1.61	1.57	1.54	1.51	1.47	1.42	1.38
60	2.79	2.39	2.18	2.04	1.95	1.87	1.82	1.77	1.74	1.71	1.66	1.60	1.54	1.51	1.48	1.44	1.40	1.35	1.29
120	2.75	2.35	2.13	1.99	1.90	1.82	1.77	1.72	1.68	1.65	1.60	1.55	1.48	1.45	1.41	1.37	1.32	1.26	1.19
∞	2.71	2.30	2.08	1.94	1.85	1.77	1.72	1.67	1.63	1.60	1.55	1.49	1.42	1.38	1.34	1.30	1.24	1.17	1.00

续表

($\alpha=0.05$)

n_1 / n_2	1	2	3	4	5	6	7	8	9	10	12	15	20	24	30	40	60	120	∞
1	161	200	216	225	230	234	237	239	241	242	244	246	248	249	250	251	252	253	254
2	18.5	19.0	19.2	19.2	19.3	19.3	19.4	19.4	19.4	19.4	19.4	19.4	19.4	19.5	19.5	19.5	19.5	19.5	19.5
3	10.1	9.55	9.28	9.12	9.01	8.94	8.89	8.85	8.81	8.79	8.74	8.70	8.66	8.64	8.62	8.59	8.57	8.55	8.53
4	7.71	6.94	6.59	6.39	6.26	6.16	6.09	6.04	6.00	5.96	5.91	5.86	5.80	5.77	5.75	5.72	5.69	5.66	5.63
5	6.61	5.79	5.41	5.19	5.05	4.95	4.88	4.82	4.77	4.74	4.68	4.62	4.56	4.53	4.50	4.46	4.43	4.40	4.36
6	5.99	5.14	4.76	4.53	4.39	4.28	4.21	4.15	4.10	4.06	4.00	3.94	3.87	3.84	3.81	3.77	3.74	3.70	3.67
7	5.59	4.74	4.35	4.12	3.97	3.87	3.79	3.73	3.68	3.64	3.57	3.51	3.44	3.41	3.38	3.34	3.30	3.27	3.23
8	5.32	4.46	4.07	3.84	3.69	3.58	3.50	3.44	3.39	3.35	3.28	3.22	3.15	3.12	3.08	3.04	3.01	2.97	2.93
9	5.12	4.26	3.86	3.63	3.48	3.37	3.29	3.23	3.18	3.14	3.07	3.01	2.94	2.90	2.86	2.83	2.79	2.75	2.71
10	4.96	4.10	3.71	3.48	3.33	3.22	3.14	3.07	3.02	2.98	2.91	2.85	2.77	2.74	2.70	2.66	2.62	2.58	2.54
11	4.84	3.98	3.59	3.36	3.20	3.09	3.01	2.95	2.90	2.85	2.79	2.72	2.65	2.61	2.57	2.53	2.49	2.45	2.40
12	4.75	3.89	3.49	3.26	3.11	3.00	2.91	2.85	2.80	2.75	2.69	2.62	2.54	2.51	2.47	2.43	2.38	2.34	2.30
13	4.67	3.81	3.41	3.18	3.03	2.92	2.83	2.77	2.71	2.67	2.60	2.53	2.46	2.42	2.38	2.34	2.30	2.25	2.21
14	4.60	3.74	3.34	3.11	2.96	2.85	2.76	2.70	2.65	2.60	2.53	2.46	2.39	2.35	2.31	2.27	2.22	2.18	2.13
15	4.54	3.68	3.29	3.06	2.90	2.79	2.71	2.64	2.59	2.54	2.48	2.40	2.33	2.29	2.25	2.20	2.16	2.11	2.07
16	4.49	3.63	3.24	3.01	2.85	2.74	2.66	2.59	2.54	2.49	2.42	2.35	2.28	2.24	2.19	2.15	2.11	2.06	2.01
17	4.45	3.59	3.20	2.96	2.81	2.70	2.61	2.55	2.49	2.45	2.38	2.31	2.23	2.19	2.15	2.10	2.06	2.01	1.96
18	4.41	3.55	3.16	2.93	2.77	2.66	2.58	2.51	2.46	2.41	2.34	2.27	2.19	2.15	2.11	2.06	2.02	1.97	1.92

续表

($\alpha=0.05$)

n_1 / n_2	1	2	3	4	5	6	7	8	9	10	12	15	20	24	30	40	60	120	∞
19	4.38	3.52	3.13	2.90	2.74	2.63	2.54	2.48	2.42	2.38	2.31	2.23	2.16	2.11	2.07	2.03	1.98	1.93	1.88
20	4.35	3.49	3.10	2.87	2.71	2.60	2.51	2.45	2.39	2.35	2.28	2.20	2.12	2.08	2.04	1.99	1.95	1.90	1.84
21	4.32	3.47	3.07	2.84	2.68	2.57	2.49	2.42	2.37	2.32	2.25	2.18	2.10	2.05	2.01	1.96	1.92	1.87	1.81
22	4.30	3.44	3.05	2.82	2.66	2.55	2.46	2.40	2.34	2.30	2.23	2.15	2.07	2.03	1.98	1.94	1.89	1.84	1.78
23	4.28	3.42	3.03	2.80	2.64	2.53	2.44	2.37	2.32	2.27	2.20	2.13	2.05	2.01	1.96	1.91	1.86	1.81	1.76
24	4.26	3.40	3.01	2.78	2.62	2.51	2.42	2.36	2.30	2.25	2.18	2.11	2.03	1.98	1.94	1.89	1.84	1.79	1.73
25	4.24	3.39	2.99	2.76	2.60	2.49	2.40	2.34	2.28	2.24	2.16	2.09	2.01	1.96	1.92	1.87	1.82	1.77	1.71
26	4.23	3.37	2.98	2.74	2.59	2.47	2.39	2.32	2.27	2.22	2.15	2.07	1.99	1.95	1.90	1.85	1.80	1.75	1.69
27	4.21	3.35	2.96	2.73	2.57	2.46	2.37	2.31	2.25	2.20	2.13	2.06	1.97	1.93	1.88	1.84	1.79	1.73	1.67
28	4.20	3.34	2.95	2.71	2.56	2.45	2.36	2.29	2.24	2.19	2.12	2.04	1.96	1.91	1.87	1.82	1.77	1.71	1.65
29	4.18	3.33	2.93	2.70	2.55	2.43	2.35	2.28	2.22	2.18	2.10	2.03	1.94	1.90	1.85	1.81	1.75	1.70	1.64
30	4.17	3.32	2.92	2.69	2.53	2.42	2.33	2.27	2.21	2.16	2.09	2.01	1.93	1.89	1.84	1.79	1.74	1.68	1.62
40	4.08	3.23	2.84	2.61	2.45	2.34	2.25	2.18	2.12	2.08	2.00	1.92	1.84	1.79	1.74	1.69	1.64	1.58	1.51
60	4.00	3.15	2.76	2.53	2.37	2.25	2.17	2.10	2.04	1.99	1.92	1.84	1.75	1.70	1.65	1.59	1.53	1.47	1.39
120	3.92	3.07	2.68	2.45	2.29	2.17	2.09	2.02	1.96	1.91	1.83	1.75	1.66	1.61	1.55	1.50	1.43	1.35	1.25
∞	3.84	3.00	2.60	2.37	2.21	2.10	2.01	1.94	1.88	1.83	1.75	1.67	1.57	1.52	1.46	1.39	1.32	1.22	1.00

续表

($\alpha=0.025$)

n_1 n_2	1	2	3	4	5	6	7	8	9	10	12	15	20	24	30	40	60	120	∞
1	648	800	864	900	922	937	948	957	963	969	977	985	993	997	1 000	1 010	1 010	1 010	1 020
2	38.5	39.0	39.2	39.2	39.3	39.3	39.4	39.4	39.4	39.4	39.4	39.4	39.4	39.5	39.5	39.5	39.5	39.5	39.5
3	17.4	16.0	15.4	15.1	14.9	14.7	14.6	14.5	14.5	14.4	14.3	14.3	14.2	14.1	14.1	14.0	14.0	13.9	13.9
4	12.2	10.6	9.98	9.60	9.36	9.20	9.07	8.98	8.90	8.84	8.75	8.66	8.56	8.51	8.46	8.41	8.36	8.31	8.26
5	10.0	8.43	7.76	7.39	7.15	6.98	6.85	6.76	6.68	6.62	6.52	6.43	6.33	6.28	6.23	6.18	6.12	6.07	6.02
6	8.81	7.26	6.60	6.23	5.99	5.82	5.70	5.60	5.52	5.46	5.37	5.27	5.17	5.12	5.07	5.01	4.96	4.90	4.85
7	8.07	6.54	5.89	5.52	5.29	5.12	4.99	4.90	4.82	4.76	4.67	4.57	4.47	4.42	4.36	4.31	4.25	4.20	4.14
8	7.57	6.06	5.42	5.05	4.82	4.65	4.53	4.43	4.36	4.30	4.20	4.10	4.00	3.95	3.89	3.84	3.78	3.73	3.67
9	7.21	5.71	5.08	4.72	4.48	4.32	4.20	4.10	4.03	3.96	3.87	3.77	3.67	3.61	3.56	3.51	3.45	3.39	3.33
10	6.94	5.46	4.83	4.47	4.24	4.07	3.95	3.85	3.78	3.72	3.62	3.52	3.42	3.37	3.31	3.26	3.20	3.14	3.08
11	6.72	5.26	4.63	4.28	4.04	3.88	3.76	3.66	3.59	3.53	3.43	3.33	3.23	3.17	3.12	3.06	3.00	2.94	2.88
12	6.55	5.10	4.47	4.12	3.89	3.73	3.61	3.51	3.44	3.37	3.28	3.18	3.07	3.02	2.96	2.91	2.85	2.79	2.72
13	6.41	4.97	4.35	4.00	3.77	3.60	3.48	3.39	3.31	3.25	3.15	3.05	2.95	2.89	2.84	2.78	2.72	2.66	2.60
14	6.30	4.86	4.24	3.89	3.66	3.50	3.38	3.29	3.21	3.15	3.05	2.95	2.84	2.79	2.73	2.67	2.61	2.55	2.49
15	6.20	4.77	4.15	3.80	3.58	3.41	3.29	3.20	3.12	3.06	2.96	2.86	2.76	2.70	2.64	2.59	2.52	2.46	2.40
16	6.12	4.69	4.08	3.73	3.50	3.34	3.22	3.12	3.05	2.99	2.89	2.79	2.68	2.63	2.57	2.51	2.45	2.38	2.32
17	6.04	4.62	4.01	3.66	3.44	3.28	3.16	3.06	2.98	2.92	2.82	2.72	2.62	2.56	2.50	2.44	2.38	2.32	2.25
18	5.98	4.56	3.95	3.61	3.38	3.22	3.10	3.01	2.93	2.87	2.77	2.67	2.56	2.50	2.44	2.38	2.32	2.26	2.19

续表

$(\alpha=0.025)$

n_1 \ n_2	1	2	3	4	5	6	7	8	9	10	12	15	20	24	30	40	60	120	∞
19	5.92	4.51	3.90	3.56	3.33	3.17	3.05	2.96	2.88	2.82	2.72	2.62	2.51	2.45	2.39	2.33	2.27	2.20	2.13
20	5.87	4.46	3.86	3.51	3.29	3.13	3.01	2.91	2.84	2.77	2.68	2.57	2.46	2.41	2.35	2.29	2.22	2.16	2.09
21	5.83	4.42	3.82	3.48	3.25	3.09	2.97	2.87	2.80	2.73	2.64	2.53	2.42	2.37	2.31	2.25	2.18	2.11	2.04
22	5.79	4.38	3.78	3.44	3.22	3.05	2.93	2.84	2.76	2.70	2.60	2.50	2.39	2.33	2.27	2.21	2.14	2.08	2.00
23	5.75	4.35	3.75	3.41	3.18	3.02	2.90	2.81	2.73	2.67	2.57	2.47	2.36	2.30	2.24	2.18	2.11	2.04	1.97
24	5.72	4.32	3.72	3.38	3.15	2.99	2.87	2.78	2.70	2.64	2.54	2.44	2.33	2.27	2.21	2.15	2.08	2.01	1.94
25	5.69	4.29	3.69	3.35	3.13	2.97	2.85	2.75	2.68	2.61	2.51	2.41	2.30	2.24	2.18	2.12	2.05	1.98	1.91
26	5.66	4.27	3.67	3.33	3.10	2.94	2.82	2.73	2.65	2.59	2.49	2.39	2.28	2.22	2.16	2.09	2.03	1.95	1.88
27	5.63	4.24	3.65	3.31	3.08	2.92	2.80	2.71	2.63	2.57	2.47	2.36	2.25	2.19	2.13	2.07	2.00	1.93	1.85
28	5.61	4.22	3.63	3.29	3.06	2.90	2.78	2.69	2.61	2.55	2.45	2.34	2.23	2.17	2.11	2.05	1.98	1.91	1.83
29	5.59	4.20	3.61	3.27	3.04	2.88	2.76	2.67	2.59	2.53	2.43	2.32	2.21	2.15	2.09	2.03	1.96	1.89	1.81
30	5.57	4.18	3.59	3.25	3.03	2.87	2.75	2.65	2.57	2.51	2.41	2.31	2.20	2.14	2.07	2.01	1.94	1.87	1.79
40	5.42	4.05	3.46	3.13	2.90	2.74	2.62	2.53	2.45	2.39	2.29	2.18	2.07	2.01	1.94	1.88	1.80	1.72	1.64
60	5.29	3.93	3.34	3.01	2.79	2.63	2.51	2.41	2.33	2.27	2.17	2.06	1.94	1.88	1.82	1.74	1.67	1.58	1.48
120	5.15	3.80	3.23	2.89	2.67	2.52	2.39	2.30	2.22	2.16	2.05	1.94	1.82	1.76	1.69	1.61	1.53	1.43	1.31
∞	5.02	3.69	3.12	2.79	2.57	2.41	2.29	2.19	2.11	2.05	1.94	1.83	1.71	1.64	1.57	1.48	1.39	1.27	1.00

续表

$(\alpha=0.01)$

n_1 / n_2	1	2	3	4	5	6	7	8	9	10	12	15	20	24	30	40	60	120	∞
1	4 050	5 000	5 400	5 620	5 760	5 860	5 930	5 980	6 020	6 060	6 110	6 160	6 210	6 230	6 260	6 290	6 310	6 340	6 370
2	98.5	99.0	99.2	99.2	99.3	99.3	99.4	99.4	99.4	99.4	99.4	99.4	99.4	99.5	99.5	99.5	99.5	99.5	99.5
3	34.1	30.8	29.5	28.7	28.2	27.9	27.7	27.5	27.3	27.2	27.1	26.9	26.7	26.6	26.5	26.4	26.3	26.2	26.1
4	21.2	18.0	16.7	16.0	15.5	15.2	15.0	14.8	14.7	14.5	14.4	14.2	14.0	13.9	13.8	13.7	13.7	13.6	13.5
5	16.3	13.3	12.1	11.4	11.0	10.7	10.5	10.3	10.2	10.1	9.89	9.72	9.55	9.47	9.38	9.29	9.20	9.11	9.02
6	13.7	10.9	9.78	9.15	8.75	8.47	8.26	8.10	7.98	7.87	7.72	7.56	7.40	7.31	7.23	7.14	7.06	6.97	6.88
7	12.2	9.55	8.45	7.85	7.46	7.19	6.99	6.84	6.72	6.62	6.47	6.31	6.16	6.07	5.99	5.91	5.82	5.74	5.65
8	11.3	8.65	7.59	7.01	6.63	6.37	6.18	6.03	5.91	5.81	5.67	5.52	5.36	5.28	5.20	5.12	5.03	4.95	4.86
9	10.6	8.02	6.99	6.42	6.06	5.80	5.61	5.47	5.35	5.26	5.11	4.96	4.81	4.73	4.65	4.57	4.48	4.40	4.31
10	10.0	7.56	6.55	5.99	5.64	5.39	5.20	5.06	4.94	4.85	4.71	4.56	4.41	4.33	4.25	4.17	4.08	4.00	3.91
11	9.65	7.21	6.22	5.67	5.32	5.07	4.89	4.74	4.63	4.54	4.40	4.25	4.10	4.02	3.94	3.86	3.78	3.69	3.60
12	9.33	6.93	5.95	5.41	5.06	4.82	4.64	4.50	4.39	4.30	4.16	4.01	3.86	3.78	3.70	3.62	3.54	3.45	3.36
13	9.07	6.70	5.74	5.21	4.86	4.62	4.44	4.30	4.19	4.10	3.96	3.82	3.66	3.59	3.51	3.43	3.34	3.25	3.17
14	8.86	6.51	5.56	5.04	4.69	4.46	4.28	4.14	4.03	3.94	3.80	3.66	3.51	3.43	3.35	3.27	3.18	3.09	3.00
15	8.68	6.36	5.42	4.89	4.56	4.32	4.14	4.00	3.89	3.80	3.67	3.52	3.37	3.29	3.21	3.13	3.05	2.96	2.87
16	8.53	6.23	5.29	4.77	4.44	4.20	4.03	3.89	3.78	3.69	3.55	3.41	3.26	3.18	3.10	3.02	2.93	2.84	2.75
17	8.40	6.11	5.18	4.67	4.34	4.10	3.93	3.79	3.68	3.59	3.46	3.31	3.16	3.08	3.00	2.92	2.83	2.75	2.65
18	8.29	6.01	5.09	4.58	4.25	4.01	3.84	3.71	3.60	3.51	3.37	3.23	3.08	3.00	2.92	2.84	2.75	2.66	2.57

续表

$(\alpha=0.01)$

n_2 \ n_1	1	2	3	4	5	6	7	8	9	10	12	15	20	24	30	40	60	120	∞
19	8.18	5.93	5.01	4.50	4.17	3.94	3.77	3.63	3.52	3.43	3.30	3.15	3.00	2.92	2.84	2.76	2.67	2.58	2.49
20	8.10	5.85	4.94	4.43	4.10	3.87	3.70	3.56	3.46	3.37	3.23	3.09	2.94	2.86	2.78	2.69	2.61	2.52	2.42
21	8.02	5.78	4.87	4.37	4.04	3.81	3.64	3.51	3.40	3.31	3.17	3.03	2.88	2.80	2.72	2.64	2.55	2.46	2.36
22	7.95	5.72	4.82	4.31	3.99	3.76	3.59	3.45	3.35	3.26	3.12	2.98	2.83	2.75	2.67	2.58	2.50	2.40	2.31
23	7.88	5.66	4.76	4.26	3.94	3.71	3.54	3.41	3.30	3.21	3.07	2.93	2.78	2.70	2.62	2.54	2.45	2.35	2.26
24	7.82	5.61	4.72	4.22	3.90	3.67	3.50	3.36	3.26	3.17	3.03	2.89	2.74	2.66	2.58	2.49	2.40	2.31	2.21
25	7.77	5.57	4.68	4.18	3.85	3.63	3.46	3.32	3.22	3.13	2.99	2.85	2.70	2.62	2.54	2.45	2.36	2.27	2.17
26	7.72	5.53	4.64	4.14	3.82	3.59	3.42	3.29	3.18	3.09	2.96	2.81	2.66	2.58	2.50	2.42	2.33	2.23	2.13
27	7.68	5.49	4.60	4.11	3.78	3.56	3.39	3.26	3.15	3.06	2.93	2.78	2.63	2.55	2.47	2.38	2.29	2.20	2.10
28	7.64	5.45	4.57	4.07	3.75	3.53	3.36	3.23	3.12	3.03	2.90	2.75	2.60	2.52	2.44	2.35	2.26	2.17	2.06
29	7.60	5.42	4.54	4.04	3.73	3.50	3.33	3.20	3.09	3.00	2.87	2.73	2.57	2.49	2.41	2.33	2.23	2.14	2.03
30	7.56	5.39	4.51	4.02	3.70	3.47	3.30	3.17	3.07	2.98	2.84	2.70	2.55	2.47	2.39	2.30	2.21	2.11	2.01
40	7.31	5.18	4.31	3.83	3.51	3.29	3.12	2.99	2.89	2.80	2.66	2.52	2.37	2.29	2.20	2.11	2.02	1.92	1.80
60	7.08	4.98	4.13	3.65	3.34	3.12	2.95	2.82	2.72	2.63	2.50	2.35	2.20	2.12	2.03	1.94	1.84	1.73	1.60
120	6.85	4.79	3.95	3.48	3.17	2.96	2.79	2.66	2.56	2.47	2.34	2.19	2.03	1.95	1.86	1.76	1.66	1.53	1.38
∞	6.63	4.61	3.78	3.32	3.02	2.80	2.64	2.51	2.41	2.32	2.18	2.04	1.88	1.79	1.70	1.59	1.47	1.32	1.00

续表

(α=0.005)

n_1 \ n_2	1	2	3	4	5	6	7	8	9	10	12	15	20	24	30	40	60	120	∞
1	16 200	20 000	21 600	22 500	23 100	23 400	23 700	23 900	24 100	24 200	24 400	24 600	24 800	24 900	25 000	25 100	25 300	25 400	25 500
2	199	199	199	199	199	199	199	199	199	199	199	199	199	199	199	199	199	199	200
3	55.6	49.8	47.5	46.2	45.4	44.8	44.4	44.1	43.9	43.7	43.4	43.1	42.8	42.6	42.5	42.3	42.1	42.0	41.8
4	31.3	26.3	24.3	23.2	22.5	22.0	21.6	21.4	21.1	21.0	20.7	20.4	20.2	20.0	19.9	19.8	19.6	19.5	19.3
5	22.8	18.3	16.5	15.6	14.9	14.5	14.2	14.0	13.8	13.6	13.4	13.1	12.9	12.8	12.7	12.5	12.4	12.3	12.1
6	18.6	14.5	12.9	12.0	11.5	11.1	10.8	10.6	10.4	10.3	10.0	9.81	9.59	9.47	9.36	9.24	9.12	9.00	8.88
7	16.2	12.4	10.9	10.1	9.52	9.16	8.89	8.68	8.51	8.38	8.18	7.97	7.75	7.65	7.53	7.42	7.31	7.19	7.08
8	14.7	11.0	9.60	8.81	8.30	7.95	7.69	7.50	7.34	7.21	7.01	6.81	6.61	6.50	6.40	6.29	6.18	6.06	5.95
9	13.6	10.1	8.72	7.96	7.47	7.13	6.88	6.69	6.54	6.42	6.23	6.03	5.83	5.73	5.62	5.52	5.41	5.30	5.19
10	12.8	9.43	8.08	7.34	6.87	6.54	6.30	6.12	5.97	5.85	5.66	5.47	5.27	5.17	5.07	4.97	4.86	4.75	4.64
11	12.2	8.91	7.60	6.88	6.42	6.10	5.86	5.68	5.54	5.42	5.24	5.05	4.86	4.76	4.65	4.55	4.44	4.34	4.23
12	11.8	8.51	7.23	6.52	6.07	5.76	5.52	5.35	5.20	5.09	4.91	4.72	4.53	4.43	4.33	4.23	4.12	4.01	3.90
13	11.4	8.19	6.93	6.23	5.79	5.48	5.25	5.08	4.94	4.82	4.64	4.46	4.27	4.17	4.07	3.97	3.87	3.76	3.65
14	11.1	7.92	6.68	6.00	5.56	5.26	5.03	4.86	4.72	4.60	4.43	4.25	4.06	3.96	3.86	3.76	3.66	3.55	3.44
15	10.8	7.70	6.48	5.80	5.37	5.07	4.85	4.67	4.54	4.42	4.25	4.07	3.88	3.79	3.69	3.58	3.48	3.37	3.26
16	10.6	7.51	6.30	5.64	5.21	4.91	4.69	4.52	4.38	4.27	4.10	3.92	3.73	3.64	3.54	3.44	3.33	3.22	3.11
17	10.4	7.35	6.16	5.50	5.07	4.78	4.56	4.39	4.25	4.14	3.97	3.79	3.61	3.51	3.41	3.31	3.21	3.10	2.98
18	10.2	7.21	6.03	5.37	4.96	4.66	4.44	4.28	4.14	4.03	3.86	3.68	3.50	3.40	3.30	3.20	3.10	2.99	2.87

续表

（α=0.005）

n_1 \ n_2	1	2	3	4	5	6	7	8	9	10	12	15	20	24	30	40	60	120	∞
19	10.1	7.09	5.92	5.27	4.85	4.56	4.34	4.18	4.04	3.93	3.76	3.59	3.40	3.31	3.21	3.11	3.00	2.89	2.78
20	9.94	6.99	5.82	5.17	4.76	4.47	4.26	4.09	3.96	3.85	3.68	3.50	3.32	3.22	3.12	3.02	2.92	2.81	2.69
21	9.83	6.89	5.73	5.09	4.68	4.39	4.18	4.01	3.88	3.77	3.60	3.43	3.24	3.15	3.05	2.95	2.84	2.73	2.61
22	9.73	6.81	5.65	5.02	4.61	4.32	4.11	3.94	3.81	3.70	3.54	3.36	3.18	3.08	2.98	2.88	2.77	2.66	2.55
23	9.63	6.73	5.58	4.95	4.54	4.26	4.05	3.88	3.75	3.64	3.47	3.30	3.12	3.02	2.92	2.82	2.71	2.60	2.48
24	9.55	6.66	5.52	4.89	4.49	4.20	3.99	3.83	3.69	3.59	3.42	3.25	3.06	2.97	2.87	2.77	2.66	2.55	2.43
25	9.48	6.60	5.46	4.84	4.43	4.15	3.94	3.78	3.64	3.54	3.37	3.20	3.01	2.92	2.82	2.72	2.61	2.50	2.38
26	9.41	6.54	5.41	4.79	4.38	4.10	3.89	3.73	3.60	3.49	3.33	3.15	2.97	2.87	2.77	2.67	2.56	2.45	2.33
27	9.34	6.49	5.36	4.74	4.34	4.06	3.85	3.69	3.56	3.45	3.28	3.11	2.93	2.83	2.73	2.63	2.52	2.41	2.29
28	9.28	6.44	5.32	4.70	4.30	4.02	3.81	3.65	3.52	3.41	3.25	3.07	2.89	2.79	2.69	2.59	2.48	2.37	2.25
29	9.23	6.40	5.28	4.66	4.26	3.98	3.77	3.61	3.48	3.38	3.21	3.04	2.86	2.76	2.66	2.56	2.45	2.33	2.21
30	9.18	6.35	5.24	4.62	4.23	3.95	3.74	3.58	3.45	3.34	3.18	3.01	2.82	2.73	2.63	2.52	2.42	2.30	2.18
40	8.83	6.07	4.98	4.37	3.99	3.71	3.51	3.35	3.22	3.12	2.95	2.78	2.60	2.50	2.40	2.30	2.18	2.06	1.93
60	8.49	5.79	4.73	4.14	3.76	3.49	3.29	3.13	3.01	2.90	2.74	2.57	2.39	2.29	2.19	2.08	1.96	1.83	1.69
120	8.18	5.54	4.50	3.92	3.55	3.28	3.09	2.93	2.81	2.71	2.54	2.37	2.19	2.09	1.98	1.87	1.75	1.61	1.43
∞	7.88	5.30	4.28	3.72	3.35	3.09	2.90	2.74	2.62	2.52	2.36	2.19	2.00	1.90	1.79	1.67	1.53	1.36	1.00